남미,
열정의 라세티

 남미, 열정의 라세티

류수한 글·사진

살림Life

지워, 그곳을 향해 낟다

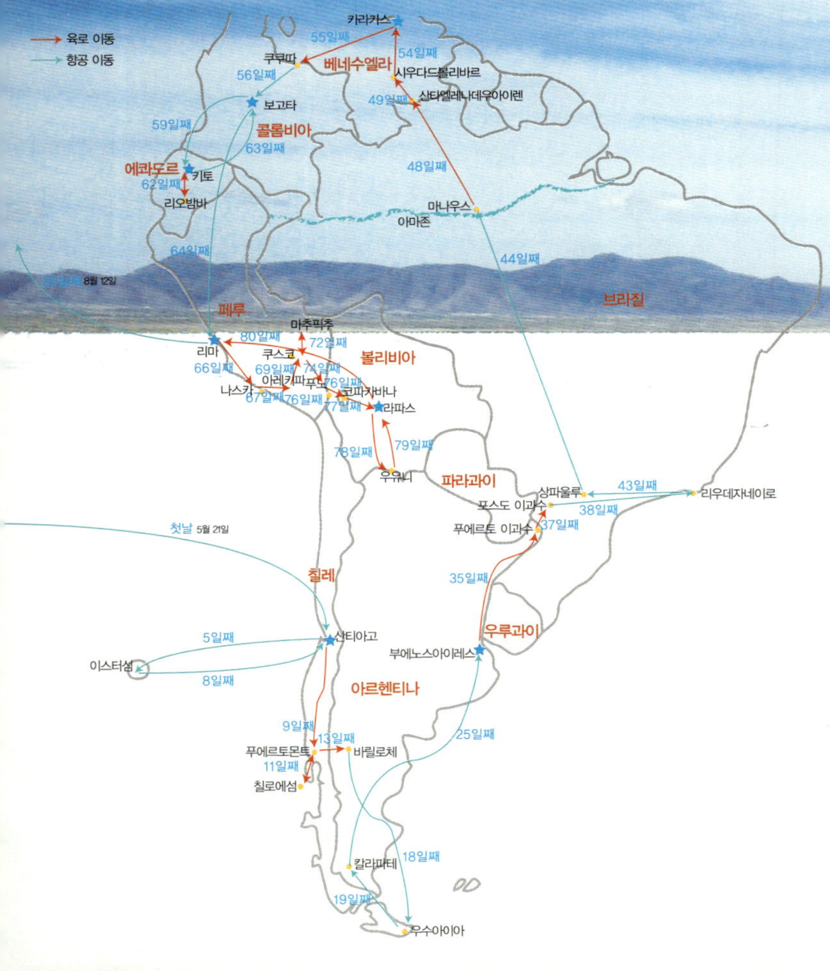
육로 이동
항공 이동
카라카스
55일째
54일째
쿠쿠따
베네수엘라
56일째
시우다드볼리바르
49일째
산타엘레나데우아이렌
보고타
59일째
콜롬비아
63일째
에콰도르
62일째
키토
48일째
리오밤바
마나우스
아마존
64일째
44일째
8월 12일
브라질
페루
마추픽추
80일째
72일째
리마
쿠스코
볼리비아
66일째
69일째
74일째
아레키파푸노
76일째
코파카바나
나스카
87일째
76일째
77일째
라파스
78일째
79일째
우유니
파라과이
상파울루
43일째
포스 도 이과수
38일째
푸에르토 이과수
37일째
리우데자네이로
35일째
첫날 5월 21일
칠레
우루과이
5일째
산티아고
이스터섬
부에노스아이레스
8일째
아르헨티나
9일째
13일째
푸에르토몬트
바릴로체
11일째
25일째
칠로에섬
18일째
칼라파테
19일째
우수아이아

붉은 열정이 살아 숨쉬는 남미 대륙
그리고 그곳의 사람들.
남미의 밤은 당신의 낮보다 뜨겁고 유혹적이다.
때론 격렬하고, 때론 고통스럽고,
때론 순수한 그들의 이야기.
고통과 희망이 공존하는 그곳에서 당신은
치열한 자유와 열정을 만나게 되리라.

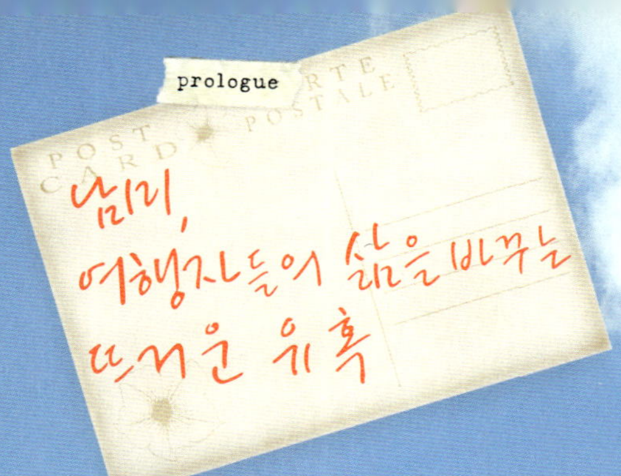

> **아르헨티나 땅에 발을 내딛는 순간, 나는 더 이상 예전의 내가 아니었다. 우리의 위대한 아메리카 대륙을 방랑하는 동안 나는 변했다.**

영화 〈모터사이클 다이어리〉에서 체 게바라는 이렇게 말했다. 어떤 이는 삶의 재충전을 위해 여행을 떠나고, 어떤 이는 가슴 떨리는 새로운 경험을 꿈꾸며 짐을 꾸린다. 그것이 어떤 여행이 됐든 떠나는 것은 그 자체로 즐겁고, 설레고, 두려운 일이다. 그리고 여행자의 삶을 통째로 바꾸기도 한다. 체 게바라처럼.

과거를 찾고 싶거든 인도로 가고 미래를 꿈꾸려면 남미로 가라

라틴 아메리카는 남북으로 1만 3천킬로미터, 동서로 5천킬로미터에 달하는 거대한 대륙이다. 포르투갈어를 쓰는 브라질을 빼고는 모두 스페인어를 사용한다. 또 대부분이 가톨릭교를 믿고 있고 풍속도 비슷해 동질감이 강하다.

한반도에서 볼 때 지구 정반대쪽에 있는 이곳을 여행하기란 만만치 않다. 건성건성 둘러본다 치더라도 최소 1개월 이상이 걸린다. 이렇듯 라틴 아메리카는 특별한 결심을 하지 않으면 섣불리 덤빌 수 없는 진정한 '여행자들의 대륙'이다. 그래서 배낭여행객들의 마지막 코스라 이름 붙여졌는지도 모른다.

열정, 반항, 자유, 순수를 꿈꾸는 자들의 도시

홀연히 배낭을 메고 떠난 지 80여 일. 드넓은 남미 대륙을 한마디로 표현하기에는 좀 무리가 있지만 다양한 인종을 초월하여 낙천적인 인간성에 멋과 여유를 부릴 줄 아는 사람들이 살아가는 곳이라는 것을 온몸으로 느끼게 되리라. 매일 밤낮으로 파티를 즐기고 다양한 축제로 관광객들을 매료시키기도 하는 등 실제로 이들은 사람들이 모이는 곳이면 으레 술과 노래 그리고 춤이 따른다. 하지만 이는 그들의 오래된 관습이자 가치관일 뿐이지 우리의 경제적인 개념으로 그들을 바라보기에는 무리가 따를 수 있다.

그리고 워낙 다양한 인종들이 섞여서 혼혈을 이르고 살아가는 이 남미 대륙에서는 인종차별이 존재할 수가 없다. 특히 인디오와 백인 그리고 흑인의 혼혈비율이 높은 브라질과 주변국들의 거리를 다니면 마치 세계 인종 전시장에 온 듯한 느낌이 들 정도로 흰색부터 검은색까지 다양한 피부색을 한 사람들과 마주치게 된다. 이들은 오히려 섞이지 않은 피부를 수치스러워하기까지 한다고 한다.

'남미의 파리'라 불리는 부에노스아이레스! 어둠이 내릴 즈음 중심가 거리 곳곳에서 흘러나오는 탱고 선율과 그에 맞춰서 춤을 추는 노신사와 여인들을 보고 있노라면 1세기 전의 영화로웠던 옛 부에노스아이레스를 연상하게 된다. 특히 우리에게도 친숙한 아스트로 피아졸라의 '리베르탱고 Libertango'나 영화 〈여인의 향기〉에 나오는 탱고 음악이 흘러나오는 순간은 가슴 깊은 밑바닥에서부터 무언가가 끓어오르는 진한 감동을 느끼게 한다.

붉은 열정이 살아 숨쉬는 남미 대륙 그리고 그곳의 사람들. 남미의 밤은 당신들의 낮보다 뜨겁고 유혹적이다. 때론 격렬하고, 때론 고통스럽고, 때론 순수한 그들의 이야기지만 당신은 미래를 꿈꾸는 고통과 희망이 공존하는 그곳에서 삶에 대한 치열한 자유와 열정을 만나게 되리라.

2008년 7월 류수한

Contents

삼바, 축구 그리고 축제의 나라, 브라질

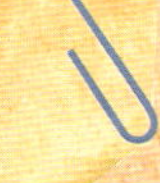

잉카 제국의 숨결, 페루

고원 위 인디오의 나라, 볼리비아

남미의 붉은 열정 속으로, 칠레

숙소 주변에 남미 특유의 정취를 느낄 수 있는 이채로운 건물들이 많다. 산티아고 스타일과 색상들은 다른 북미나 유럽에서는 볼 수 없는 과감한, 조금 심하게 얘기하면 촌스럽기까지 한 독특한 색상의 건물들이 눈에 자주 띈다. 산티아고는 이제 초겨울에 접어드는 5월 말이지만, 한국의 초겨울에 비하면 따뜻하다. 그래도 거리에는 낙엽들이 많이 쌓여 있다.

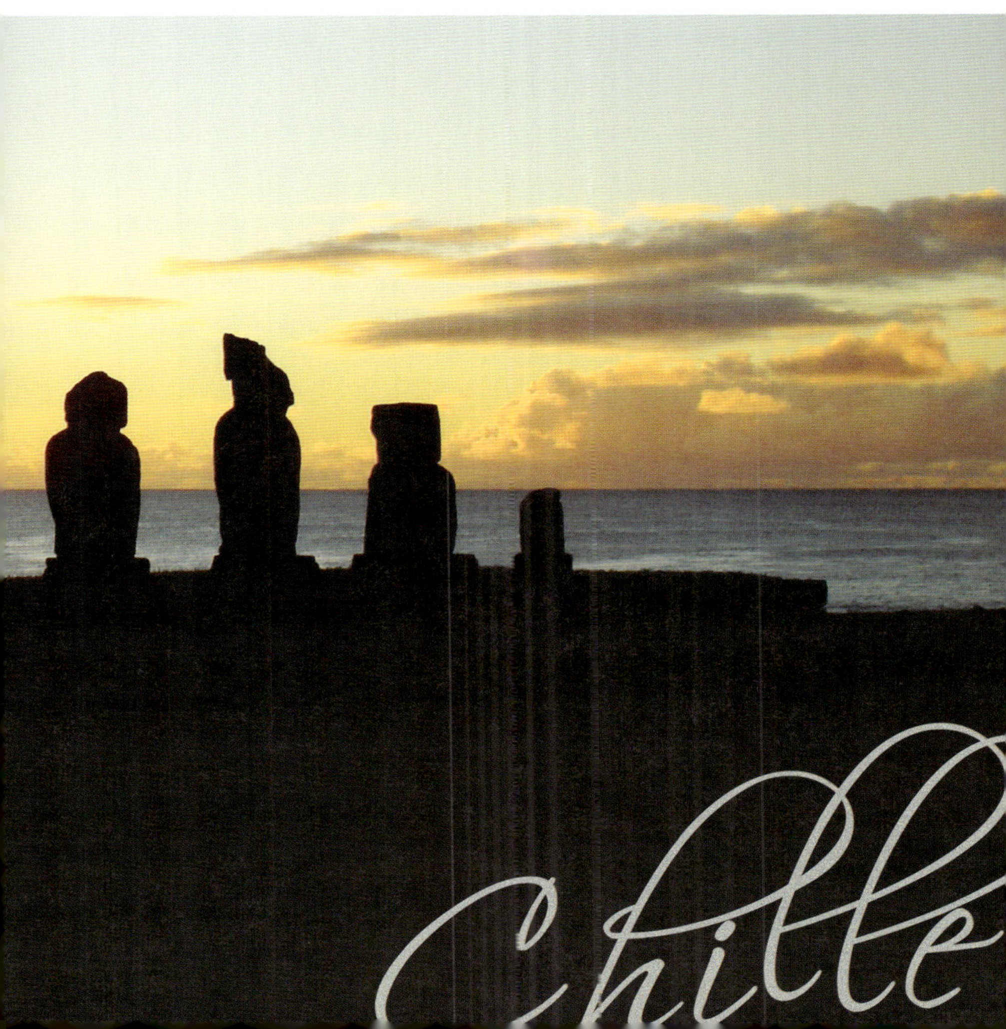

산티아고에 첫발을 내디디다 _5월 21일

5월 21일, 드디어 남미에 첫발을 내딛는 날이다. 아침 일찍 마이애미를 출발해서 파나마를 거쳐 칠레 산티아고에 도착했다. 파나마 국적의 코파 항공Copa Airlines을 이용했는데 비행기 자체는 조그마한 것 같다. 그런데 비행기의 출발이 지연되는 경우는 있어도 출발 예정 시간보다 일찍 출발하는 어이없는 경험을 했다.

마이애미 클레이 호텔에서 새벽 5시에 기상해서 서둘러 택시를 잡아타고, 사실은 클레이 호텔 앞에서 1시간 간격으로 공항행 버스가 있긴 한데 너무 어두운 새벽에다가 또 시간이 얼마나 걸릴지 몰라 서둘러서 택시를 잡아타고, 공항에 도착하니 새벽 5시 40분쯤이었다. 이렇게 이른 새벽에도 공항에는 출국 수속을 하려는 사람들이 꽤 많았다. 그런데 비행기 출발 시간이 아침 7시 50분인데, 비행기가 출발하려고 움직이는 시간을 보니 7시 20분밖에 안 되었다. 내 시계가 고장 났나 싶어 옆 사람의 시계를 봐도 마찬가지다. 그러면 그 시간보다 늦게 오는 사람은 비행기를 못 타는 걸까? 아니면 예약된 손님을 다 태워서 미리 출발하는 것일까?(그렇다고 하더라도 각 비행기의 공항 활주 비행대기 시간이 정해져 있을 텐데, 그렇게 임의로 바꿀 수 있는지 궁금했다. 이런 이상한 항공은 남아공에서 기내식을 돈 받고 파는 쿠랄라 닷컴 항공에 이어 두 번째다).

비행기가 도착한 시간이 6시 30분쯤. 산티아고는 이미 어둠이 짙게 깔린 밤이다. 이제 가을에서 초겨울로 접어드는 5월 하순이니 그

렇기도 하겠지만 밤시간이 길어진다는 것은 여행하기 힘들어진다는 것과 상통하니 아쉬운 일이다.

공항에 내려서 입국 수속을 밟는데, 입국장의 직원이 한마디도 없이 도장을 찍어준다. 한편으로는 다행스럽기도 했다. 일단 공항에 내려서 공항택시 부스에서 민박집 주소를 보여주고 택시를 예약하려고 가격을 물어보니 19US$라고 한다. 민박집 아저씨가 알려주신 가격보다 더 싸다.

그런데 이곳 공항에는 공항 안내가 따로 있다. 우리처럼 인포메이션 데스크가 있는 게 아니라 젊은 남자들이 가슴에 명찰을 달고 이리저리 다니면서 승객들의 편의를 봐주는 것 같다. 내가 택시 타기 전에 코파 항공 사무실에도 들르고 환전도 해야 한다고 하니 젊은 남자가 직접 사무실과 환전 은행을 안내한다. 맨 처음에는 이 사람들의 정체가 무엇일까 하고 의아하게 보았는데, 다른 안내원들을 눈여겨 보니 공항에서 이렇게 안내를 하고 팁도 받고 하는 것 같다. 하여튼 고마운 일이다. 친절해 보이기도 하고. 이윽고 택시를 타고 한 20분을 달려서 민박집으로 가는데 민박집 주변의 구시가지가 너무 조용하고 썰렁하다.

동네가 조금 살벌해 보이는데, 아저씨가 친히 마중을 나와 주셨다. 한편으로는 다행이다 싶다. 이 밤중에 인적 드문 동네에서 어떻게 집을 찾나 난감했는데…….

민박집 아저씨는 이민 오신 지 20여 년 되신 분으로 인간적이셨다. 물론 시설은 좀 낡았지만. 오랜만에 한국 사람을 만나서 그런지 주인아저씨의 이야기꽃은 밤이 깊어 가는 줄 모른다. 이민 온 이야기, 자녀 이야기 산티아고의 생활 등등……. 물론 나는 상당히 피곤! 아, 예의상 하품을 참아야 되는데. 아저씨 오늘은 여기까지. Please!

남미의 서정 _5월 22일

남미 여행의 첫날이다. 아침에 눈을 뜨니 벌써 10시다. 그동안 장거리 비행으로 몸이 많이 지쳐 있었나 보다. 서둘러 빨래를 하고(마이애미에서 배낭이 비를 맞아 반거지가 되었다) 12시쯤에 숙소를 나섰다.

내가 묵고 있는 숙소가 산티아고 서민들의 생활상을 들여다볼 수 있는 구시가지 센트로에 위치하고 있어서 그런지 동네 거리나 집들이 많이 낡고 지저분하다. 그래도 남미 특유의 생생한 모습을 볼 수 있어 좋다(실제로 산티아고의 신시가지에 비해 구시가지는 많이 낡고 지저분하며, 범죄도 가끔 발생한다고 한다). 그래서 그런지 숙소 주변

에 남미 특유의 정취를 느낄 수 있는 이채로운 건물들이 많다. 산티아고 스타일과 색상들은 다른 북미나 유럽에서는 볼 수 없는 과감한, 조금 심하게 얘기하면 촌스럽기까지 한 독특한 색상의 건물들이 눈에 자주 띈다. 산티아고는 이제 초겨울에 접어드는 5월 말이지만, 한국의 초겨울에 비하면 따뜻하다. 그래도 거리에는 낙엽들이 많이 쌓여 있다.

아르마스 광장Plaza de Armas으로 갔다. 산티아고의 산 역사가 깃들어 있는 가장 유서 깊은 곳으로 마포초 강과 오이긴스 거리Av. Libertador B. O' Higgins 사이에 있다. 구시가지 중심이라고 할 수 있는 이 광장에는 16세기 산티아고의 개척자 페드로 데 발디비아Pedro de Valdivia, 1498~1553의 기마상과 독립기념비가 서 있다. 페드로 데 발디비아는 스페인 출신의 군인으로 1537년 프란시스코 피사로Francisco Pizarro, 1475~1541를 따라 페루 정복에 나섰다가 1535년 라스살리나스에서 D. 알마그로를 물리친 후 1540년 칠레로 진출했다. 그는 원주민의 저항을 극복하면서 산티아고의 전신인 산티아고 데 라 누에바 에스트레마두라를 1541년에 건설하였으나 페루와의 연락이 끊겨 고전하였다. 1543년 원군을 얻어 전세를 회복한 후, 1544년 발파라이소를 건설하여 칠레의 정복자 · 총독으로서 군림했으나 반란을 일으킨 원주민에게 살해되었다고 한다.

16세기에 지어졌다는 대성당Catedral과 중앙우체국, 국립역사박물관Museo Historico Nacional 등 오래되어 보이는 주변 건물들과 광장은 조화로워 보인다. 광장에는 평일 낮인데도 많은 사람들이 나와서 다양한 그들의 생활상과 휴식 문화를 보여주고 있다. 체스에 열중하고 있는 동네 아저씨들, 타로 카드 점술사, 비둘기를 쫓고 있는

점심으로 먹은 티본스테이크, 샐러드, 음료수

아이들, 야외 미술전, 구두 닦는 모습까지 한마디로 산티아고 시민 생활상의 축약판이라고 해도 과언이 아니다.

점심시간이 되어서 주위 상가 건물에 들어가 보니 'auto servicio'라는 호기심어린 문구가 쓰여 있었다. 안으로 들어가니 한국의 셀프서비스 식당 같은 모습이었다. 온통 스페인어로만 쓰여 있는 식당에서 어리둥절한 표정으로 서 있는 나에게 영어가 되는 직원이 나와서 친절하게 안내를 해줬다. 안내를 해준 다음 친절하게 악수까지 했다. 악수! 남미 사람들의 인사법이기도 하다. 티본스테이크와 샐러드 그리고 음료수를 셀프로 가져다 먹는데 가격은 2,500페소(한국 돈으로 5,000원 정도)다. 정말 싸다. 식당에 있는 현지 사람들에게 나 같은 동양인은 조금 신기하게 보이는지 나의 행동 하나하나가 그들의 이목을 집중시키는 것 같다.

식사 후 광장 옆의 대성당에 갔다. 칠레 가톨릭의 총본산이기도 한 대성당 내부에는 다양한 종교화와 같은 성구가 전시되어 있으며, 특히 '최후의 만찬' 회화가 눈에 띄었다. 독실한 가톨릭 신자가 많은 칠레에서 지금까지도 많은 사람들의 정신적인 지주가 되는 장소이고 군사 독재 체제하에서는 반군정 집회도 자주 열렸다고 한다. 우리나라의 명동 성당 같은 느낌이랄까? 이윽고 대성당을 나와 메르세드Merced 거리를 따라 걸으니 카사 콜로라다Casa Colorada라 불리는 붉은색의 2층 건물로 된 산티아고 박물관Museo de Santiago이 보였다. 산티아고 식민 시대 건축의 대표작인 이 박물관은 1769년에 세워진 후 대통령 관저로 사용되다가 박물관으로 바뀌었다고 한다. 내부에는 식민 시대부터 오늘날까지의 산티아고 도시의 역사를 보여주는 각종 전시물들이 잘 정리되어 있다.

산티아고의 산 역사가 깃들어 있는 아르마스 광장

산티아고 시민들을 사랑으로
감싸안는 듯한 마리아 상

산크리스토발 언덕에서
산티아고를 한눈에 내려다보며

_5월 23일

오늘은 산티아고의 신시가지인 프로비덴시아 지구Av. Providencia에 가야 한다. 숙소에서 지하철을 타기 위해 10여 분을 걸어서 아르마스 광장역으로 갔다. 남미에 와서 처음 타 보는 대중교통이다. 산티아고의 지하철은 시간대별로 요금이 다른데, 오전 10시는 러시아워가 아니므로 350페소(한화 700원 정도)였다. 아침저녁 러시아워 때에는 380페소 정도로 한국과 비교하면 저렴한 편이지만 남미 경제 상태 대비 결코 싼 금액은 아니다. 지하철 내부와 객차 그리고 타는 방법은 한국과 크게 다르지 않은 듯. 하기야 세계 어딜 가나 지하철 타는 것이 가장 쉬운 교통 수단이기

안개와 매연으로 탁해 보이는 산티아고의 시내

는 하다.

환승을 한 후 신시가지가 있는 페드로 데 발디비아Pedro de Valdivia 역에서 내렸다. 아직 스페인어 공부를 제대로 안 한 탓에 지하철 내에서 지명을 읽고 이동하는 데 시간이 많이 걸린다. 특히 출구-살리다Salida, 환승-캄비나시온Cambinacion 등등의 생소한 용어들이 아직까지 적응되지 않아서 더하다.

산티아고 신시가지인 프로비덴시아 지구는 신흥 비즈니스 거리로 다국적 기업들의 사옥과 은행, 호텔 등 고층 빌딩도 많고 거리도 깨끗하며 상당히 세련된 느낌이다. 전체적으로 구시가지와 비교가 많이 되었다. 산티아고의 또 다른 새로운 모습이랄까.

그런데 한 가지 특이한 점이 있다. 이제 이틀째이지만 구시가지의 작은 건물은 물론이고 큰 빌딩들도 화장실을 개방하지 않는다. 어제 아르마스 광장에서 화장실을 못 찾아서 고생해서 신시가지는 다를 줄 알았더니, 그렇지 않았다. 칠레는 화장실 인심이 좀 야박한 것 같다. 그렇다고 주의에 유료 화장실이 그렇게 많은 것 같지도 않다. 어쩔 수 없이 호텔이나 맥도날드 같은 패스트푸드 식당을 이용해야 하는 불편함이 있다.

오후에는 마리아 상과 산티아고 시가지를 조망해볼 수 있는 산크리스토발 언덕

*Correo San Cristobal*에 가기 위해 로프웨이 승선장으로 갔다. 마포초 강을 건너 페드로 데 발디비아 거리를 지나 한참을 걸어가는데 주변의 주택들이 상당히 고급스러워 보이는 게 한눈으로 봐도 부자 동네라는 느낌이 들었다.

평일이어서 그런지 사람들이 별로 없어 오래 기다리지 않고 로프웨이를 타고 전망대로 올라갈 수 있었다. 한 번 로프웨이를 갈아타고 올라간 전망대 위에는 마치 산티아고 시민들을 두 팔 벌려 사랑으로 감싸 안는 듯한 포즈(?)의 마리아 상이 돌계단 위로 있었다. 그 밑으로는 조그만 교회가 자리 잡고 있고, 공연장 같은 무대도 있었다. 전체적인 풍경이 한가로워 보였는데 평일이고 관광객들이 별로 많지 않아서 더욱 그런 느낌이 들었다. 그리고 이 전망대에서 산티아고 시가지를 내려다볼 수 있었는데, 산티아고의 하늘은 도시의 안개와 공해로 뒤덮인 탁한 느낌의 도시

고성같이 생긴 건물, 알고 보니 케이블 철도역이다.

었다. 도시 외곽 사방으로 산이 있는 전형적인 분지 지형을 이루고 있는 산티아고 시내의 하늘은 스모그로 뿌옇게 흐려 있었다. 새삼 산티아고에 비하면 서울의 공기가 참 좋다는 생각이 들었다.

지금 내가 있는 산크리스토발 언덕, 즉 메트로폴리타노 자연공원Parque Metropolitano에는 전망대와 마리아 상 외게 와인 박물관, 일본 정원, 동물원이 있고 구시가지 쪽으로는 작은 동물월과 어린이 공원 등이 있지만 시간 관계상 다 둘러볼 수가 없었다. 사진 몇 장을 찍고 난 뒤, 구시가지 쪽으로 내려오기 위해 케이블 철도를 탔다. 케이블 철도는 이 공원 전망대에서 센트로 피오 노노Pio Nono 거리를 잇는 철도로 실제 타 보니 경사가 상당히 심했다.

피오 노노 거리에 내려서 조금 걸으니 어제 숙소 근처를 거닐면서 인상 깊게 본 건물이 눈에 들어왔다. 도대체 정체를 알 수 없던 고성같이 생긴 건물이 바로 케이블 철도역이었던 것이다. 전체적으로 오늘 일정은 아침에 신시가지로 가서 오후에 산크리스토발 언덕에서 케이블 철도로 돌아오는 매우 이상적인 코스로 움직인 겻 같다. 운이 좋았다고나 할까?

숙소로 오는 길에 파트로나토 거리에 있는 여행사에서 이스터 섬Easter Island에 가는 비행기 티켓을 예약 발권했다. 당초에는 란 항공 홈페이지 www.lan.com에서 가장 저렴한 18만 9,000페소(한화 37만 8,000원) 티켓도 비싸다고 예약을 미루다가 결국 마감되어서 25만 8,000페소(한화 52만 원)를 주고 여행사에서 발권했다. 며칠 전에 빨리 판단해서 발권을 해야 했는데……

그리고 음료수와 과일 등 간단한 먹을거리를 사기 위해 다시 아르마스 광장 근처로 가서 대형 슈퍼마켓인 산타이사벨Santa Isabel에 잠시 들렀다. 한국의 대형 마트 같은 슈퍼마켓인게, 저녁 시간에 장보는 구시가지 시민들이 상당히 많았다.

혁명과 쿠데타의 역사 속으로, 모네다 궁전 _5월 24일

간밤에 시끄러운 소리에 잠을 설쳤더니, 늦잠을 잤다. 서둘러 아침을 먹고 숙소를 옮기려고 짐을 챙겨서 숙소를 나섰다. 숙소를 옮기는 이유는 역시 여행객은 여행객끼리 모여 있어야 될 것 같아서이다. 여행객이 없는 민박집에서 며칠 머물다 보니, 내가 여행객이라기보다는 주민 같다는 생각을 했다. 호스텔링 인터내셔널 산티아고Hostelling International Santiago로 옮겼는데, 1박에 아침 식사 포함 6,500페소(13US$)이다.

침대 옆으로 짐을 옮겨 놓고 모네다 궁전Palacio de la Moneda으로 갔다. 아르마스 광장의 남서쪽에 위치한 콜로니얼풍의 모네다 궁은 'Moneda'라는 원래 이름처럼 1784년 착공될 때에는 조폐국이었지만 오늘날에는 대통령 관저로 사용되고 있다. 모네다 궁전 앞뒤로는 헌법 광장Plaza de la Constitucion과 자유 광장Plaza de Libertad이 자리 잡고 있다. 모네다 궁전 주위를 둘러보니 1973년 아우구스토 피노체트Augusto Jose Ramon Pinochet Ugarte의 쿠데타 때 최후를 맞은 그 당시의 대통령 살바도르 아옌데Salvador Allende의 동상이 눈에 들어왔다. 아마도 피노체트 군부 독재가 끝나고 난 뒤,

민정 시대에 그에 대한 재평가가 이루어져 동상이 세워진 것 같다.

오후 늦게 다음 예정지인 푸에르토몬트Puerto Monet 행 버스를 예매하러 버스 터미널에 가는데 한 정거장 전인 센트럴 역에 잘못 내렸다. 센트럴 역의 모습은 유럽의 어느 한 기차역과 비슷한 느낌이었는데, 알고 보니 파리의 에펠 탑을 건축한 구스타브 에펠Gustave Eiffel이 설계하여 지어졌다고 한다. 다시 지하철을 타고 버스 터미널로 가서 안 되는 스페인어를 총동원해서 푸에르토몬트 행 버스를 대형 버스업체인 투르 부스Tur Bus의 세미 카마Semi Cama 클래스로 예매했다. 칠레의 장거리 버스는 살롱 카마Salon Cama, 세미 카마 그리고 클라시코Clasico 클래스로 나뉘어 있는데, 세미 카마 정

살바도르 아옌데 대통령 동상

피노체트 쿠데타와 살바도르 아옌데 대통령의 최후

1970년 9월 칠레 사회주의자인 아옌데가 민중들의 지지로 대통령에 당선되면서 칠레는 세계 역사상 최초로 합법적인 선거에 의한 사회주의 정권을 탄생시켰다. 아옌데는 취임 연설에서 다원주의를 통해서 인민의 사회주의 창출을 선언하며 사회 전반에 걸쳐서 사회주의화를 꾀했다. 그러나 급격한 개혁으로 인한 반대 계층의 불만과 반발, 노동자 파업, 미국의 배후 개입 등으로 사회·경제가 혼란스러워지고, 급기야는 1973년 9월 11일 아우구스토 피노체트에 의해 쿠데타가 일어나게 되는데, 이 쿠데타로 아옌데 대통령은 모네다 궁전에서 최후를 맞이하게 된다. 권총으로 자살했다는 설과 폭격으로 사망했다는 설 등 사망 원인은 아직도 정확하지 않다. 최근 이 쿠데타에 미국 정보기관이 개입되어 있었다고 밝혀지고 있다. 그런데 별로 상관이 없는 일이기는 하지만 쿠데타가 일어난(1973년 9월 11일) 날짜와 911 뉴욕 테러. 우연의 일치 치고는 너무나 우연적이다.

도면 가격도 적당하고(1만 2,000페소) 비교적 편안하게 여행할 수 있을 것 같았다. 인포메이션과 예매 창구 직원이 예상보다 친절했다. 내가 스페인어를 못하니까, 영어를 할 줄 아는 직원을 불러줘서 도움을 주었다.

돌아오는 시간이 저녁때였는데 그때까지 식사를 못해 배가 고팠다. 길거리에서 엠파나다 프리타Empanada Frita를 200페소 주고 사먹었는데, 맛이 아주 좋았다. 밀가루 빵 속에 치즈나 고기를 넣어서 튀긴 파기인데, 이 나라 사람들의 주요한 간식이라고 한다.

호스텔 숙소에 돌아오니 오늘은 이벤트 데이Event Day라고 하여 가든 파티를 준비하고 있었다. 샤워 후 1층 가든에 나가 보니 라이브 콘서트에 가든 디너파티로 흥청이고 있었다. 속으로 저녁 먹고 들어온 걸 후회했다. 대개 백인들이 주로 드나드는 호스텔에서는 가끔 투숙객을 위한 무료 디너파티를 고객 만족(?) 차원에서 열곤 하는데, 여기에 나오는 음식들이 상당히 좋은 편이다. 그런데 이 가든 파티가 밤새 이어져서 쿵쾅거리는 소리에 잠을 잘 수가 없다.

유럽풍의 기차역 내부

칠레의 최대 무역항, 발파라이소 항구 _5월 25일

오늘은 산티아고에서 2시간 거리에 있는 발파라이소Valparaiso라는 항구 도시에 갈 예정이다. 발파라이소는 산티아고의 북서쪽 약 190킬로미터 지점에 위치하며 태평양에 면한 남미 제1의 무역항이다. 풍요로운 농업 지대를 이룬 중부 지방의 농산물들이 교역하기 위해 거쳐 가는 문호에 해당하며, 안데스 산맥을 넘어 아르헨티나로 통하는 대륙 횡단철도의 기점이기도 하다. 또한 세련된 비치가 있는 비냐 델 마르Vina del Mar와는 달리 발파라이소는 칠레 서민들의 생활상을 볼 수 있는 오래된 항구 도시이며 2003년 유네스코 지정 세계유산에 등록되어 있다.

이곳 고속버스는 한국의 버스보다 더 좋은 것 같다. 시설도 꽤 쾌적하고, 서비스 또한 좋다. 잠시 화장실에 다녀오느라고 버스를 놓쳐서 당황하는 나에게 다음 차를 그냥 타라고 안내해주었다.

2시간이나 걸려서 발파라이소에 도착할 무렵 볼일이 급해 차내 화장실에 들어갔는데, 화장실에서 나오려니 문이 잠겨서 안 열리는 것이다. 이런 난감한 경우가! 마침

차 안에는 손님이 별로 없는데다 화장실 문 근처인 맨 뒷자리에는 아무도 없었다. 화장실 안에서 몇 차례 문을 두드리니 손님이 밖에서 열어주었다. 하마터면 버스 안 화장실에 갇혀 있을 뻔했다.

발파라이소 터미널에 내려 시가지 쪽으로 나가니 국회의사당이 있다. 여기에서 해군 사령부의 유람선 승선장이 있는 푸에르토Estacion Puerto 역까지 30여 분을 걸어가는데, 거리에는 부랑인들과 버려진 개들이 많다. 전체적인 모습에서 발파라이소 서민들의 모습이 내가 묵고 있는 산티아고 구시가지 즉, 센트로 서민들의 모습과 크게 다를 바 없는 것 같다.

브라질 거리Av. Brasil로 가는 도중 좌측에 청과물 시장이 있어서 잠깐 가격을 들여다 봤는데, 사과나 바나나, 감자 등의 과일 채소 가격이 5킬로그램에 600페소(한화 1,200원) 정도였다. 정말 싸다. 마음 같아서는 몇 상자 구매해서 한국으로 보내고 싶었다. 대로변 중앙길을 따라 걸으니 길가의 큰 가로수들이 멋지다.

발파라이소에서 시가지 몇 군데를 둘러보고 다니는데, 발파라이소는 센트로와 항구 주변만이 평지고, 시의 대부분은 급경사와 돌계단이 이어지는 구릉지여서 그 많은 급한 언덕에 오르려면 아센소르Ascensor를 찾아야 했다. 그래서 쇼핑센터 근처에서 아센소르를 찾는데, 근처 사람들에게 물어보면 답의 방향이 전부 제각각이다. 주변을 헤매다 혹시 스페인어로 승강기가 아센소르가 아닐까 하는 생각이 머릿속

사과나 바나나,
감자 등이 저렴한
청과물 시장

을 스쳐갔다. 사전을 찾아보니 맞았다. 어쩐지. 내가 찾는 것은 센트로에서 윗동네의 급한 언덕에 올라가는 오래되고 낡은 수동 아센소르인데, 쇼핑센터에서 아센소르를 물어보니 답을 해주는 사람들은 쇼핑센터 내의 엘리베이터 위치를 가르쳐 준 것이다. 그러니 당연히 각각의 답들이 다를 수밖에. 발파라이소 서민들이 언덕 위의 아름다운 공원, 옛 성당 등의 유적지에 올라갈 수 있는 아센소르는 발파라이소 서민들이 노력으로 만든 지 100여 년이 다 되어가는 정말 낡고 오래된 수동식 승강기다. 이런 아센소르가 발파라이소 여러 장소에서 운행되고 있다고 한다.

점심 식사 후 해군 사령부가 있는 소토마요르Plaza Sotomayor 광장에 갔다. 시내 중심가에 위치한 이곳은 발파라이소 역사의 상징적인 장소이다. 파리의 개선문을 모방한 듯한 건물을 지나 소토마요르 광장 중앙에는 이키케Iquique 해전의 승전을 기념하는 이키케 용사상이 서 있다. 이키케 해전은 남미판 태평양 전쟁 중 하나로 1879~1883년간 페루, 볼리비아 연합군과의 전쟁에서 승리하여 지금의 칠레 북부 아타카마Atacama 사막 이북 지역 즉, 볼리비아에게는 이키케 지역을

용맹스러운 이키케 해전 용사상

페루에게는 아리카Arica 지역을 병합한 칠레로서는 의미 있는 전쟁이다. 반면 페루와 볼리비아 특히, 볼리비아로서는 바다로 나가는 교두보인 이키케 지역을 빼앗겨 바다가 없는 내륙국이 되는 가슴 아픈 과거가 되는 전쟁이다. 그래서 그런지 아직까지 남미의 북부 페루, 볼리비아와 칠레는 사이가 좋지 않다고 한다. 또 한편으로는 칠레는 아르

서민들의 충실한 발 역할을 하는 아센소르

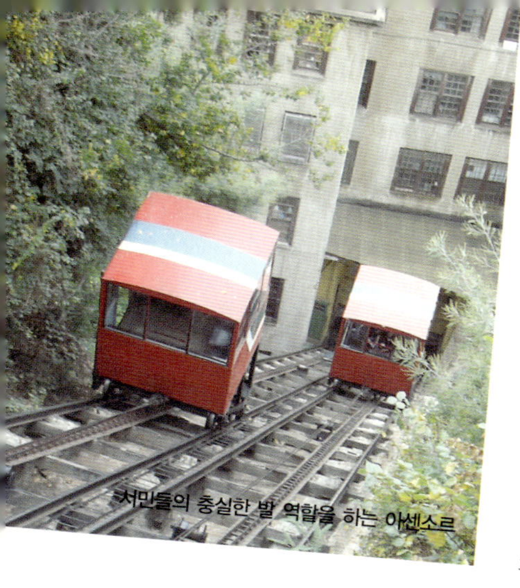

헨티나와도 앙숙이라고 하는데, 나중에 다 돌아볼 나라들이지만 남미의 대부분 나라들이 서로 사이가 좋은 편은 아닌 것 같다. 내가 남미 산티아고로 온 날(5월 21일)이 이키케 해전 기념일이어서 휴일이었다. 이키케 용사상과 멀리 보이는 군항은 은근히 실속 있고 강한 칠레를 상징하는 것 같다.

광장에서 해군 사령부를 거슬러 왼쪽으로 조금 걸어 올라가니 오전에 그렇게 찾으려고 애썼던 아센소르가 보인다. 알레그레 언덕Cerro Alegre으로 올라가는 아센소르이다. 재미삼아 그리고 높은 곳에 올라가 시가지를 조망해 보기 위해 아센소르를 탔다. 레일이 오래되어서 삐걱거리면서도 은근히 잘 올라가는데, 약간 불안해 보이기는 하지만 정말 운치 있다. 한 번 타는데 100페소,

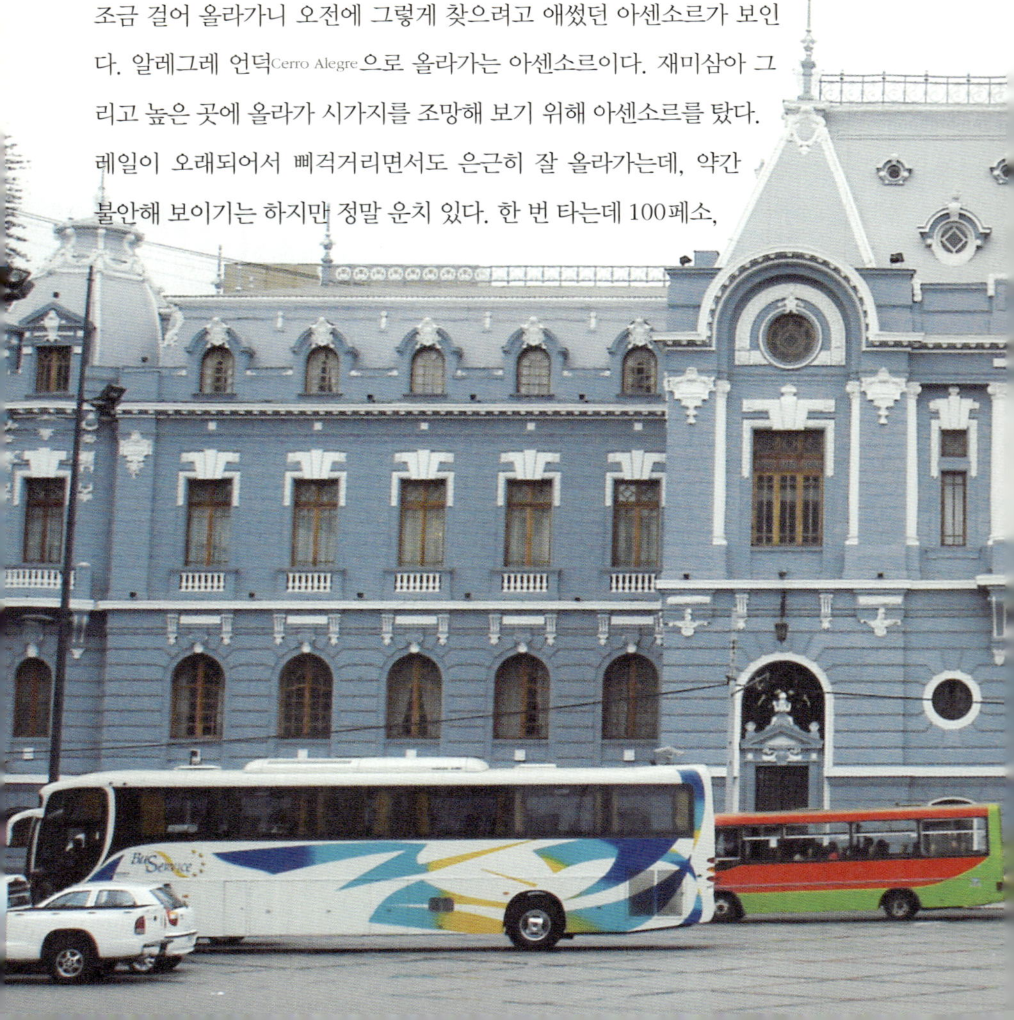

왕복은 200페소이다. 언덕길이 많은 발파라이소에서는 아센소르가 서민들의 충실한 발 역할을 하기도 한다. 생긴 모습은 우리나라 남산의 케이블카 크기보다 작은 것부터 큰 것까지 다양하다. 언덕 위에서 본 발파라이소의 시가지와 바닷가 풍경은 시원하고 소박해 보였다.

저녁때가 되어 서둘러 터미널에서 ㅂ스 타고 다시 산티아고에 돌아오니 밤 11시가 되었다. 마음이 급해진다. 내일 이스터 섬에 가려면 새벽같이 또 공항으로 나가야 하기 때문이다.

해군사령부

모아이의 비밀, 이스터 섬으로

항가로아 마을에 여장을 풀고 _5월 26일

오늘 드디어 이스터 섬,

스페인어로 하면 이슬라 데 파스쿠아Isla de Pascua에 가

는 날이다. 란 항공으로 아침 8시 30분 출발이어서 새벽 5시 30분에 기

상했다. 체크아웃 후 서둘러 택시를 잡아타고 공항에 도착하니 6시 30분이다. 아

직 2시간이나 남았다. 보딩 패스를 받고 게이트에서 대기하고 있는데, 안내 방송이

나온다. 출발이 2시간 연기되었단다. 먼저 스페인어로 방송이 나오고 뒤이어 영어

로 안내 방송이 나오는데, 영어로 얘기해도 무슨 말인지 정확하게 들리지는 않으

나 하여튼 2시간 연기한다는 내용은 알아들을 수 있었다. 아마도 공항 주변에 낀

자욱한 아침 안개 때문에 그런가 보다.

새벽부터 잠을 설친 탓에 의자에서 졸면서 기다리고 있는데, 2시간여 지나서 다시 안내 방송이 나왔다. 출발이 또 2시간 지연되어서 오전 8시 30분 출발 항공편이 12시 20분이 되어서야 출발할 수 있다는 것이다. 사람들이 웅성대고 좀 시끄러워졌다. 남미 국가들의 항공 스케줄은 자주 지연된다더니 정말 그런 것 같다. 그리고 산티아고에 며칠밖에 있지 않았지만, 오전 날씨는 상당히 춥다. 숙소에서도 그렇고 공항에서도 그렇다. 전체적으로 기온은 그렇게 낮은 편이 아니나, 오전에는 항상 안개 때문에 공기 중에 수분이 많아져서 그런 것 같다. 아마도 뼛속까지 시린 날씨가 이렇다고나 할까?

12시가 되어서야 비행기에 탑승할 수 있었는데, 이번에는 보딩 카드에 기재되어 있는 좌석 번호가 다른 승객과 더블이 되어 있다. 승무원에게 애기하자 뭐라고 중얼거리면서 표를 가져가더니 한참 만에 와서 선심 쓰듯이(?) '12J'라고 외치면서 표를 건네주었다. 'SORRY'라는 말은 없이. 아무래도 서비스 마인드가 상당히 부족한 듯.

이스터 섬까지는 5시간 30분 정도 걸렸다. 이스터 섬 공항은 조그마한 시골 간이역과 비슷한 규모로 비행기에서 내릴 때에도 게이트가 따로 없이 활주로에 내려서

걸어갔다. 공항에는 이미 비행기 오는 시간에 맞춰서 민박과 호텔, 렌터카 업체들이 몰려와서 호객 행위를 하고 있었다. 섬 안에서 움직이기 가장 좋은 유일하게 번화가이자 중심가인 항가로아Hanga Roa 마을의 테케나인Tekena Inn에 여장을 풀었다. 독실 더블룸 화장실을 포함하여 1박에 20US$다. 찾아보면 더 저렴한 가격에 숙소를 구할 수도 있었으나, 산티아고 호스텔에서의 연일 거듭된 피로로 여기선 조금 편하게 머물고 싶었다.

같은 테케나인에 숙박을 하게 된 일본에서 온 이시게와 가오마치와도 인사를 나눴다. 이시게는 1주일이나 이스터 섬에 묵을 거라고 한다. 숙소에 짐을 풀고 나서 먹을거리와 물을 사러 근처 슈퍼마켓에 갔는데, 아무래도 산티아고보다 많이 비싼 것 같

이스터 섬과 모아이

칠레 해안에서 서쪽 3,760킬로미터 멀리 위치한 남태평양상에 있는 인구 약 2천여 명의 섬으로 원지어로는 라파누이Rapa Nui라고 하며, 스페인어로는 파스쿠아Pascua라고도 한다. 네덜란드 탐험가인 J. 로게벤이 1722년 4월 5일 즉, 부활절Easter day에 상륙한 데서 이스터 섬이라는 이름이 붙여졌다. 이 조그마한 섬이 유명하게 된 이유는 '모아이'라고 불리는 거대한 석상들이 있기 때문이다. 높이 10~30

이스터 섬의 바닷가에 있는 묘지

다. 여행 짐이 많다는 핑계로 산티아고에서 미리 준비해 오지 않은 것이 후회된다.

원래 일정보다 4시간 늦게 출발한 탓에 오후 5시가 되어서야 항가로아 마을 근처를 둘러보기로 했다. 마을을 조금 벗어나니 해변가에 묘지가 있었다. 바닷가에 이렇게 공동묘지가 있는 것은 처음 본다. 묘지에서 조금 더 들어가니 말로만 듣고 책에서나 본 아후타하이Ahu Tahai 모아이Moai 상이 보였다. 석양이 질 무렵 모아이 상을 보니 훨씬 더 멋있는 것 같다. 사진 몇 장 찍고 나니 날이 어두워져서 서둘러 숙소로 돌아오는데, 숙소 근처 슈퍼에서는 오늘 칠리 본토에서 물건이 들어오는 날인지 사람들이 트럭 앞 많은 상품 앞에 모여 있었다.

미터에 이르는 거대하고 다양한 모아이 상이 대개는 해안을 따라 놓여졌다. 그런데 오래전에 어떻게 이곳으로 사람이 건너갔는지, 선조는 누구인지, 그리고 왜 커다란 모아이 상을 만들었는지에 대해서는 다양한 해석이 있지만, 아직까지 수수께끼로 남아 있는 부분이 많은 세계 7대 불가사의 중의 하나이다. 또 섬 내 일부는 라파누이 국립공원으로 지정되어 1995년 유네스코 세계유산으로 등록되어 있다.

한가로운 섬에서의 천국 같은 하루 _5월 27일

우려하던 일이 지금 눈앞에 펼쳐지고 있다. 일정이 촉박한 배낭여행에서의 가장 큰 적은 아마도 비 오는 날일 것이다. 남태평양 한가운데가 이미 우기에 접어들었다는 얘기는 들었지만 이렇게 비가 많이 올 줄은 몰랐다. 아침부터 내리기 시작한 비는 오후가 되어도 그칠 줄 모른다. 여행객에게 비 오는 날은 공치는 날. 그래도 내리는 비를 뚫고 성당Iglesia Hanga Roa으로 갔다. 종교와는 상관없는 나이지만 일요일 미사가 독특하다고 해서 갔는데, 이미 미사가 시작되었는지 성당 안은 마을 주민들로 가득 차 있었다. 그중에는 옷차림으로 보아 관광객으로 보이는 사람들도 꽤 있었다. 과연 듣던 대로 찬송가 부르는 리듬이 좀 특이했다.

오후가 되어서 빗줄기가 좀 약해졌다. 갑자기 숙소 옆이 시끄러워서 가보니, 마을 주민들이 파티를 하고 있었다. 어제 숙소 옆집에서 생돼지를 도살하는 장면을 보고 너무 놀랐는데, 이제 보니 오늘 파티를 위해서 그랬던 것 같다. 주민들에게 돼지 바비큐 요리와 과일들을 공짜로 나누어 주고 있었는데, 줄이 몇백 미터가량 이어져 있었다. 그때 마침 주인집 아들이 얼큰히 술에 취해서 들어왔기에 무슨 파티냐고 물어보니, 영어식 표현이 약간 서툴러서 그런지 그냥 자기들 전통 잔치Folk Party라고만 한다. 하여튼 그들의 민속 노래도 부르고 주변이 시끄럽다.

빗줄기가 조금 더 약해져서 렌터카를 빌려서 섬을 돌아보려고 숙소 주인에게 오늘 4시간(14~18시)과 내일(10~19시)까지 하루분의 대여료만 내고 렌트하자고 했더니 흔쾌히 동의했다. 그래서 준비하고 나가려는데, 차가 고장 나서 내일이나 렌트가 가능하다고 한다. 아쉽지만 여행 하면서 마음같이 안 되는 것이 너무 많다.

저녁 무렵 해안가에 나갔다. 숙소 주위 해안가에 모아이 상이 2구 정도 있었다. 오늘 비가 와서 제법 쌀쌀한데도 바닷가에서 서핑surfing을 하는 사람들이 있었다. 날이 저물어서 돌아오는 길. 여기선 길거리 땅을 잘 보고 걸어야 한다. 주민들이 렌트용으로 기르는 말과 거리를 배회하는 개들의 배설물 때문에 잠시만 땅을 안 보고 걸어도 밟기 십상이다.

일요 미사가 독특한 향가로아 성당

영원한 수수께끼, 아후와 모아이 _5월 28일

다행히도 아침 날씨가 쾌청하다. 예정대로 렌터카를 빌렸다.

첫 번째로 찾아간 곳은 아후비나푸Ahu Vinapu이다. 공항을 지나 섬의 남쪽에 위치하고 있는 아후비나푸는 지면에 길게 쓰러져 있는 모아이로서 그 모습이 사진으로 본 페루 잉카 문명의 성벽과 비슷해 보인다. 사실 이 아후비나푸는 길을 잘못 들어서 헤매다 우연히 발견했다. 아직 아침 시간이어서 그런지 주위에는 관광객이 아무도 없다.

이윽고 오롱고Orongo로 갔다. 아후비나푸로 왔던 길 쪽으로 공항 뒤쪽 길을 거슬러 올라가는데 비포장 좁은 길이 나왔다. 그 길을 따라 한참 올라가니 다시 흙으로 된 언덕길이 나오는데 길 양옆으로 개나리(?)같이 노란색의 꽃들이 피어 있는 아주 아름다운 길이 나타난다. 오롱고에 도착해 국립공원 입장료를 내고 들어가서 걷다 보니 거대한 화산 화구호가 보였다. 조금 더 들어가니 예전에 주술적인 행사를 했을 것 같은 오롱고 의식 유적이 있고 그 앞으로 시원한 남태평양의 바닷가가 보인다. 그런데 오롱고 의식 유적 앞의 바닷가에서 불어오는 바람이 상당히 강한 것 같다.

사진을 찍는 손이 흔들릴 정도이니 남태평양의 바닷바람, 정말 대단하다.

다시 차를 타고 점심 식사를 하러 숙소로 가는 길에서 본 초원은 방목하고 있는 말들과 어우러져서 상당히 평화로워 보였다. 점심 식사하러 숙소에 갔다가 근처 슈퍼에 가보니 한국 컵라면을 팔고 있었다. 1,500페소(한화 3,000원)로 좀 비싸기는 하지만 여기까지 한국 컵라면이 들어와 있는 것이 신기하기도 해서 그 컵라면으로 식사를 해결했다.

이스터 섬의 원주민은 폴리네시아계 민족이라그 하며 이 섬은 고고학상 중요한 섬으로서, 인면석상人面石像 등의 거석문화巨石文化의 유적과 폴리네시아 유일의 문자가 남겨져 있으나, 이것들을 만든 사람들에 대하여는 명확하게 기록이 남아 있지 않다고 한다.

모아이 외에 주요한 유적 중의 하나가 모아이가 서 있는 단(제단)인 아후Ahu 라고 하는 돌로 쌓은 인면석상이다. 이 섬 안어 아후는 260여 개가 있으며, 몇 개의 예외를 제외하고는 바다가 보이는 절벽 등 해안을 따라 축조되어 있고, 단속적으로 섬을 일주하는 형태로 되어 있다고 한다. 전형적인 아후 하나는 길이 45미터, 너비 2.7미터, 높이 2.4미터에 달하는 것으로서 최대 6톤의 돌로 쌓아 만들어졌다고 한다. 오늘날 아후는 조상의 영혼을 모시는 성스러운 장소였다고 추측된다.

머리에 푸카오를 얹은 5구의 모아이

오후에는 오전에 들렀던 아후바나푸 옆 해안을 따라 드라이브를 즐기면서 몇몇 해변에 흩어져 있는 모아이 상을 지나서 라노라라쿠Rano Raraku로 향했다. 비록 혼자이지만 렌터카를 빌려서 한국에서 미리 준비해 온 남미 음악을 MP3 Player로 들으면서 드라이브하는 느낌은 또 다른 즐거움이었다. 이곳 라노라라쿠는 산언덕 경사면 곳곳에 모아이가 서 있기도 하고 쓰러져 있거나 누워 있기도 한 모아이 제조 공장이라고 표현할 수 있다.

이어서 아후통가리키Ahu Tongariki에 갔다. 이스터 섬에서 최대인 15구의 모아이 상이 서 있는 이 아후통가리키는 1991년 일본의 자원으로 복원되었다고 한다. 그래서 그럴까, 주변에 관광 온 일본인들이 몇몇 보였다. 사진을 몇 장 찍고 있는데 저쪽에서 같은 숙소에 머무는 일본인 이시게가 나에게 뛰어왔다. 그러고는 아주 반가운 표정으로 자신과 같이 다니는 무리 중에 한국인이 있다고 얘기해주었다. 고개를 돌려보니 저쪽 한편에서 4명 정도가 같이 사진을 찍고 있었다. 그 무리 중 한 명의 여자가 한국인인 것 같았다. 남미 여행 이후 여행지에서 처음 만난 한국인이다. 이 한국 여자는 일본어 전공자로 일본어 구사자임을 통해 일본 여행객들과 비용을 분담하고 차를 빌려서 같이 돌고 있다고 한다. 반가웠다. 마침 다음 일정이 같아서 아후통가리키부터는 이시게가 내가 빌린 차를 같이 타고 다니기로 했다.

차로 한참 달려서 찾아간 곳은 아우나우나우Ahu Naunau인데, 모아이 머리에 푸카오Pukao를 얹은 모아이가 5구 있다. 이런 푸카오를 얹은 모아이 상은 아우나우나우 외에 많지 않다고 한다. 다시 차를 타고 이동 중에 잠시 하늘을 보니 하늘에 무지개가 떠 있었다. 이제 해안 도로를 뒤로하고 한참을 달려서 아후아키비Ahu Akivi에 도착했다. 어느덧 해가 저무는 가운데 도착한 아후아키비에는 이스터 섬 커의 중앙에 위치한 7구의 모아이가 바다를 바라보고 있다. 아침부터 서둘러 부지런히 이동한 덕에 하루 만에 이스터 섬을 다 돌아볼 수 있었다.

저녁에는 오후에 만난 한국인 여행객과 일본인 친구 3명이 머물고 있는 캠핑 미히노아로 같이 가서 저녁 식사를 신세졌다. 캠핑 미히노아는 내가 묵고 있는 테네카

인에 비해 좀 더 여행자 숙소다운 곳이다. 싱글룸, 도미토리 그리고 캠핑까지. 특히
바닷가로 이어지는 캠핑장에는 많은 반인 백패커들이 있었다. 저녁 식사를 준비하
는 동안 오늘 오후에 같이 움직인 일본인 여행객들과 많은 얘기를 나눴다. 이들은
각각 지금까지 1년 이상 세계 일주를 하고 있었다. 특히 그중에 '이사오'란 일본 여
행객은 지금 2년째 세계 여행을 하고 있는데, 앞으로 계획된 여행 스케줄이 나랑
비슷했다. 전체적으로 일본 여행객들의 매너가 좋아서 그런지 인상이 상당히 좋아
보였다. 식사 후 와인을 기울이면서 많은 얘기를 나누다 보니 시간 가는 줄 몰랐다.
밤 12시가 다 되어서야 차를 몰고 내가 묵고 있는 테네카인에 왔다.

아침 햇살을 머금은
신비로운 아후통가리키 _5월 29일

아침에 눈을 뜨니 벌써 7시, 어제 저녁에 캠핑 미히노아에서 한국인, 일본인 여행객과 아후통가리 해안에서 7시에 일출을 보자는 약속이 생각났다. 옆방의 이 시계가 6시에 날 깨우러 내 방 노크를 한다고 했는데. 옆방을 보니 인기척이 없었다. 내가 자는 사이에 노크를 한 것인가? 하여튼 늦었다는 생각에 서둘러 차를 몰고 아후통가리키로 향했다. 새벽녘에 20여 분을 달려서 도착하니 어제 약속한 일행들이 다 와 있었다. 미안한 마음에 가벼운 눈인사 정도만 하고 일출을 보았다. 해가 이미 조금 떠 있었지만. 아침 해를 맞으며 서 있는 아후통가리키 해안의 모습은 신비로워 보인다.

아직 이른 아침이어서 그런지 관광객은 우리들 외에 몇 명 안 보였다. 사진 몇 장을 찍은 후 어제 일행들과 작별 인사를 하고, 다시 차를 몰고 어제 시간 관계로 못 돌아본 아나테파후Ana Te Pahu로 갔다. 이스터 섬 옛사람들의 생활 유적인 아나테파후를 돌아보고 오는 길에 어제 잠깐 가 본 아후아키비도 다시 한 번 볼 수 있었다.

오늘은 이스터 섬의 일정을 마치고 다시 산티아고로 돌아가는 날이다.

근처 슈퍼에서 몇 가지 재료를 사서 아침을 해먹고, 어제 맡긴 세탁물을 찾으러 민박집 주인댁에 갔다. 세탁된 옷들을 건네주면서 10US$를 달라고 했다. 바가지다. 너무 비싸다고 하니, 자기가 손빨래했다고 한다 세탁된 상태를 보니 땟자국이 그대로 남아 있다. 누가 자기보고 손빨래하라고 했나, 참나……. 처음에 좀 의심스러워서 세탁물 맡기기 전에 세탁기 있냐고 그렇게 물어봐도 영어가 안 통해서 그런지 무조건 'OK!' 하는 게 좀 의심스럽더니만. 괜히 세탁을 맡겼나 보다.

비행기 출발 시간이 12시 30분이어서 서둘러 짐을 챙겨서 숙소 차를 타고 공항에 도착했다. 공항에는 같이 출발하는 여행객들이 많이 있었다.

다시 산티아고로

비행기는 정시 출발하여 6시간을 날아서 다시 산티아고 공항에 도착했다. 짐을 찾아서 막 공항을 벗어나려고 하는데, 어제 만난 일본인 '이사오'와 일행을 만났다. 반가웠다. 산티아고에서는 어디에서 묵을 것인지 물어보니 일본인 숙소에 숙박할 예정이란다. 마침 호스텔Hostelling International Santiago이 있는 로스에로에스Los Heroes 지하철역까지 가는 시내버스(1,200페소)가 있어서 탔는데, 버스 안에서 이스터 섬 숙소인 테네카인에서 같이 숙박했던 사람들을 다 만났다. 바로 옆방에 묵은 멕시코에서 온 2명의 여자와 스페인에서 온 커플들을 다시 만났다. 서로 말은 안 통해도 여기서 다들 또 만나는구나, 하며 미소를 띠었다.

숙소로 다시 돌아와서 체크인 하는데, 공항에서 본 일본인 '이사오'가 호스텔로 들어왔다. 반가운 마음에 어떻게 오게 되었냐고 물으니 동료들은 일본인 숙소로 가고 자기는 거기가 비싸서 혼자 저렴한 숙소인 이곳으로 오게 되었다고 한다. 짐을 방에 놓고, 이사오에게 저녁 식사 했느냐고 물어보니 아직 안 했는데 일본 식당에 가서 먹을 예정이라고 했다. 그래서 같이 가자며 따라 나섰다. 그런데 근처에서 식사를 하는 것이 아니라 지하철을 타고 다른 동네로 갔다. 난 근처에서 먹는 줄 알고 따라 나선 것인데. 언어가 잘 안 통해서…….

식당에 도착하니 어제 이스터 섬과 오늘 공항에서 본 일본인 일행이 다 와 있었다. 아마도 여기에서 만나기로 한 것 같았다. 일본식 라면을 시켜서 먹었다. 식사 주문과 관련해서 세세하게 설명해주는 일본

사람들의 행동이 다시 한 번 친절하게 느껴졌다. 식사가 끝난 후 식당을 나와서 보니 이미 밤 12시가 다 되어가는 시간이어서 지하철 운행이 끝난 상태였다.

일행 중 일본인 1명과 커플은 택시를 집어타고 먼저 가고, 이사오와 나만 남았는데, 어떻게 할 거냐고 이사오에게 물어보니 숙소까지 걸어가자고 했다. 여기서 숙소까지 거리가 얼마인데, 이 밤중에 걸어가자니! 아무리 남미에서 가장 안전한 나라라고 해도, 여긴 대체적으로 치안 상태가 좋지 않은 남미 아닌가? 가끔 가다가 이런 낙천적인 일본 사람들을 많이 본다. 일단 버스 타는 것을 시도해 보는 것이 어떠냐고 하니 이사오도 좋다고 한다. 버스 정류장이 있는 곳으로 걸어가다가 칠레 여자를 만났다. 우리보고 어디서 왔냐고 묻더니, 자기는 일본과 한국에 아주 관심이 많다며, 이런저런 얘기를 영어로 하면서 버스 정류장까지 동행해 주었다. 그리고 지나가는 버스를 세워서 운전사에게 우리가 내릴 위치까지 스페인어로 말해 주었다. 친절한 칠리안(칠레 사람)이라는 느낌이 들었다.

버스에서 내려서 숙소까지 걸어오는데. 밤 1시가 넘은 시간이어서 그런지 숙소로 가는 길은 인적이 드물고 약간 으스스했다. 숙소에 돌아오니 숙소 앞마당에서 파티를 하고 있었다. 담배를 한 대 피워 무는데 흑인이 다가와서 담배 한 대만 달라며 자기는 미국 시카고에서 왔다고 한다. 아주 덩치가 큰 흑인인데, 이미 많이 취해 있었지만, 마이클 조던의 시카고불스, 그리고 시카고 재즈 음악 등 이런저런 얘기 그리고 자기 친구 중에 한국인 여자도 있다는 등 재미있는 얘기를 많이 했다.

칠레는 섬이다? _5월 30일

칠레가 섬이라고? 칠레가 남미 대륙 내에 있는데 무슨 뚱딴지같은 소리인가 하겠지만, 여기 칠리안들은 이런 생각을 많이 한다고 한다. 칠레는 남미 대륙에서 서쪽으로는 태평양, 동쪽으로는 높고 험준한 안데스 산맥 그리고 북쪽은 사막 지역, 남쪽으로는 대륙의 끝에 위치하고 있다. 그래서 칠레는 남미 대륙에서 고립된 지역이어서 예전부터 다른 남미 국가들과의 교류가 쉽지 않은 국가이다. 마치 섬과 같이 고립된 지역에서 국가가 발전하다 보니 나름대로 독특한 기질의 국민성과 문화를 형성하게 되었다고 한다. 이런 이유에서 '칠레는 섬이다!'라는 말이 나온 것이다.

여기 호스텔의 아침 식사는 간단한 빵과 버터, 음료 그리고 에그 스크램블 정도가 나온다. 물론 식사 가격은 숙박비에 포함되어 있다. 아침 식사 후 이스터 섬에서의 청결치 않은 세탁(?)으로 찜찜했던 빨랫감을 다시 세탁하러 숙소 주변 빨래방으로 갔다. 오늘밤 야간 버스로 푸에르토몬트로 가야 하기 때문에 오늘 저녁 7시까지는 세탁물을 찾아야 한다고 얘기하고 맡겼다.

다시 숙소로 와서 체크아웃 후 짐을 호스텔 프런트에 맡겨 두고 전에 며칠 머물렀던 한인 민박집으로 인사하러 갔다. 민박집 아저씨가 아주 반갑게 맞아 주셨다. 신발 밑창이 벌어져서 본드를 사야 하는데 어디서 사는지와 스페인어로 사는 방법을 아저씨께 여쭤보았다. 아저씨는 감기에 걸렸는지 몸이 좀 불편하시다고 하셨다. 그러면서 전기장판에 누워서 낮잠을 청하시는데, 그 모습이 왠지 측은해 보인다. 신발 밑창 때문에 신발 가게에 들러 신발을 사려고 했으나 좀 여의치가 않아서 그냥 본드로 붙여서 다니기로 했다. 아까 민박집에서 미리 알아둔 장소와 방법으로 본드를 구입하고 다시 아르마스 광장으로 갔다.

해가 져서 어두워진 아르마스 광장에는 퇴근하는 사람들로 북적였다. 광장에 있는 조각품과 전시된 미술품이 야간 조명을 받아서 더욱 멋있게 보였다. 간단한 저녁 식사를 하고 다시 숙소로 갔다. 숙소에서 배낭을 찾은 뒤 근처 빨래방에 가서 세탁물을 받아서 지하철을 타고 버스 터미널로 갔다. 퇴근 시간대여서 지하철에는 사람들이 많았다. 버스 터미널이 있는 우니베르시다드 데 산티아고Universidad de Santiago 역에는 사람들이 더 많았다. 버스 출발 시간은 밤 7시 30분. 목적지인 푸에르토몬트까지는 12시간 정도 걸려서 내일 아침 7시 30분에 도착하는 스케줄이다. 남미에서 처음 하는 야간 버스 여행이고 앞으로도 이런 야간 이동은 자주 해야 한다. 차 타는 곳을 터미널 직원에게 물어보니 타는 곳을 가르쳐 주며, 나에게 정말로 스페인어를 한 마디도 못하냐고 물어본다. 그렇다고 하니, 이런 사람 처음 본다는 투로 길게 한숨을 내쉰다. 스페인어를 못하면 내가 답답한데, 왜 자기가 한숨인지, 원. 예매해 놓은 투르부스를 탔다. 차내 시설은 깨끗하고 편리하게 되어 있었는데 옆자리에 뚱뚱한 칠리안이 타는 바람에 자리가 비좁아서 숨도 못 쉬고 가게 생겼다.

푸에르토몬트의 데이트 명소, 모뉴멘토 _5월 31일

밤새 달린 버스가 아침 7시 푸에르토몬트에 도착할 즈음에 차내 안내원이 승객에게 빵 한 조각과 커피를 나누어 준다. 빵이라 해봐야, 치즈 하나 달랑 넣은 것이다. 그래도 간밤에 버스에서 잠은 잘 잤다. 칠레라는 국가는 산티아고에서도 그랬지만 안데스 산맥을 끼고 있어서 그런지 아침에는 항상 안개가 낀다. 푸에르토몬트 터미널 주변도 짙은 안개로 무척 춥다.

터미널 주변에서 숙소를 이곳저곳 찾다가, 론니플레닛Lonely Planet에 나온 호스탈 패시피코Hostal Pacifico에 머물기로 했다. 화장실 있는 싱글룸으로 조식 포함 1박에 1만 7,500페소(한화 3만 5,000원). 가격 대비 시설이 상당히 좋은 편이다. 방에 올라가 짐을 풀고 침대에 누우니 곧 잠이 들었다. 야간에 차내에서 나름 많이 잔다고 했지만 그래도 피로했나 보다. 2시간여를 자고 난 뒤에 일어나서 시내 구경에 나섰다. 여기도 지난번 발파라이소처럼 언덕길이 많은 항구 도시로 언덕 위에서 바라본 시내 전경이 그럴듯해 보였다. 언덕을 내려오면서 오른쪽으로 이들의 전통적인 목조 주택 양식의 건물들이 비스듬히 있었고 건너편으로는 산티아고에서도 볼 수 있었던 대형 슈퍼마켓인 산타이사벨이 보였다.

언덕을 다 내려와서 판 파블로 2세 박물관Museo Fan Pablo Ⅱ에 갔다. 100여 년 전의 푸에르토몬트 서민들의 모습과 생활상을 볼 수 있는 곳이다. 그 옆의 앞마당에 전시해 놓은 기관차들은 마치 철도 공원처럼 잘 정리된 느낌이다.

해안을 따라 시가지로 좀 더 내려오니 좀 우습기도 하고 장난스럽기도 한 대형 조형물이 눈에 들어왔다. 지나가는 주변 사람들에게 안 되는 스페인어로 물어보니 그냥 모뉴멘토Monumento라고만 답한다. 아마도 이곳에서는 제일 유명한 조형물이기도 하지만 젊은이들에게 가장 인기 많은 데이트 명소인 것 같다.

여기도 중심이 되는 중앙 광장 이름은 산티아고와 마찬가지로 아르마스 광장이다. 광장 주변의 여행사를 찾았다. 근처의 오소르노Osorno 산을 투어 하는 일일 여행 코스와 남부 파타고니아 지방으로 가는 비행기 편을 알아보러 갔지만 원하는 정보를 얻지는 못했다.

Trip Latin America
11th Day

독특한 가옥의 나라, 칠로에 섬 _6월 1일

아침부터 비가 오락가락한다. 비가 많이 오면 안 되는데.

칠로에 섬Isla Garande de Chiloe에 가려고 버스 터미널로 갔다. 숙소가 버스 터미널 근처여서 걸어서 갈 수 있었다. 칠로에 섬 여행의 핵심은 앙쿠드Ancud와 카스트로Castro인데, 오늘 하루 일정상 둘 다 구경하기에 무리가 따르므로, 우선 더 먼 거리에 있는 카스트로를 먼저 구경하기로 했다.

차에 타자마자 졸려서 자고 있는데 차장이 깨운다. 차내 검표 중이었다. 한참을 달리던 차는 바다를 건너 칠로에 섬으로 들어가기 위해 카페리car ferry 안으로 들어갔

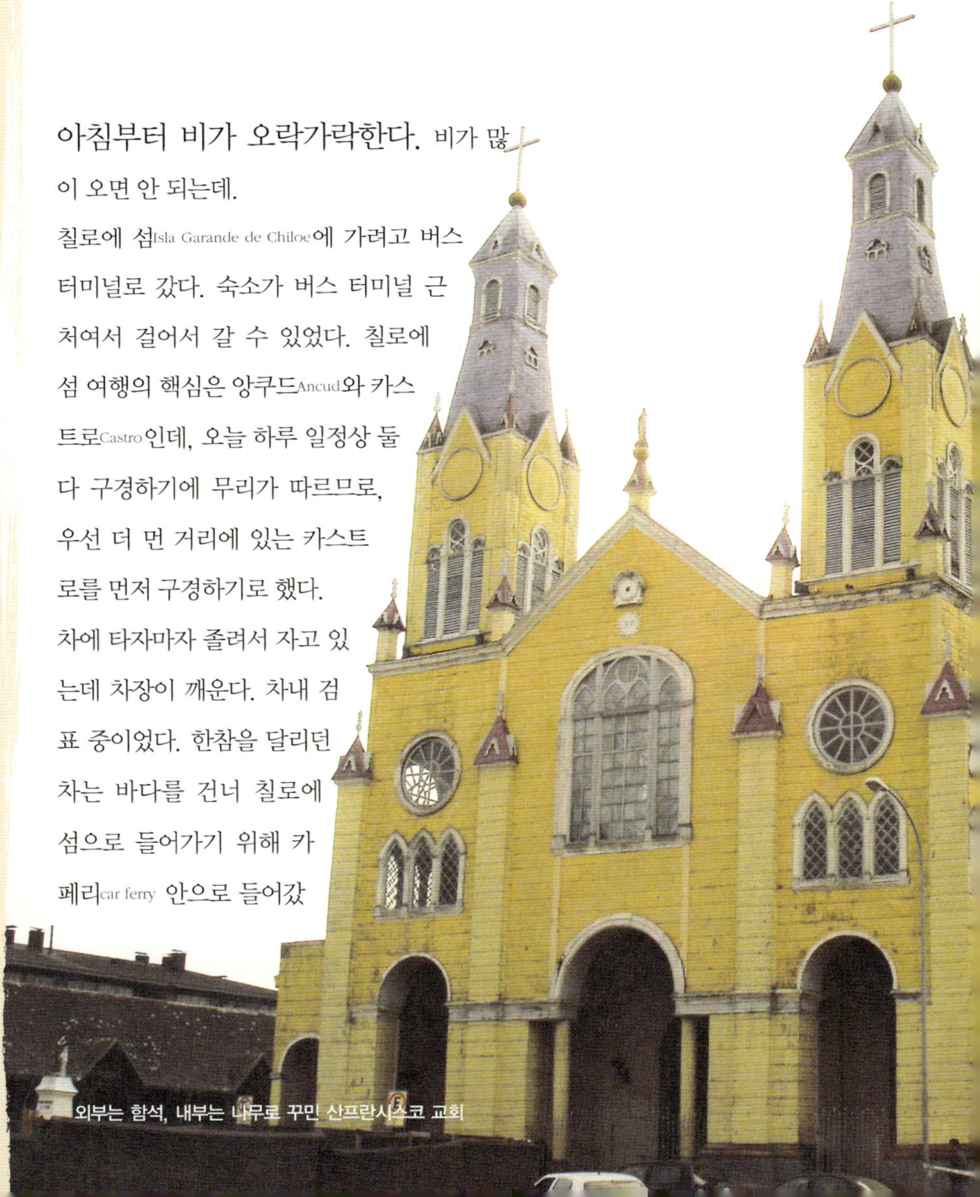

외부는 함석, 내부는 나무로 꾸민 산프란시스코 교회

다. 버스에서 내려서 선실에서 바닷가를 바라보았다. 푸에르토몬트에서는 비가 오락가락했는데 여기는 맑게 개었다. 날씨와 더불어 잔잔한 바닷가의 고요함은 마음의 평안함을 가져왔다. 바다를 건너 섬어 내린 버스는 계속 달렸고 중간에 앙쿠드를 포함해서 몇 군데를 정차한 이후, 3시간 30분여 만에 카스트로 버스 터미널에 도착했다. 버스에서 내리니 다시 보슬비가 나리기 시작했다.

우선 터미널 옆 산프란시스코 교회가 보였다. 오린지색 건물의 외벽은 대부분 함석 또는 나무로 이루어져 있었다. 칠로에 섬은 비늘 모양의 판자로 만든 집과 함석 패널로 만든 다양한 파스텔 톤 색상의 건물들이 독특한 형태를 이루기 때문에 우리 같은 여행객들의 흥미를 돋우는 것 같다. 산프란시스코 교회 옆의 중앙 광장은 공사 중이었다. 그러니 원래 중앙 광장에 있어야 할 인포메이션 센터도 당연히 보이지 않았다.

남쪽으로 3블록 정도 걸어가니 해변에 늘어선 멋진 건물들이 보였다. 물론 칠로에 섬의 전형적인 건물 양식은 아니지만, 예술적으로 잘 지어진 것처럼 보인다. 카스트로 호텔이라고 하는데 건물 안으로 들어가 코니 내부도 인테리어도 독특해 보였다.

다시 나와서 근처 민예품 시장으로 갔다. 지금은 관광 성수기가 아니어서 그런지, 시장은 조용했다. 항구 옆 시장에서는 선원들이 성게를 먹고 있었다. 내가 신기한 듯 바라보니까, 나에게도 한번 먹어보라고 권하는데 위생상 그리고 입맛에도 맞지 않을 것 같아서 사양했다.

벌써 점심시간이 다 되어서 근처에 있는 시푸드 레스토랑에 들어갔다. 푸에르토몬트와 칠로에 섬의 명물인 쿠란토Curanto 요리를 먹어보기 위해서다. 조개, 홍합 그리고 감자 등을 넣고 푹 끓여서 나온다고 들었기에 별 신경 안 쓰고 주문했다. 가격은 예상보다 비싼 4,000페소였다. 바닷가에 있는 시푸드 레스토랑의 실내 구조는 단순하지만 실내에 난로가 있는 모습이 이채로웠다. 이런 난로는 요즘 한국에서는 찾아보기 쉽지 않다. 이윽고 음식이 나왔는데 아뿔싸! 사실 나는 닭고기를 못 먹는데, 조개, 홍합 위에 생각지도 않았던 닭고기 하나가 턱 덮어져서 나오는 게 아닌가? 닭고기를 못 먹는다고 말했더니 다른 음식으로 교환_{Cambio}해 주겠다며 주인아주머니가 주방으로 나를 안내했다. 스페인어로 캄비오_{Cambio}! 환전할 때에만 캄비오를 쓰는 줄 알았는데 이럴 때에도 쓰이는 단어였다. 서로 말이 통하지 않으니 어떤 것을 먹을 건지를 직접 보여주고 만들어 주려는 것 같았다. 낙천적이고 친절한 칠리안의 인심을 다시 한 번 느낄 수 있었다. 요즘 서울에서는 주문해서 나온 음식을 안 먹는다고 다른 음식으로 바꿔주는 경우가 있었나? 흰 쌀밥과 생선이 나왔다. 맛은 평범했다.

오후에 해안 도로를 따라 한참을 걸으니 바닷가에 기둥을 세우고 그 위에 비늘 모양의 판잣집을 형성한 칠로에 섬의 독특한 가옥들이 눈에 들어왔다. 파스텔 톤의 다양한 색상으로 이루어진 이 가옥촌은 칠로에 섬 주민들의 소박한 주거지에 불과하지만, 우리에게는 그 어떠한 모습보다도 더 멋진 풍경으로 다가왔다. 비를 맞으면서 여기까지 온 보람이 있다.

다시 버스 터미널에 오니 오후 5시가 넘었다. 푸에르토몬트에 갈 버스 티켓을 사려고 줄을 서 있는데, 시간이 지나도 앞줄은 줄어들지 않았다. 매표원의 일 처리 속도는 왜 이리 더딘지…… 30여 분을 기다려서 겨우 표를 사고 보니, 승차 시까지 30여 분이 남아 있었다. 그 남는 시간에 카스트로 박물관에 다녀왔다. 조그마한 박물관은 카스트로 개척 역사와 근대화의 역사를 사진과 그 당시 생활 도구 등을 전시하여 보여주었다.

돌아오는 버스에는 사람들이 많았다. 자리를 다 채우고 입석을 20여 명 더 태워서

버스 안은 한마디로 콩나물시루 같았다. 승객은 이 섬에서 바닷일을 하는 사람들이 대부분이어서 옆자리 사람의 옷에서 비린 생선 냄새가 났다. 하지만 사람들은 무척 순박하고 착해 보였다.

숙소에 돌아오니 밤 10시가 넘었다. 호스텔 1층 식당에서 몇 사람이 식사를 하고 있었다. 언어가 안 통하는 관계로 내가 식사를 못했고 지금 식사를 했으면 좋겠다는 내용을 스페인어 책을 찾아서 보여주었다. 인심 좋게 보이는 주방 아주머니가 주방 벽에 생선 그림을 그리며 이것 먹느냐고 물어본다. 그러면서 자신도 웃겨 죽겠다며 웃는다. 연어Salmon 요리인가 보다. 좋다고 하니 그럼 준비해 주겠다며 테이블에 가 있으라고 한다. 여기 호스텔의 내부 시설은 호텔식인데, 아침 식사는 기본적으로 제공되고, 저녁 식사는 손님이 원하면 개인별로 요리를 해주는, 한마디로 하숙집 같은 느낌이 드는 곳이다. 그리고 서로 말은 안 통해도 그림까지 그려가면서 준비해 주는 온정이 참 좋은 것 같다.

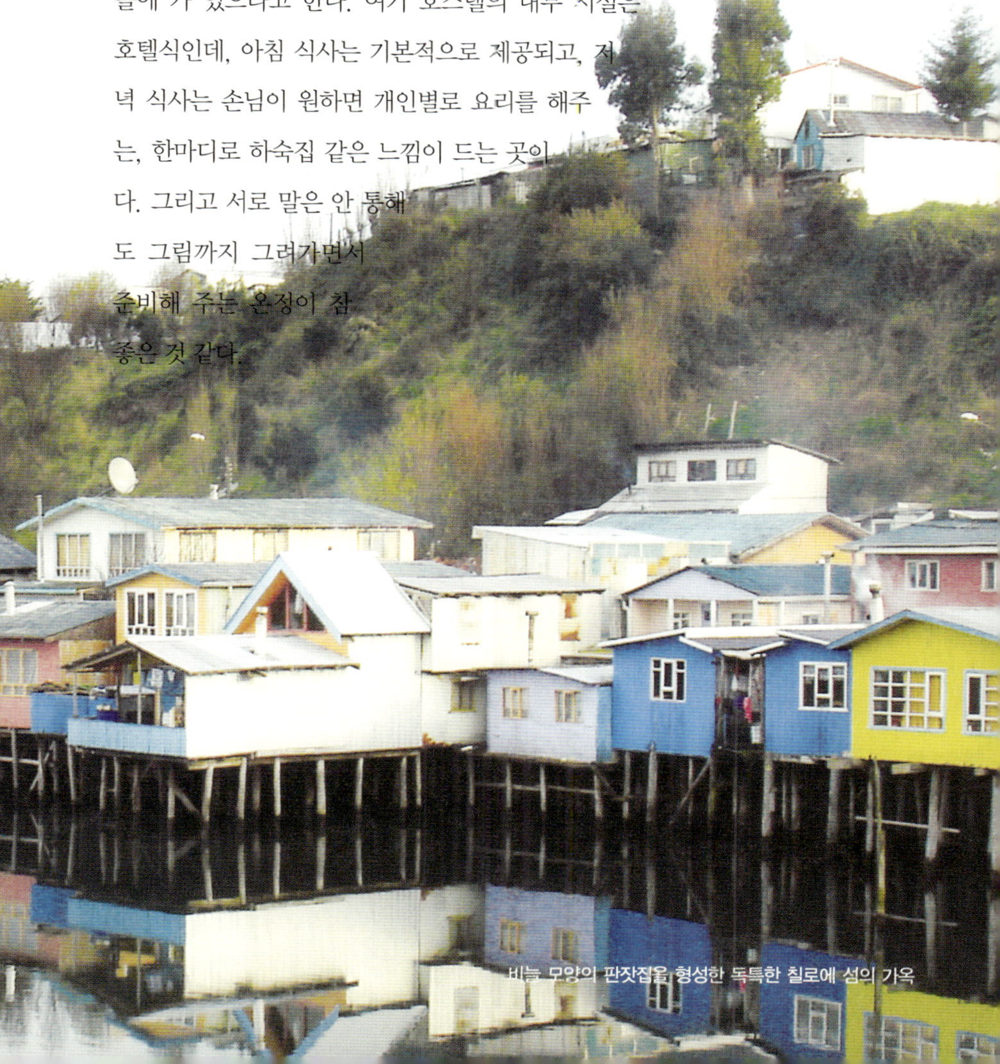

비늘 모양의 판잣집을 형성한 독특한 칠로에 섬의 가옥

무조건 가격 흥정! _6월 2일

뒤로 넘어갈 것 같은
건물이지만 민예품 시장이다.

아침부터 부산하다. 아르마스 광장 근처의 칠레 국내 항공사인 스카이 에어라 인Sky Airline 사에 갔다. 푼타 아레나스Punta Arenas 행 편도 항공권 가격이 세금Tax 포함 5만 7,900페소(한화 11만 5,000원)로 저렴해서 예약 발권을 하려는 순간, 갑자기 그동안 일정상 건너뛰려 한 아르헨티나 바릴로체Bariloche에 가고 싶어졌다. 이놈의 변덕은 그칠 줄을 모른다. 그래서 내일 바릴로체로 가기로 마음먹고 도로 나와 혹시나 하는 심정으로 여행사에 다시 들러 오소르노 화산 가는 투어가 오늘 있는지 문의했다. 역시 인원 구성이 안 되어서 없단다. 오늘 토요일부터 월요일인 6월 4일까지는 칠리안들의 황금연휴 기간이다. 이런 연휴에 예약을 못하면 투어를 할 수가 없다. 예약을 못한 탓도 있지만 사실 예약할 시간도 없었다. 그래도 다행인 것은 비슷한 투어를 아르헨티나 바릴로체에 가서 할 수 있다는 것이다.

버스 터미널에 가서 내일 아침에 출발하는 바릴로체 행 버스 티켓을 예매했다. 그런데 버스 터미널 부스에서 이해가 안 되는 요금 체계를 목격했다. 어떻게 같은 구간의 버스 요금이 출발지에 따라 달라지는가? 분명 내가 타고 온 투르부스 세미 카

칠레공화국Republic of Chile

★ **위치** 남미 대륙 서쪽 중반에서 하단에 걸쳐 좁고 긴 형태로 위치(남북 총연장 약 4,300km)
★ **기후** 북부(남위 27°~32°): 사막 지대, 아열대성 기후(연평균 기온: 16°C) | 중부(남위 32°~38°): 온대, 기후 온화, 여름 건기, 겨울 우기 | 남부(남위 38°~44°): 한랭 기후, 강우량 풍부(연평균 기온 9°C) ★ **면적** 75만 6,626km²(한반도의 3.5배) ★ **인구** 1,605만 명(2005년) ★ **수도** 산티아고 Santiago(인구: 약 583만 명) ★ **주요 민족** 메스티소 66%, 백인계 29%, 원주민 인디오 3%, 기타 유럽계 2% ★ **주요 언어** 스페인어 94%, 마푸케Mapuche어 6% ★ **종교** 국교는 천주교이며 가톨릭교 77%, 신교 12% 등 다종교 ★ **정체** 대통령 중심제(임기 6년), 양원제 의회 ★ **화폐 단위** 페소(Peso) US$ 1=573.00페소(2005.7.21.) ★ **비자** 관광 목적 30일 무비자

마 등급 편도 요금이 산티아고→푸에르토몬트 편은 1만 2,000페소였는데 방향만 반대인 푸에르토몬트→산티아고 편은 1만 페소이다. 지난번 민박집 아저씨가 이 나라 사람들은 버스 터미널에서 협상만 잘 하면 요금도 깎아 준다고 하더니, 정말 그런 것 같다.

점심때가 되어 숙소로 돌아와서 주방 아주머니에게 가니, 이번에는 소 사진을 보여주며 스테이크를 주셨다. 식사 후 나와서 터미널 앞에서 버스를 기다리는데 어떤 칠리안이 다가왔다. 처음에는 잡상인이나 사기꾼인 줄 알고 경계했으나 "어디서 왔느냐, 칠레에 처음 오게 된 것을 환영한다, 말이 잘 안 통할 텐데 뭐 도와줄 것 없느냐?" 등 영어로 말을 건네며 친절함을 보였다. 처음에 의심했던 내가 미안해진다. 돌이켜 생각하면 칠레 국민들 몇 사람을 제외하고는 대개가 친절했던 것 같다. 양헬모Angelmo 가는 길 등 몇 가지를 물어보고 악수하고 헤어졌다.

3킬로미터 정도 걸어가니 푸에르토몬트의 항구이자 어시장이 있는 양헬모가 나왔다. 시장을 둘러보니 생선들은 그 크기부터 심상치 않아 보였다. 생선을 손질하는 어부들의 손질도 상당히 능숙해 보였다. 내가 푸에르토몬트에 와서 어제 두 끼 식사를 생선으로 먹은 것은 여기가 항구이고, 생선 가격이 싸다는 것과 무관하지 않은 것 같다. 상당히 큰 연어 1마리 가격이 3,000페소 정도다.

돌아오는 길은 양헬모 근처의 민예품 상가 도로를 따라 걸어오는데, 민예품 상가 2층 건물들은 대부분 뒤로 넘어갈 것 같은 모습이었다. 무슨 이유가 있겠지만 좀 엉성하고 우스워 보인다.

저녁 식사는 리 플레이스Re Pleys 쇼핑몰 5층에 있는 푸드 코트에서 스테이크를 먹었다. 점심, 저녁 모두 스테이크로 배를 채운다. 칠레에 와서 고기를 많이 먹는다.

남미 대륙 태평양 연안에 자리 잡은 국가로 동서의 폭이 175킬로미터로 좁은 데 반해 남북 길이가 4,329킬로미터로 아래위로 아주 긴 국토의 형태를 취하고 있는 나라이다. 북쪽으로 페루, 북동쪽으로 볼리비아, 동쪽으로 아르헨티나와 국경을 접하며 남쪽으로는 남극해에 면한다. 태평양 연안 북부 지역은 해안 사막 지역이고 남부는 해안선이 복잡한 피오르드 지대를 형성하고 있으며 내륙에는 험준한 안데스 산맥이 놓여 있다. 이러한 칠레는 16세기 초까지 잉카 제국의 영토였다. 1520년 마젤란에 의해 칠레의 북부가 발견되었고 1540년 P. 발디비아 장군이 아라우칸족 정복 전쟁을 시작한 이후 270여 년 동안 스페인의 식민지가 되었다가 1810년 9월 18일 독립을 선언했다.

아르헨티나

칠레에서는 날씨 좋은 날이 별로 없었다. 아르헨티나에서 정말 오랜만에 화창하게 해가 떠 있는 날씨를 만끽한다. 해가 이렇게 소중할 줄이야. 버스는 아름다운 나우엘 우아피 호수Lago Nahuel Huapi 길을 계속 달린다. 아름다운 산과 호수. 마음이 평온해진다.

아르헨티나의 스위스, 바릴로체를 향해 _6월 3일

오늘은 안데스 산맥을 넘어 아르헨티나 바릴로체로 가기 위해 일찍 일어났다. 바릴로체의 정식 명칭은 'San Carlos de Bariloche'이며, 아르헨티나의 스위스로 잘 알려져 있다. 리오 네그로Río Negro 지방의 남서쪽에 위치하고 있으며, 나우엘 우아피 호수Lago Nahuel Huapi가 흐르고, 같은 이름의 국립공원이 도시 전체를 둘러싸고 있는 아주 경치가 좋은 곳이라고 한다.

오전 9시 30분, 서둘러 아침을 대충 먹고 체크아웃 후 버스 터미널로 갔다. 터미널 대합실에서 기다리는데 출발 10분 전인데도 버스가 안 보였다. 직원인 듯한 사람에게 버스 티켓을 보여주고 물어보니 버스 승차장에서 기다리면 버스가 온다고 한다. 아마도 다른 지역에서 와서 승객을 태우고 다시 출발하려나 보다. 버스가 도착했는데, 2층으로 정말 크다. 안데스마르Andes Mar라는 아르헨티나의 버스다. 푸에르토몬트에서 바릴로체까지는 국경통과 대기 시간까지 총 7시간 정도 걸린다고 한다.

오늘부로 칠레 여행을 끝내고 이제 아르헨티나로 가는 것이다. 새로운 나라에 가는 설렘과 기대가 크다. 버스 2층 앞쪽 좌석에 앉았는데, 창밖의 전망이 아주 좋다. 버스는 중간에 칠레와 아르헨티나 국경에서 출입국 수속을 밟아야 한다. 차내에서 출입국 수속과 관련된 서류 작성 작업을 해 주었다. 그러면서 나에게 스페인어로 뭐라고 하는데 도대체 무슨 소리를 하는지 알아들을 수가 없었다. 내가 직접 할 수도 있는데, 하여튼 친절하다는 느낌을 받았다.

버스는 이윽고 칠레 측 출입국 관리사무소에 도착했다. 거기서 내려 간단히 출국 스탬프를 받고 다시 버스에 올랐다. 이곳 국경은 칠레 측과 아르헨티나 측 출입국 사무소가 인접해 있지 않고 떨어져 있는 것 같다. 안데스 산맥 정상을 넘어가는데 도로 주변이 온통 흰 눈으로 덮여 있다. 주변 산봉우리가 흰 눈으로 덮여 있어 마치 던킨 도너츠 같았다. 이런 이유로 버스는 아주 천천히 기어간다. 그래도 차창 밖 전망이 비경이다.

고지를 20여 분을 천천히 달리다 보니 저 앞쪽에 아르헨티나 국기가 펄럭거리며 아르헨티나 측 출입국 관리사무소가 나타났다. 그러면 칠레 측 출입국 관리사무소부터 아르헨티나 출입국 관리사무소까지는 공동 경비 구역인가?

버스에서 내려서 입국 심사를 받는데, 입국 심사장의 풍경은 그야말로 알프스 산장 같다. 여기서 일하는 사람들은 물 좋고 공기 맑은 펜션 같은 곳에서 일하는 것 같다. 입국 심사장 안은 자못 엄숙하다. 정복 차림의 아르헨티나 군인들이 입국 심사를 하는데, 입국 심사관이 버스 안에서 리스트업List up 해서 제출한 입국 신고서대로 호명을 하며 스탬프를 찍어준다. 나를 호명한 심사관이 한국이 비자 면제 국가인지 아닌지 자못 혼동이 되는지 옆 심사관에게 자문을 구하더니 나에게 한쪽으로 가서 기다리란다. 안 그래도 버스 안에서 이방인으로 보이는 나는 졸지에 문제가 있는 사람처럼 입국 도장을 못 받고 한쪽에 대기하는 신세가 되었다.

"한국 비자 면제 맞다니까요."

영어로 얘기했지만 못 알아듣는다. 한참을 자기네들끼리 숙덕거리더니 나를 다시 오라고 해서 입국 도장을 찍어준다. 옆에서 기다리고 있던 버스 운전사가 축하한단다. 뭐를 축하한다는 얘기인지.

이제부터 아르헨티나이다. 이윽고 버스는 계속 안데스 산맥을 넘어가면서 차내에서 간단한 빵과 음료를 나눠주었다. 그러고는 아르헨티나 입국을 환영하는 의미인지는 모르겠지만 '나를 위해 울지 말아요, 아르헨티나여Don't Cry For Me, Argentina'라는 노래를 틀어준다. 그런데 이 노래는 그렇게 행복하지는

아르헨티나 여행자의 발,
이층버스

않은 노래로 당연히 뜻을 알고 있을 텐데, 이런 분위기에서 틀어주나라는 의문이 들었다. 물론 자기 나라를 배경으로 한 음악이라서 들려주는 것이기도 하겠지만. 이 노래는 1950년대 아르헨티나의 대통령이었던 페론의 부인 에바 페론Eva Peron의 일대기를 다룬 뮤지컬 〈에비타Evita〉에 나오는 곡이다. 팀 라이스Tim Rice와 앤드류 로이드 웨버Andrew Lloyd Webber가 만든 곡이며, 지금까지 올리비아 뉴튼 존Olivia Newton John(1977년), 사라 브라이트만Sarah Brightman(1995년), 마돈나Madonna(1996년) 등 수많은 명가수들이 이 노래를 불렀다.

칠레에 있을 때 어느 정도 예상했지만, 푸에르토몬트에서 안데스 산맥을 넘어서 바릴로체로 오니 날씨가 너무 좋다. 지금 계절에 안데스 산맥 서쪽은 안개가 많이 끼고 비가 자주 오지만 동쪽은 날씨가 좋으리라는 내 예상이 맞아떨어졌다. 돌이켜 보면 칠레에서는 날씨 좋은 날이 별로 없었다. 아르헨티나에서 정말 오랜만에 화창하게 해가 떠 있는 날씨를 만끽한다. 해가 이렇게 소중할 줄이야. 버스는 아름다운 나우엘 우아피 호수 길을 계속 달린다. 아름다운 산과 호수. 마음이 평온해진다.

이윽고 오후 5시가 넘어서야 바릴로체 터미널에 도착했다. 우려했던 대로 오늘은 일요일이어서 터미널 환전소가 문을 닫았다. 임시로 터미널 내의 가게에서 20US$만 환전했다. 1US$:2.8peso의 안 좋은 조건에.

택시를 타고 예약해 놓은 'Hostel 1004'에 갔다. 바릴로체 센터 빌딩Bariloche Center Building 10층 4호에 위치하고 있어서 이름이 '호스텔 1004'. 스페인어로 '밀꽈뜨로

(1004) 호스텔'인데 우리에게는 다른 의미로 받아들여져서 한국 배낭여행객들이 많이 가는 곳이다. 주소를 적은 종이를 보여주니 택시 운전사가 쉽게 찾아갔다. 호스텔은 그 시설이나 전망이 상당히 좋았다. 직원들도 친절해서 아주 마음에 들었다. 특히 호스텔이 위치한 10층에서 바라본 호수 전망은 말로 표현하기 어려울 정도로 멋지다. 생각 같아서는 열흘 정도 푹 쉬었다 가고 싶다. 그리고 호스텔의 에냐라는 여직원이 내 방 옆 침대에도 한국인이라고 해서 기대가 되었다.

여장을 풀고 시내 구경을 나섰다. 시내는 유명한 휴양지답게 깨끗하고 산뜻했다. 물론 휴일이어서 그런지 시내 대부분 상점들은 문이 굳게 닫혀 있었다. 센트로 시비코Centro Civico로 갔다. 중앙 광장 주변으로 관광 안내소와 시청사 그리고 파타고니아 박물관 등이 있는데, 건물들은 알프스 샬레풍으로 멋있다. 중앙 광장에는 사진사들이 세인트버나드Saint Bernard 개를 데리고 호객 행위를 하고 있고, 얼핏 보기에도 관광객이 가장 많이 모이는 시내 중심가 같다. 그래서 그런지 휴일인데도 광장에는 관광객들이 많았다. 사진을 몇 장 찍다가 우연히 한국 관광객을 만났다. 나보다 연배가 많아 보이는 남자분인데, 브라질을 경유해서 넘어왔다고 한다. 반갑다며 술 한잔 하자고 하기에 레스토랑에 가서 스테이크와 맥주를 마셨다. 그분은 그동안 한국 사람이 그리웠는지 술 한잔 하면서 이야기가 끝이 없다.

한잔 기분 좋게 마시고 숙소에 들어와 코니 호스텔 주방 식탁에 한국에서 온 부부가 와 있었다. 반가웠다. 오늘 한국 사람 많이 만난다. 그 부부는 1년 동안 세계 일주 중이라고 한다. 그들은 멘도사에서 17시간 걸려서 오늘 왔다고 한다. 이런저런 얘기를 하다 보니 벌써 밤 1시가 되었다. 밤도 늦고 해서 자려고 방에 들어왔다. 옆 침대를 보니 일본 여자 여행객이 누워 있다. 아까 호스텔 직원은 한국인이라고 했는데, 알고 보니 일본인이었다. 이름은 '사에코, 나이는 27세. 여기까지 오는 동안 중남미를 거의 1년 동안 여행하고 있단다. 일본 사람들은 여행 했다고 하면 1년이네. 그런데 여기 호스텔은 남녀 혼숙을 시키나 보다. 이런.

호스텔 1004 _6월 4일

바릴로체는 파타고니아 지방에 위치하고 있어서 겨울인 지금은 아침에 해가 늦게 뜬다. 아침 8시가 넘어도 아직 캄캄하다. 숙소에서 아직 어둡다고 마냥 침대에 누워 있으면 늦잠 자기 일쑤다.

아침 식사를 하러 근처 슈퍼마켓에 들러 과일과 빵, 물 등을 사가지고 오는데, 길거리에서 어떤 아르헨티나 할머니가 말을 건다. 스페인어를 잘 알아듣지 못하겠지만, 내가 사가지고 온 이 물 제품이 안 좋다고 하는 것 같다. 그럼 무슨 물을 사서 마시라는 건지.

과일과 빵 등으로 간단하게 아침 식사를 하고 난 뒤에 어제 그 한국인 부부를 만났다. 다음 코스인 칼라파테Calafate에 가는 항공권을 알아보기 위해 먼저 아르헨티나 항공Aerolineas Argentinas에 갔다. 칼라파테까지 편도 780페소(한화 24만 원)라고 한다. 옆에 있던 한국인 부부는 아르헨티나 항공을 타고 부에노스아이레스Buenos Aires로 입국했기 때문에 국제선-국내선 연결편 우대 혜택을 받을 수 있어서 418페소에 해준다고 한다. 향후 스케줄이 비슷하기에 그 부부는 아르헨티나 항공으로 칼라파테행을 예약했다. 나는 너무 비싸다는 생각에 다시 나와서 라데LADE 공군항공 사무실

아르헨티나만의 특색 있는 항공인 이 라데 공군항공Lineas Aereas Del Estado은 추운 날씨와 눈이 잦은 드넓은 남부 파타고니아Sur Patagonia 지방의 교통을 커버하기 위해 아르헨티나 정부에서 운영하고 LADE 공군에서 실무를 맡아서 운영하고 있는 국영 항공사로 다른 항공사에 비해 가격이 저렴한 반면 이런 이유로 인기가 좋아 항공권 구하기가 쉽지 않다. 그리고 부에노스아이레스 남부의 파타고니아 지방만 운행한다.

로 갔다.

사무실에 가니 역시 우려했던 대로 항공권이 없다. 대략난감.

이번에는 근처 여행사로 가서 두 가지를 문의했다. 첫째 칼라파테로 가는 항공권을 여행사에서 예약할 수 있나, 둘째 나우엘 우아피 국립공원 등 바릴로체의 근처 유명한 관광지에 가는 투어가 있나를 문의했는데 인근 관광지 1일 투어는 지금 계절이 겨울이어서 없다고 한다. 결국 허탕만 친 셈이다.

점심 식사를 하러 숙소 근처의 레스토랑 라안디나 La Andina에 갔다. 여행자들에게는 유명한 아르헨티나 서민 식당이다. 오늘의 스페셜 메뉴 쇠고기 스테이크가 12페소 (한화 3,500원) 정도였다. 같이 간 한국인 부부와 피자, 파스타, 스테이크를 하나씩 주문했다. 그런데 스테이크 고기가 너무 질겼다. 식당 종업원에게 영어로 고기가 너무 질기다고 얘기하니 못 알아들었다. 할 수 없이 그냥 먹고 있는데, 갑자기 주방장이 직접 다른 스테이크를 구워서 테이블로 가지고 왔다. 그러면서 즉석에서 괜찮은지 먹어보라고 한다. 참 친절하다. 그리고 자기가 만든 음식에 대한 장인 정신이 대단한 것 같다.

친절한 주방장 덕분에 맛있는 식사를 끝내고 근처 렌터카 사무실로 갔다. 바릴로

호스텔 1004의 거실.
앤티크한 분위기의 탁자와
소파 등 분위기가 아주 좋다.

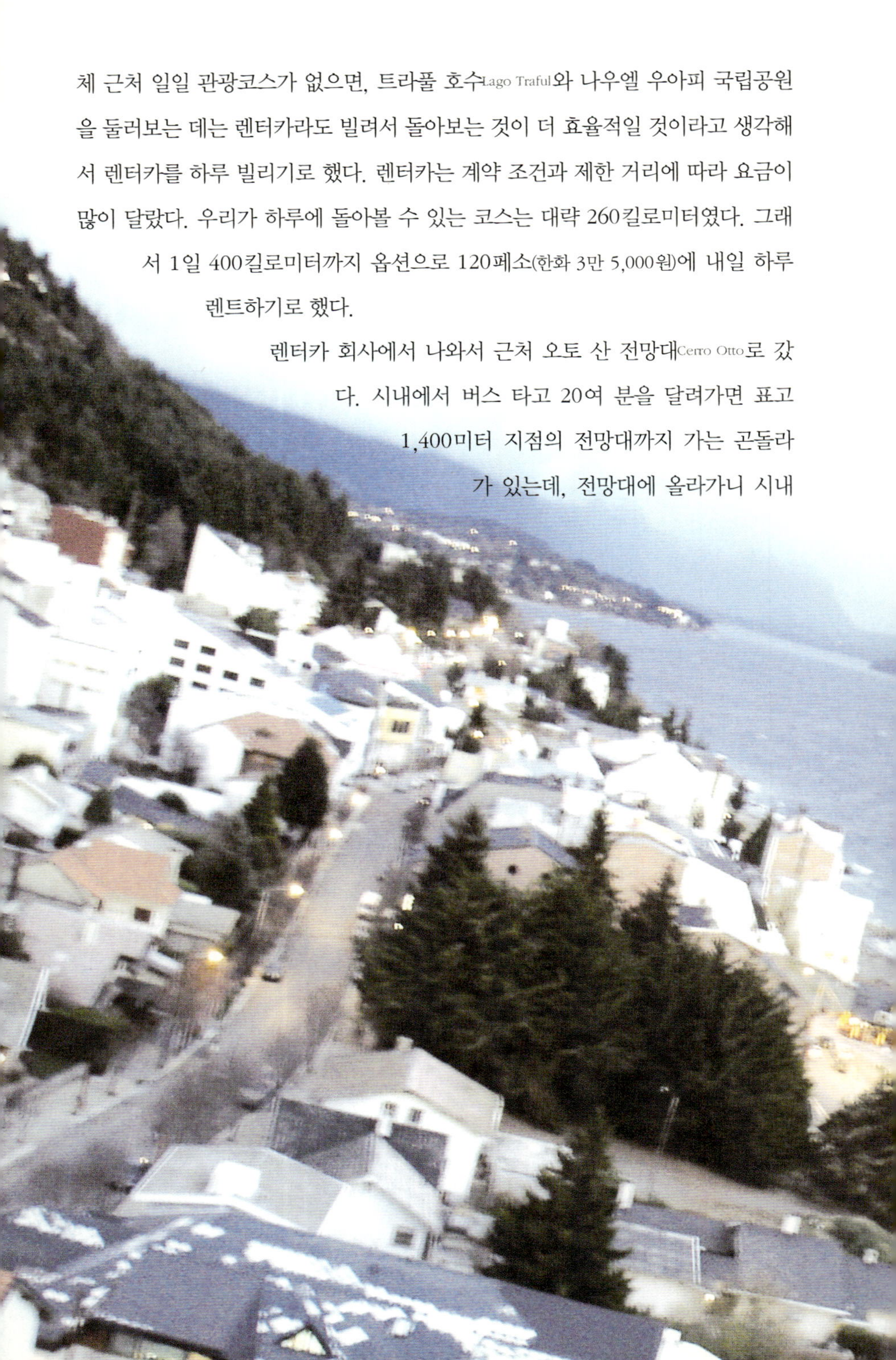

체 근처 일일 관광코스가 없으면, 트라풀 호수Lago Traful와 나우엘 우아피 국립공원
을 둘러보는 데는 렌터카라도 빌려서 돌아보는 것이 더 효율적일 것이라고 생각해
서 렌터카를 하루 빌리기로 했다. 렌터카는 계약 조건과 제한 거리에 따라 요금이
많이 달랐다. 우리가 하루에 돌아볼 수 있는 코스는 대략 260킬로미터였다. 그래
서 1일 400킬로미터까지 옵션으로 120페소(한화 3만 5,000원)에 내일 하루
렌트하기로 했다.

렌터카 회사에서 나와서 근처 오토 산 전망대Cerro Otto로 갔
다. 시내에서 버스 타고 20여 분을 달려가면 표고
1,400미터 지점의 전망대까지 가는 곤돌라
가 있는데, 전망대에 올라가니 시내

전망과 나우엘 우아피 호수와 바릴로체 시내 전경 등 주변 경관이 훤히 잘 보였다. 그러나 바람이 너무 강하게 불어서 서 있기가 힘들었다. 전망대 실내에는 카페 건물 자체가 360도로 돌아가는 회전 카페와 휴게실 등이 있다.

숙소에서 저녁 식사 후, 방에 있는 개인 보관함의 자물쇠 키를 보관함 안에 넣고 잠그는 실수를 했다. 보관함 안의 짐을 꺼내야 하는데 난감했다. 호스텔 직원 에냐에게 도움을 요청했더니 남자 직원이 쇠톱을 가져와서 자물쇠를 절단해 주었다. 정말 친절하고 고마웠다. 감사의 사례로 오늘 슈퍼에서 산 오렌지 주스를 주니 한사코 안 받으려고 한다.

여기 호스텔은 발코니에서 보이는 나우엘 우아피 호수의 탁 트인 전망도 최고이지만 내부 시설과 직원 및 손님들의 분위기가 너무 좋다. 발코니 창가에서 바라보는 나우엘 우아피 호수의 전망은 휴양지의 특급 호텔에 있는 것 같다. 그리고 마음에 맞는 관광객들이 같이 취사도 하고 거실에서 서로 얘기를 나누는 자연스러운 멋이 있는 곳이기도 하다. 물론 친절한 직원들도 한몫을 하지만. 샤워를 마치고 다시 호스텔 거실로 나오니 아까 그 남직원과 에냐가 주스 잘 마셨다고 "Thank you"를 연발한다. 오히려 내가 더 고맙다고 말했다. 그라시아스Gracias(감사합니다)!

투명한 아름다움,
나우엘 우아피 호수 _6월 5일

아침 일찍 예정대로 렌터카를 빌렸다. 차종은 폭스바겐. 그런데 차를 몰아 보니 최저가 차량을 빌려서 그런지, 파워핸들이 아니어서 무척 불편했다. 또 시내 교차로에는 신호등이 없어서 우리 같은 초행길의 운전자들이 운전하기에는 위험했다. 급기야는 조심운전을 하다가 오히려 택시에 추돌당했다. 신호등이 없는 교차로에서 나름 조심한다고 정차하고 좌우를 살피고 있는 사이 뒤에서 우리 차를 택시가 받았다. 가벼운 접촉 사고이지만 우리 차의 뒤범퍼에 약간의 금이 간 관계로, 만일을 대비해 택시 운전사의 면허증을 디카로 촬영했다.

우선 고속터미널로 갔다. 혹시 갈라파테까지 가는 버스편이 있나 알아보러 갔는데, 동절기에는 갈라파테 근처인 리오가예고스Rio Gallegos까지 가는 데 28시간, 거기서 3시간 더 가야 갈라파테이니 총 31시간. 거으 죽음의 코스다. 아니면 항공을 이용해야 한다. 참나, 이럴 때 난감하다.

버스표 예약을 포기하고 나와서, 렌터카를 몰고 바릴로체 근교 여행을 시작했다. 우선 237번 도로를 타고 북쪽으로 30여 분을 달렸다. 그리고 갈림길에서 좌회전해서 65번 비포장도로로 덜컹덜컹 달리니 오른쪽으로 트라풀 호수가 나타났다. 주위의 눈 덮인 산과 맑은 호수. 한마디로 감동이다. 호숫가에 주차한 뒤 주변을 산책하고 숙소에서 준비해간 샌드위치로 점심 식사를 했다. 좋은 경치를 보며 먹는 점심 식사는 꿀맛이다. 다시 차를 몰고 찾아간 곳은 호수 근처 나루터이다. 이 도시 바릴로체, 유명한 관광지답게 훌륭한 경치오 세련된 목조 주택만 있는 줄 알았는데, 이

렌터카로 나우엘 우아피 호수로 가는 길

랴오랴오 반도에서 본 나우엘 우아피 호수 풍경

런 소박한 나루터가 있는지는 몰랐다.

잠시 휴식을 취한 뒤, 231번 도로와 만나는 지점까지 30여 분을 달려가는 동안 도로 좌우를 보니 많은 호수가 있었다. 바릴로체는 맑은 호수와 산들로 둘러싸여 있는 정말 멋진 곳이다. 이윽고 비포장도로를 벗어나 231번 도로로 접어드니 오른쪽으로 아름다운 나우엘 우아피 호수가 보였다. 오늘 하루 맑은 공기와 호수, 산 등을 만끽하는 것 같다.

미국 서부 그랜드캐넌과 흡사한 길을 달려서 다시 바릴로체 시내로 돌아오니 시간이 좀 남았다. 차를 돌려서 랴오랴오Liao Liao, 영어로 읽으면 '랴오랴오', 스페인어로는 '샤오샤오'라고 불리는 반도로 갔다. 언덕길로 가는 동안 주변 호수에는 고급스러운 크루즈 선과 멋진 전망 포인트가 눈에 들어온다. 어둠이 내리는 잔잔한 호숫가와 더불어 언덕 위의 멋진 샤오샤오 호텔의 풍경은 여기가 동화의 나라인 듯한 착각을 불러일으킨다.

거의 하루 종일 운전하니 좀 피로했다. 차를 반납한 후 바릴로체 시내 레스토랑에서 저녁 식사로 송어구이 정식 트루차Trucha를 시켜 먹었다. 남미 와서 처음 먹어보지만 맛이 괜찮다.

동화 같은 모습의 랴오랴오 호텔

Trip Latin America
16th Day

남미의 알프스, 바릴로체 그리고 달콤한 초콜릿 _6월 6일

아침에 숙소 근처의 세탁소에 세탁물을 맡기고 돌아오는 길에 라데 공군항공 사무실에 다시 들렀다. 혹시나 하는 마음에. 그런데 이번 주 금요일 칼라파테에 가는 항공권이 있었다. 이틀 전에 갔을 때에는 없었는데, 그사이에 취소표가 나온 것 같다. 이참에 아예 부에노스아이레스까지의 향후 일정을 모두 예약했다. 편도 바릴로체–칼라파테(420페소), 칼라파테–우수아이아Ushuaia(210페소), 우수아이아–부에노스아이레스(336페소) 코스로 예약했다. 드넓은 남부 파타고니아 지

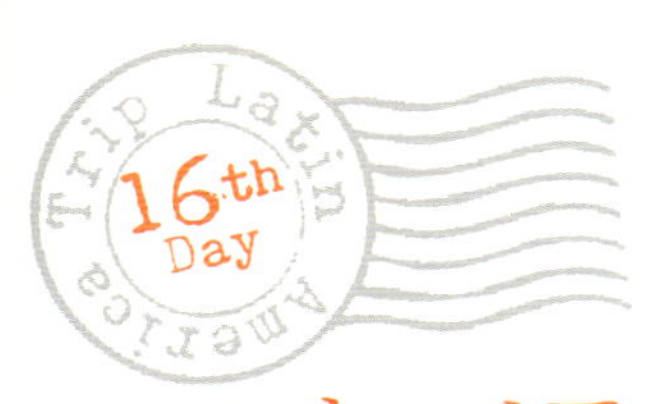

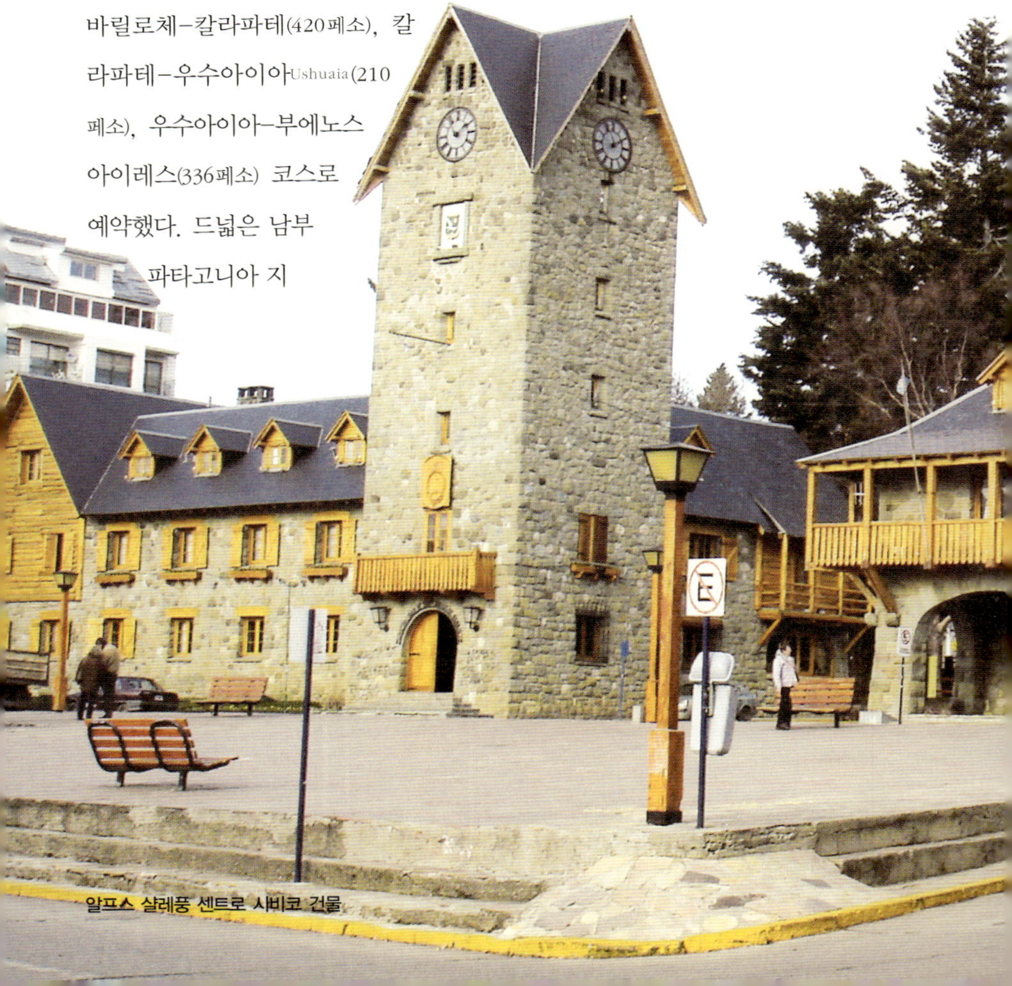

알프스 샬레풍 센트로 시비코 건물

방을 돌아다니려면 아무래도 항공편밖에 없을 것 같다.

고민하던 항공권 문제를 해결하고 나니 숙소로 돌아오는 발길이 한결 가벼워졌다. 숙소에서 늦은 아침을 먹고 다시 숙소를 나섰다. 센트로 시비코Centro Civico 앞 환전소에서 환전하는데 첫날 만난 한국인 이형을 만났다. 고생을 많이 한 얼굴이었다. 며칠 동안 술로 고생을 엄청 했다고 한다. 얘기를 들어보니 여행객이 그러면 안 되는데 여행 와서도 한국에서처럼 음주가무를 즐겼던 것 같다. 지금 버스 타고 갈라파테로 간다고 한다. 버스로 가면 고생될 텐데 말이다.

바릴로체는 알프스 샬레풍의 멋있는 목조 건물과 맑은 공기, 호수 등으로도 유명하지만 초콜릿으로도 유명하다. 거리 곳곳에 관광객을 위한 대형 초콜릿 상점이 자주 눈에 띈다. 멋진 알프스 샬레풍 목조 건물 내부에 가지각색의 다양하고 화려한 초콜릿 상품들이 진열되어 있는 모습을 보고 있노라니 여기가 남미가 맞나 하는 의구심마저 들었다.

돌아오는 길에 센트로 시비코 광장에서 세인트버나드와 기념사진을 찍었다. 관광 상품으로 잘 길들여진 이 세인트

바릴로체

아름답고 안락한 자연환경으로 아르헨티나 최대의 리조트 지구가 형성되어 있어, 12월에서 2월에 이르는 여름철에는 피서지로, 7월부터 9월에 이르는 겨울에는 스키를 즐기려는 관광객들로 언제나 붐빈다. 또한 거리의 모습도 매우 아름다워 고급 호텔에서 작은 상점어 이르기까지 멋있는 목조 건물들이 도시를 메우고 있다. 이곳은 파타고니아 사막과 안데스의 산악 지대 등을 체험하기에는 적격의 장소로, 매년 수많은 관광객이 몰린다.

버나드는 이곳 광장의 명물이다. 곰곰이 생각해보니 원래 스위스 수도원에서 구명견으로 기르던 이 개와 알프스 샬레풍으로 지어진 센트로 시비코 건물이 적절하게 조화가 된 것 같다.

저녁때 옆방의 한국인 부부와 같이 스테이크를 직접 해 먹었다. 슈퍼에서 스테이크용 고기와 야채, 와인 등을 사서 호스텔 주방에서 준비했다. 아르헨티나는 사람보다 소가 더 많고 소값이 물값보다 더 싼 나라다. 오늘 만찬을 위해 준비한 3인분 음식의 재료 값이 우리 돈으로 5,000원이 채 안 된다. 정말 싸다. 주방에서 요리를 하는데 일본인 룸메이트인 '사에코'도 옆에서 저녁 준비를 하고 있기에, 영어로 몇 마디 대화를 나눴다. 그걸 보고 있던 호스텔 직원 에냐가 우리에게 왜 같은 나라 사람끼리 영어로 대화하느냐고 물으면서 우리끼리 영어로 대화하는 것을 신기하게 생각했다. 아마도 에냐는 한국 사람과 일본 사람을 구별하지 못하는 것 같다. 그러니까 여기 온 첫날 옆 침대도 한국 사람이라고 말했을 것이다. 난 그렇게 구별 못하는 에냐가 더 신기하고 귀엽다.

세인트버나드와 함께

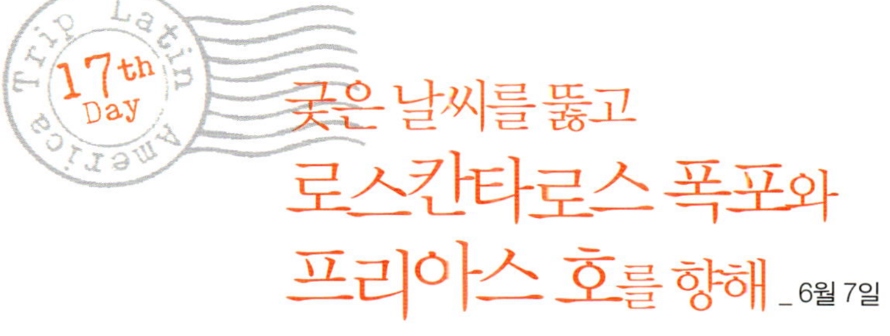

궂은 날씨를 뚫고 로스칸타로스 폭포와 프리아스 호를 향해 _ 6월 7일

아침 일찍 로스칸타로스 폭포Cascada los Cantaros와 프리아스 호Lago Frias를 둘러보기 위해 숙소 앞에서 시내버스를 타고 랴오랴오 호텔 부근 바뉴에 항으로 갔다. 호수를 둘러보기 위해서는 바뉴에 항에서 출발하는 관광선 카타마란을 타고 돌아보는 투어가 일반적이기 때문이다. 바뉴에 항에 내리니 비가 추적추적 내리고 있었다. 우산은 안 가져왔고 비 피할 곳은 없고, 돌아갈 수도 투어를 할 수도 없는 애매한 상황이다. 그런데 보트를 타는 것이 유일하게 비 피하는 방법이어서 결국 투어에 참가했다. 그런데 오늘 날씨 정말 안 좋다. 짙은 안개에 비, 사방이 어둡고 춥다. 사실 이런 날은 그냥 숙소에서 쉬어야 하는데.

배 안에서 한국인 남자 관광객을 우연히 만났다. 페루에서 산 지 1년 정도 되었고, 지금은 여행 중이며 페루 여자와 결혼하고 싶다고 한다. 스페인어를 좀 하는 것 같아서 오늘 도움이 많이 될 것 같다.

이 배에는 안내인 2명과 좋지 않은 날씨인데도 많은 승객이 탔다. 그들 중에는 칠레 푸에르토몬트로 국경을 넘어가는 1박 2일 코스 승객도 있고, 당일 코스로 주변 호수를 관광하는 승객도 있다. 물론 나도 당일 여행 승객이다.

이윽고 배는 칠레 국경 근처인 블레스트 항Puerto Blest에 도착했다. 여기서 모두 내려 다시 버스를 타고 한참을 갔다. 그런데 이 버스, 너무 춥다. 바깥 기온도 추운데다 비가 오고, 입고 있는 옷은 다 젖었고, 차내 히터는 없어 실내 의자가 얼음장 같다.

프리아스 호 근처에 내려서 보트를 타고 또다시 버스를 타고 하는 동안도 비는 계속 왔다. 주변 설산들이 안개와 비 때문에 잘 보이지 않는다. 맑은 날이었으면 정말 경치가 좋았을 텐데 아쉽다.

다시 한참을 달려 로스칸타로스 폭포 근처에 도착했다. 여기서 내려서 푸에르토 블레스트 호텔Puerto Blest Hotel의 레스토랑에서 점심 식사를 했다. 스테이크와 콜라를 주문했는데, 관광지여서 45페소로 비싼 편이다.

식사 후 로스칸타로스 폭포까지 트레킹을 했다. 곧게 뻗은 침엽수림의 울창한 숲

을 헤치고 올라가니 맑은 폭포 물줄기가 흐른다. 그런데 오늘 같은 날씨에 폭포를 보는 것은 시원함을 넘어서 너무 추웠다. 폭포에서 보트 선착장으로 내려오는데, 다시 빗줄기가 굵어지기 시작했다. 오늘 하루 종일 이렇게 비가 온다.

그런데 특이한 점은 아르헨티나 관광객들은 비가 와도 우산을 쓰지 않고 다들 그냥 맞고 다닌다는 것이다. 아무리 맑은 공기를 통하여 내리는 비여도 몸에 좋지는 않을 텐데. 이 나라 사람들의 낙천적인 성격의 단면을 볼 수 있는 장면이다. 그리고 사실 오늘같이 비가 오는 날 한국 같으면 1일 투어라도 취소되었을 텐데, 이 나라

궂은 날씨인데도 카타마란을 타고 투어를 떠났다.

사람들은 강행한다. 비가 오든 말든, 날씨가 좋든 안 좋든 간에. 이런 기상 악조건 속에서 무슨 관광을 한다는 것인지, 이해가 안 간다. 그 덕분에 나는 덩달아 고생하고 있다. 하여튼 폭포에서 내려오는데 다시 비에 온몸이 다 젖었다. Very Cold!

선착장에서 한국인 남자 관광객과 작별 인사를 하고 돌아가는 보트에 올랐다. 그는 오늘 여기 호텔에서 1박을 한 뒤 내일 국경을 넘어 칠레로 간다고 한다. 그렇게 해서 칠레 푸에르토몬트까지 가는 1박 2일 투어를 하는 것이다. 나도 푸에르토몬트에 있을 때 이렇게 1박 2일로 진행되는 투어를 알아본 적이 있는데, 일정이 안 맞아서 포기했다.

하여튼 돌아가는 배 카타마란을 타고 젖은 옷을 말리며 2시간여를 항해해서 다시 바릴로체 바뉴에 항으로 돌아왔다. 선착장에 내리니 아직 비가 오고 있었다. 오늘 비 맞고 말리고를 몇 번 되풀이하는 아주 고생스러운 날이다.

숙소에 돌아와서 저녁 식사를 준비하는데, 호스텔 직원인 에냐가 자기가 만든 케이크라면서 몇 조각을 집어준다. 어제까지 한국인 부부와 같이 저녁 준비를 하다 오늘은 혼자이니 쓸쓸해 보였나 보다. 하여튼 너무 고맙고 착하다. 저녁을 한창 준비 중인데, 오늘 칼라파테로 가기로 한 그 한국인 부부가 주방으로 들어왔다. 오늘 출발하려던 비행기가 부에노스아이레스 공항 사정으로 출발하지 못해서 비행이 취소되었다고 한다. 나와 그 부부 모두 고생만 억세게 한, 아주 운이 없는 하루인 것 같다. 내일 같이 가기로 하고 저녁 식사로 밥을 볶고 있는데 옆에서 에냐가 신기한 듯이 한참 물끄러미 바라다본다. 그게 맛이 있느냐는 표정으로. 그러더니 아직도 한국인과 일본인이 헷갈리나 보다. 주방에서 저녁 준비하는 우리 3명과 옆에서 준비하는 일본인 룸메이트 '사에코'를 지칭하며 주방에 'All Korean'만 있다고 한다. 우리 모두 또 한 번 웃었다.

로스칸타로스 폭포로 가는 계단.
곧게 뻗은 침엽수림의 울창한 숲을 헤치고 올라가면 맑은 폭포 물줄기가 흐른다.

아름다운 프리아스 호의 안개 낀 전경

엽기적인 라데 공군항공
우수아이아에 불시착 _6월 8일

예정대로 칼라파테에 가는 날이다. 새벽같이 일어나 서둘러 택시를 타고 공항으로 갔다. 공항에 도착하니 아침 8시, 비행기 출발 시간이 오전 10시 5분이므로 아직 시간이 많이 남아 있었다. 이른 아침이어서 그런지 공항에는 아무도 없었다. 이틀 전에 라데 항공 사무실에서 예약할 때에는 8시 30분까지 공항에 나오라고 하더니, 시간이 지나도 공항에는 아무도 보이질 않는다.

9시가 지나서야 라데 항공 직원들이 출근했다. 그런데 어제의 아르헨티나 항공처럼 부에노스아이레스에서 비행기가 출발하지 못해서 오늘 출발이 2~3시간 정도 지연된다고 한다. 사전에 연락을 못 받았느냐고 오히려 반문한다. 연락은 무슨 연락?

아르헨티나 항공을 타고 가려던 옆방의 그 한국인 부부도 상황은 마찬가지로 연기된 것 같다. 그 부부와 함께 공항 로비 라운지에 앉아서 차 한 잔 앞에 두고 대책을 논의하고 있는데, 라데 항공 직원이 우리를 찾아와서 샌드위치와 음료 바우처를 무료로 주고 간다. 비행이 연기되어서 대기 고객에 대한 서비스인 것 같다. 행정 처리를 허접하게 한다고 생각했는데, 제법이다. 다시 공항 내에서 안내 방송이 나오기에 시각표를 보려고 모니터에 갔다가 우연히 한국인 여행객 2명을 만났다. 그들 또한 1년 동안 세계 여행을 하고 있는 중이라며 아르헨티나와 브라질이 마지막 코스라고 한다. 장기간 여행하는 사람이 많은 것 같다.

한참을 기다려서 오후 2시 50분이 되어서야 칼라파테 행 라데 항공이 출발한다는 사인이 모니터에 들어왔다. 그런데 라데 항공만 출발이 가능하고, 아르헨티나 항공은 아예 취소되었다고 하는 바람에 같이 기다리던 한국인 부부는 할 수 없이 버스편으로 갈 수밖에 없게 되었다.

그러나 보딩을 하고 게이트에 들어간 우리도 상황은 좋지 않았다. 게이트에서 아무리 기다려도 비행기가 오지 않더니, 4시 20분 정도 되어서야 요란한 엔진 굉음을 내며 도착했다. 오전 10시 5분에 떠날 예정인 비행기가 오후 4시 40분이 되어서야 떠나다니, 남미 사람들의 시간관념을 어떻게 이해해야 할까? 그리고 늦어서 죄송하다는 말은 애초에 들을 수도 없다.

조그마한 라데 항공 비행기의 내부로 들어가니 이미 이 도시 저 도시를 거쳐 온 터라, 기존에 앉아 있는 승객들 사이로 빈자리가 있으면 그냥 앉는 지정 좌석이 아닌 자유 좌석제이고 전체적인 분위기가 너저분했다. 이게 말로만 듣던 그 완행열차 같다던 라데 공군항공이다. 전체적인 분위기는 허접해 보여도 비행기가 출발하니 안전 수칙과 긴급 대피 요령 그리고 기내식까지 나왔다. 비록 예쁜 여승무원이 아닌 연세가 있어 보이는 아저씨가 기내를 돌아다니던서 빵과 음료수를 건네주지만.

밤 8시가 되어서 비행기가 칼라파테 공항에 내리는가 싶더니, 긴급사태가 발생했다는 안내 방송이 스페인어로 나왔으나 알아듣지 못했다. 비행기가 착륙한 후 당연히 칼라파테이겠지 싶어 승무원에게 물어보니 현지 칼라파테 공항 사정으로 비행기가 부득이하게 우수아이아에 불시착하게 되었다는 것이다. 원래 칼라파테 7일, 우수아이아 2일 정도 순으로 머물 예정으로 바릴로체에서 항공권을 예약했지만, 이런 불시착은 좀 곤란하다. 왜냐하면 칼라파테를 남부 파타고니아 관광의 베이스캠프 격으로 삼아서 여행하려고 했기 때문이다.

우수아이아 공항에서 대기한 시간이 한참 지나고 난 뒤 항공사에서 오늘 1박을 할 호텔과 식사를 제공해 준다고 한다. 물론 무료다.

공항에서 만난 한국인 여행객 2명과 이름이 '아유무'라는 대책 없는 일본인(이 친구는 눈치 없이 무사 태평스럽게 그냥 있다가 우리 아니었으면 공항에서 잘 뻔했다)과 같이 택시를 타고 시내 호텔로 갔다. 도착해 보니 티에라 델 퓨에고 호텔Hotel Tierra Del Fuego로 시설이 상당히 좋은 4성 호텔이었다. 배낭여행하면서 날씨 덕에 이런 좋은 호텔에서 잠을 자보니 행운이라고 해야 하나 불행이라고 해야 하나? 하여튼 식사하러 가며 보니, 겨울비가 내리는 시가지는 차분하다는 느낌이 들었다. 밤 10시인데도 식당에는 저녁 식사하는 사람들이 많았다. 여기 사람들의 저녁 식사 시간은 참 늦은 것 같다.

우수아이아는 아르헨티나 티에라델푸에고 주의 주도로서 남위 55도, 부에노스아이레스에서 3,200킬로미터, 남극에서 1,000킬로미터도 떨어지지 않은 남극에서 가장 가까운 세계 최남단 마을이다. 이 도시가 있는 푸에고 섬Tierra Del Fuego은 16세기 마젤란에 의해 발견되어져서 불의 대지라는 의미의 '티에라델푸에고'라는 이름이 지어졌으며 마젤란 해협, 비글 해협 그리고 대서양으로 둘러싸여져 있으며 섬의 절반은 칠레령, 다른 절반은 아르헨티나령으로 되어 있다. 눈 덮인 산과 폭포가 많은 강, 침엽수 등 인상적인 풍경들이 펼쳐져 있다. 주민들은 양고기 가공과 제재·어업 등에 종사한다. 기선과 비행기(부에노스아이레스로부터 5시간)를 이용하여 찾아오는 관광객이 많으며 중요한 해군 기지이자 자유 무역항이기도 하다.

긴급히 변경되는 스케줄과 머나먼 칼라파테 행 _6월 9일

아침 일찍 일어나서 짐을 챙겨 들고 공항으로 나왔다. 그런데 오늘도 비행기가 어떻게 될지 모른다고 라데 항공 직원이 말한다. 그럴 것 같으면 좀 쉽게 체크아웃 시간이라도 늦춰줄 것이지……. 여기 최남단 도시 우수아이아는 지금 겨울이어서 그런지 해가 정말 늦게 뜬다. 오전 9시 40분인데도 아직 밖은 컴컴하다.

공항 대합실로 안내 방송이 나오는데 비행이 1시간 연기되었다고 한다. 너무 피곤하기도 해서 공항 대합실 의자에 누워 있는데, 현재 칼라파테 공항 사정으로 칼라파테에서 3시간 거리인 리오가예고스Rio Gallegos로 가서 거기서 버스편으로 칼라파테로 간다는 안내 방송이 나왔다. 사람들이 술렁인다. 지금 이런 상황을 마음의 여유를 갖고 보면 주변 사람들의 반응과 표정이 재미있다. 어제부터 계속 공항과 비행기 내에서 기상 상태에 따라 긴급히 변경되는 스케줄과 그에 따른 안내 방송에 일희일비一喜一悲하는 사람들의 표정에서 천진난만함을 느낄 수 있었다.

잠시 후 비행기가 리오가예고스에 도착해서 공항에 대기하던 중, 사람들이 일제히 환호를 했다. 알고 보니 칼라파테 공항 사정이 좋아져서 다시 칼라파테로 갈 수 있다고 한다. 비행기에 올라타니 이미 타고 있던 타도시로 가는 승객들이 웃으며 반갑게 맞아준다. 이윽고 30여 분을 비행한 후 드디어 칼라파테 공항에 비행기가 착륙하는 순간 기내에서 모두들 박수를 치며 환호했다. 마치 시골 버스를 탄 것 같다. 그런 모습을 보면서 여기에 오기까지 부득이한 일을 겪었지만 마음의 여유를 가지고 본다면 참 재미있는 여정이라는 생각이 들었다. 하여튼 머나먼 칼라파테에 드디어 왔다.

비행기에서 내려서 택시를 타고 시내에 있는 한국인과 일본인 부부가 운영하는 후지 여관으로 갔다. 막상 도착해 보니 생각보다 시설이 열악했다. 마침 바릴로체에서 만난 이형의 메시지도 있고 해서, 한국인이 운영하는 '린다비스타'Linda Vista 호텔로 갔다. 이곳 칼라파테에서 유일하게 한국인이 운영하는 린다비스타 호텔은 4인 가족이 사용하기에 적합한 콘도형 호텔로서 시설이 아주 훌륭했다. 그리고 사장님이 성수기에는 숙박료가 상당히 비싸지만 지금은 비수기여서 공동 숙박 조건으로 한국인 여행객 1인당 10US$에 해 주시기로 하였다. 열악한 후지 여관이 25페소(8US$)인 것에 비하면 훨씬 좋은 시설에 아주 훌륭한 가격이다.

사장님 내외분은 이민 온 지가 상당히 오래되어서 여행 상담을 하기에도 아주 편했다. 먼저 페리토모레노 빙하Glaciar Perito Moreno 트레킹 투어를 신청했다. 지금 남미는 겨울이어서 빙하 투어는 연중 계속 진행되지만 빙하 트레킹은 내일이 올 시즌 마지막이라고 해서 무조건 생각 없이 신청했다. 어렵게 왔는데, 그래도 내일 빙하 트레킹을 할 수 있으니 운이 좋다고 해야 하나?

어제 만난 남녀 친구, 이형과 같이 저녁을 지어먹고 휴식 후 2층 계단에서 내려오다가 그만 미끄러져서 다리와 팔, 어깨를 다쳤다. 다리야 계단 모서리에 부딪힌 타박상이지만 어깨의 근육통은 장난이 아니었다. 너무 아파 꼼짝할 수 없는 상태여서 사장님께 도움을 요청해 인근 병원에 갔다. 응급실에 가서 주사를 맞고 나오면서 계산하려는데 사장님이 아르헨티나 국립병원은 내국인이든 외국인이든 모든 환자의 치료는 무료라고 하셨다. 이들의 훌륭한 복지 정책에 또 한 번 놀랐다. 그동안 우리가 흔히 생각하는 국가와 국민의 부의 많고 적음에 따라 그 나라 또는 그 국민의 삶의 수준과 질을 평가하는 선입견이 완전히 깨지는 순간이다. 그리고 아르헨티나라는 국가에 대해서 다시 한 번 생각해 보는 계기가 되었다. 하여튼 주사 맞고 난 뒤에 조금 차도가 있어서 내일 트레킹을 할 수 있을 것 같다. 휴, 다행이다.

파타고니아 최대 백미, 페리토모레노 빙하 트레킹 _6월 10일

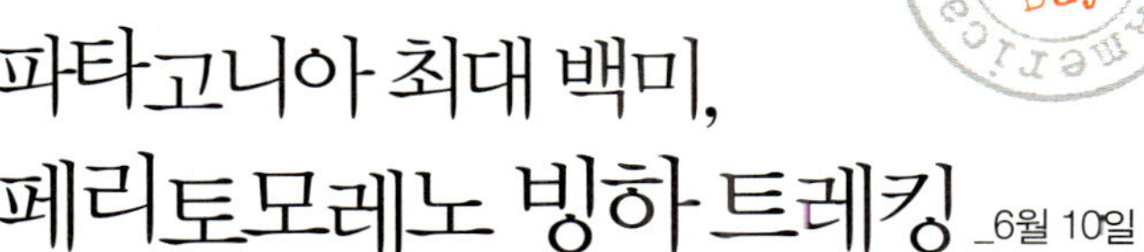

계획대로 페리토모레노 빙하에 가는 날이다. 칼라파테도 지난번 우수아이와 마찬가지로 지금 6월이 겨울이고 남위 50도가 넘는 고위도에 위치하고 있어서 오전 9시 30분은 넘어야 해가 뜬다. 이곳 사람들은 아침에 깜깜할 때에 출근 또는 등교를 한다. 숙소 바깥으로 나와서 픽업 버스를 기다리는데 어두운 아침 시간에 눈이 내리고 있다. 눈 안에 들어오는 풍경들이 너무 고요하고 운치 있어 보인다.

펑펑 내리는 눈을 뚫고 픽업 버스가 왔다. 버스에 타니 어제 라데 항공을 같이 타고 온 사람들이 몇 명 보인다. 하기야 칼라파테에 관광 오면 누구나 빙하 투어 또는 트레킹을 한다. 더군다나 트레킹은 오늘이 올 시즌 마지막이라니 모두 참가하는 것은 당연한 것 아닌가. 차는 우리를 태우고 다시 출발하여 칼라파테 시내 호텔 몇 군데를 더 거친 뒤 후지 여관에도 들러서 우리가 도와준 일본인 친구 아유무를 태웠다. 서로 반갑게 인사를 나눴다.

오늘 투어 요금은 250페소이고 여기에 국립공원 입장료 30페소는 별도이므로 총 280페소가 든다. 이곳의 물가를 감안하면 상당히 비싼 편에 속하지만 빙하 트레킹이라는 희소가치 때문에 관광객에게는 아주 인기가 좋은 투어이다.

페리토모레노 빙하

유네스코 세계 자연유산으로도 지정되어 있는 아르헨티나 산타크루즈 주 로스글라시아레스 국립공원 Parque Nacional Los Glaciares 내에 있는 대표적인 빙하로서 총 길이가 약 35킬로미터이고 평균 높이는 60미터 정도에 표면적이 195제곱킬로미터나 되는 웅대한 규모를 자랑하고 있으며, 특히 빙하 트레킹 및 얼음 조각의 붕락 장면이 장관이어서 많은 여행객들이 찾는 관광 명소다.

버스는 1시간여를 달려서 선착장인 푼타 반데라Punta Bandera에 도착했다. 선착장에
서 배를 타고 드디어 페리토모레노 빙하를 체험하러 간다. 배가 달려 빙하가 시야
에 들어오니 사람들이 카메라 셔터를 누르기에 정신없다. 30여 분을 빙하를 보며
달린 후 배는 이윽고 트레킹 선착장에 내렸다. 여기서 장갑과 아이젠 등을 빌려서
신고 빙하 트레킹을 시작하는 것이다. 아이젠을 신었는데도 빙하 위를 걸어 다니
는 것은 생각보다 미끄러웠다. 다행히도 날씨가 덜 추워서 주변이 백색 빙하임에

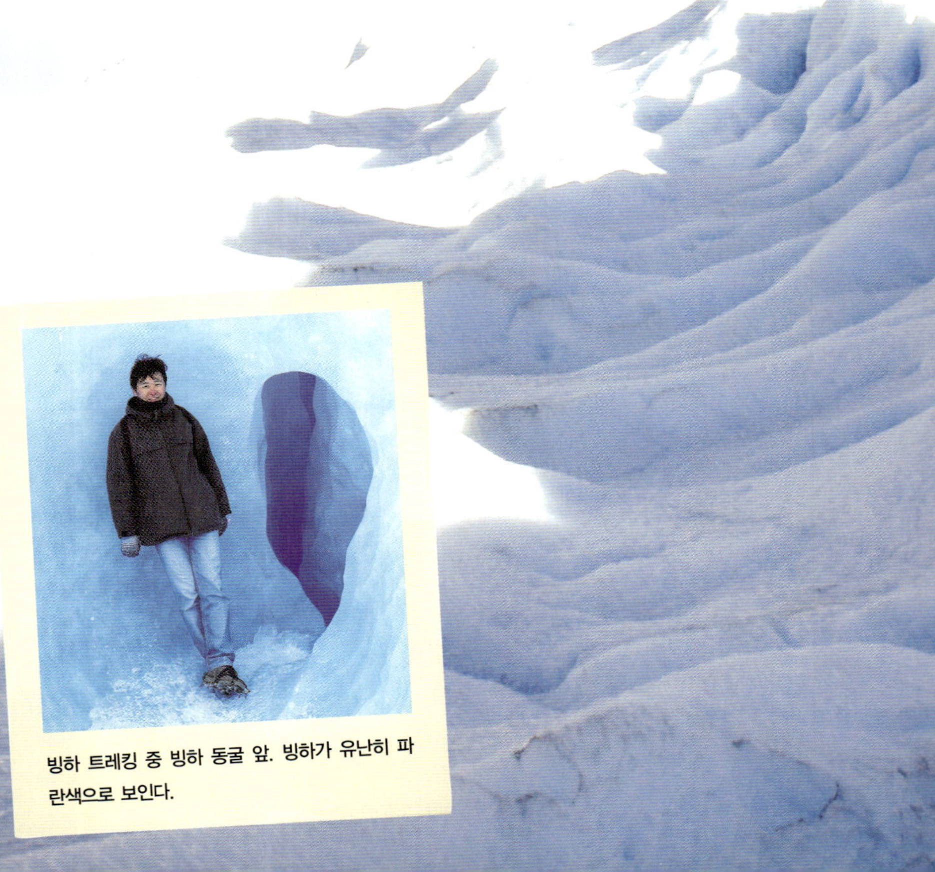

빙하 트레킹 중 빙하 동굴 앞. 빙하가 유난히 파
란색으로 보인다.

얼음 위를 걷는 빙하 트레킹의 모습

도 따스하게 느껴진다.

인원이 많아서인지 2개 조로 나뉘어 빙하를 트레킹 하는데, 오늘은 3시간 정도 빙하 위를 걷는 미니 트레킹이다. 15명 정도가 1개 조로 움직이는데 3시간 정도 빙하 위를 걸으니 제법 땀이 났다. 트레킹이 끝날 무렵 빙하 조각을 쪼개서 위스키에 언더락으로 넣어준다. 이게 진짜 언더락 위스키이다. 물론 맛있는 초콜릿도. 그런데 위스키 맛이 정말 독하다.

자연산 빙하 얼음으로 만든 위스키 언더락

페리토모레노 빙하의 장엄한 모습

오후에는 다시 배를 타고 마가야네스 반도 Penirsula Magallanes 끝부분에 있는 빙하 전
망대로 갔다. 이곳 전망대에서 빙하의 웅대함을 조망하기도 하고 빙하 얼음 조각
의 붕락 장면을 볼 수도 있기에 많은 관광객들이 사진 촬영을 위한 만반의 준비를
하고 빙하를 주시하고 있었다. 듣던 대로 우르릉 쾅 하는 굉음과 함께 여기저기서
연속적으로 얼음 조각이 붕락하고 있었다. 어떨 때에는 조금 과장해서 표현하면
천둥치는 듯한 소리와 함께 빙하가 붕괴되어 떨어진다. 이런 굉음이 날 때마다 주
변의 많은 관광객들이 탄성을 지르며 사진 촬영을 한다. 지금 이 순간은 TV 내셔
널 지오그라피 채널에서 보는 장면이 아니고 실제 장면이다. 바로 눈앞에서 펼쳐
지는 빙하의 붕괴 장면. 평생 잊지 못할 감동과 흥분 그 자체이다. 내 눈과 귀로 직
접 경험하는 한 편의 거대하고 웅장한 아이맥스 영화라고나 할까.

빙하 밑으로 붕락된 유빙이 많이 떠 있다.

남미에서 만난 유빙 크루즈, 우프살라 빙하 _6월 11일

오늘 아침에도 눈이 왔다. 칼라파테는 눈이 자주 오는 것 같다. 오늘도 여김 없이 어둠 속의 눈보라를 헤치고 픽업 버스가 왔다. 우프살라 빙하Glaciar Upsala 1일 투어로 가는 버스에 올랐다. 1일 투어비 193페소.

숙소에서 버스로 1시간여를 달려서 푼타 반데라Punta Bandera 선착장에 도착했다. 여기서 국립공원 입장권을 사서 크루즈로 갈아탔다. 30여 분을 달리니 호수 위 사방

오네이 호반 곳곳에 둥둥 떠 있는 빙하 조각들

우프살라 빙하

칼라파테에서 서북쪽에 위치한 로스글라시아레스 국립공원Parque Nacional Los Glaciares 내의 또 다른 유명한 빙하로서 칠레 국경과도 이웃한 남북으로 긴 빙하로 표면적이 595제곱미터에 평균 높이 80미터, 길이는 60킬로미터로 남미 최대 길이이며 끝부분의 폭도 5~7킬로미터나 된다. 특히 이 빙하를 보기 위해 페리를 타고 가는 우프살라 해협 주변에는 빙산과 유빙들이 많아서 더 유명하다.

으로 빙하 얼음 조각인 유빙이 보이기 시작했다. 여기저기 흩어져 있는 빙산과 유빙들이 마치 호수 안의 섬들처럼 느껴졌다. 크루즈 갑판에 나와 사진을 찍는데 손이 무척 시렸다. 그런데 떠 있는 유빙들이 유난히 파란색으로 보인다.

크루즈 선상에서 바라본 주변 설산들이 안개비가 내리는 오늘 날씨와 어우러져 멋있다. 이윽고 우프살라 빙하에 거의 다 가서 크루즈가 멈추어 섰다. 눈앞에 펼쳐져 있는 우프살라 빙하는 마치 산 계곡에서 흘러내리는 폭포수가 그대로 얼어붙었다고나 할까, 경사가 있는 스키장 슬로프 같다고나 할까? 어제의 페리토모레노 빙하와 달리 또 다른 장관을 보여준다.

다시 뱃머리를 돌려 크루즈는 오네이Onelli 만에 도착했다. 오네이 해협의 선착장에서 영어 가이드의 간단한 설명과 함께 오네이 호반까지 걸어갔다. 주변의 느릅나무 숲을 헤치고 걸어간 호반 곳곳에 빙하 조각들이 둥둥 떠 있는 모습이 자못 이채롭고 신비로워 보였다. 오후 3시 정도에 오네이 만에서 우프살라 투어의 모든 일정을 끝내고 숙소로 돌아왔다.

마치 폭포수가 흘러내리는 듯한
우프살라 빙하의 모습

빙하는 왜 유난히 파란색으로 보일까?

빙하가 파란색으로 보이는 이유는 눈의 결정이 녹은 것에 압력이 가해져서, 생긴 빙하의 얼음은 기포가 적고 대단히 투명도가 높아서 푸른빛만을 반사하고 다른 색은 흡수해 버려서 빙하의 얼음이 푸른빛을 띠고 있는 것이다.

국민보다 소의 수가 많은 나라
그리고 맛있는 아사도 요리 _6월 12일

오늘은 모처럼 쉬는 날Off Day이다. 그동안 무리한 투어와 이동에 많이 지친 심신을 충전하기 위해 하루 정도 여유를 주기로 했다. 군대 용어로 '닦고 조이고 기름치는' 날이라고나 할까. 배낭 수리, 환전 그리고 부에노스아이레스 가는 항공권 발권 등등 준비해야 할 일이 적지 않은 하루이다.

아침 식사 후 린다비스타 호텔 사장님을 따라 칼라파테 시내 거리로 나갔다. 로스 글라시아레스 국립공원 관광의 거점이 되는 칼라파테는 주변 관광지 명성에 비해 조그마하고, 거리에 인적도 드문 전형적인 지방의 작은 도시 같다.

은행에 사람이 많아서 2시간여를 기다린 끝에 겨우 환전했다. 그리고 버스 터미널에 있는 라데 공군항공 사무실에 가서 금요일에 떠나는 부에노스아이레스 행 항공권 발권을 하고 나왔다.

저녁에 같은 숙소에 묵고 있는 한국인 부부 및 여행객들과 린다비스타 호텔 사장님이 추천해준 유명한 레스토랑에 가서 아사도Asado 요리를 먹었다. 고기가 생각보다 매우 맛있었다. 소의 수가 국민 수보다 많은 나라 아르헨티나! 그래서인지 다양한 쇠고기 요리가 상당히 맛이 있으면서 값도 싸다.

아사도

아르헨티나의 원주민인 가우초gaucho들이 먹던 요리에서 유래된 일종의 바비큐 전통 요리이다. 소를 통째로 구운 것으로, 숯불이나 그릴의 한 가지인 파릴라Parilla에 쇠고기 중에서도 특히 갈비뼈 부위를 주로 굽는다. 다른 양념은 하지 않고 굵은 소금만 뿌려서 간을 맞추며 오레가노·파슬리·칠리 등으로 만든 치미추리chimichurri 소스와 함께 먹는다.

입산 금지를 뚫고 올라간
엘찰텐 피츠로이 산 _6월 13일

피츠로이 산Monte Fitz Roy으로 유명한 엘찰텐El Chalten에 당일치기로 다녀오기 위해 새벽 일찍 일어나서 준비를 했다. 옆방의 한국인 유학생 친구와 동행을 했다. 혼자 가는 것보다 말동무라도 할 수 있는 친구가 있어서 마음이 든든했다. 호텔 사장님이 친히 버스 터미널까지 데려다 주셨다.

터미널에서 엘찰텐까지는 버스로 편도 40페소에 4시간여 걸린다. 오전 8시에 출발한 버스는 차 안이 너무 추웠다. 이렇게 추운 날씨에 버스 히터가 고장 나서 그냥

신비로운 피츠로이의 모습

달리고 있는 것이다. 출발부터 상당히 고생스럽다. 달리는 버스 창밖으로 온통 하얀 설산들이 눈에 들어왔다. 참 아름다운 풍경이다. 버스가 춥지만 않으면.

12시가 되어서야 엘찰텐 마을 관광 안내소에 도착했다. 관광 안내소에 들어가니 영어로 상황을 설명하는데, 지금은 눈이 많이 와서 트레킹이 어렵다고 한다. 그러면서 정히 산을 올라가고 싶으면 장비를 갖추고 가라고 한다. 이건 무슨 말인가.

그래서 엘찰텐 내에 장비 빌릴 수 있는 집을 수소문해 보니 지금은 겨울이고 비시즌이어서 대부분 렌탈 상점들이 문을 닫고 겨우 1군데가 열려 있었다. 거기에 가서 스키부츠 같은 신발과 폴대 그리고 방한용 점퍼를 빌렸다.

트레킹 시작. 오늘 예정 코스는 마을을 출발해서 리오블랑코Rio Blanco 캠프장을 거쳐 피츠로이 산이 잘 보이는 로스 트레스 호수Lago de los Tres 부근까지 갔다가 돌아오는 것이다. 이 코스가 왕복 약 6시간이 소요되는데, 6시에 칼라파테로 돌아가는 버스가 있으므로 속성 코스로 빨리 움직이면 로스 트레스 호수까지 갈 수 있을 것도 같다. 가는 도중 산과 나무, 들판 모두 다 흰 눈을 맞아서 온통 하얗고 조용하다. 더군다나 지금 시간에 등산 트레킹을 하는 사람은 우리밖에 없는지 온통 새하얀 주변 환경과 인적이 없는 고요한 분위기가 묘한 느낌을 자아내게 한다.

조금 올라가니 등산 금지 표시가 눈앞에 들어왔다. 얼핏 보기에 그렇게 위험해 보이지도 않는데 까짓것 하는 기분으로 그 표시를 통과해서 계속 걸어 올라갔다. 그런데 한참을 걸어 올라가도 이 산에서 트레킹하는 사람은 우리 둘뿐이다. 생각해 보니 한겨울에 눈도 이렇게 많이 왔는데 입산하는 사람이 이상한 것 아닌가 싶다. 하지 말라는 짓을 꼭 하는 사람은 우리나라 사람밖에 없다고 우리 둘은 얘기하며 키득거리고 올라갔다. 사실 위험할 수도 있을 텐데.

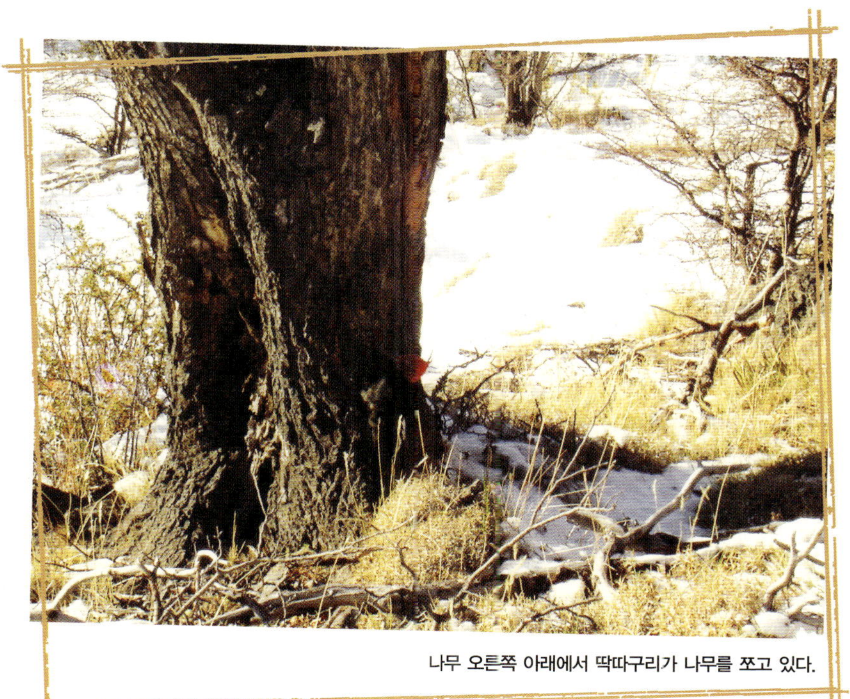

나무 오른쪽 아래에서 딱따구리가 나무를 쪼고 있다.

1시간여를 열심히 올라가니 전망대가 나왔다. 사진을 찍으면서 바라보는 주변 전망이 아주 멋있다. 오늘 날씨는 눈이 많이 와서 등산하기에 좋지는 않지만 대신 눈앞에 펼쳐지는 전망은 너무나 좋다. 평소에 구름이 자주 끼어서 피츠로이를 잘 보지 못하고 내려온다고 하는데 오늘은 선명히 잘 보인다. 다시 로스 트레스 호수를 향해서 한참을 걸어 올라갔다. 생각보다 경사가 그렇게 심하지 않아서 다행이다. 문득 눈을 돌려보니 어릴 적 디즈니 만화에서만 보던 딱따구리가 나무에 붙어 있다. 열심히 부리로 나무를 쪼고 있는 모습이 TV 화면으로 보았던 그 모습과 너무 흡사해서 아주 흥미로웠다. 여기 와서 여러 가지 모습을 보니 즐겁다.

　내친김에 조금 쉬면서 숙소에서 싸가지고 온 김밥을 먹었다. 한참을 걸어서 그런지 아주 배가 고팠다. 먼 이국 타향에서 세상이 온통 하얀 설산을 트레킹하면서 먹는 김밥의 맛을 어떻게 설명할 수 있을까. 숙소(린다비스타 호텔) 사장님이 아주 넉넉하게 싸주신 것 같다. 2인분 같은 1인분! 감사!

다시 눈길을 한참 걸어 올라가니 호수 비슷한 분지가 보인다. 혹시 여기가 로스 트레스 호수인가 싶어 아래를 내려보니 분지 비슷하게 움푹 들어간 곳에 물이 약간 고여 있다. 얼추 비슷해 보였지만 주위에 사람이 없어 물어볼 수도 없었다.

그런데 문제가 생겼다. 같이 온 유학상이 발이 심하게 아프다고 한다. 아마도 아까 빌린 부츠가 발에 맞지 않아 문제가 상긴 것 같다. 그래도 마음만은 올라가고 싶어 하는데, 시간적으로 보나 주변 여건으로 보나 도저히 오를 수 없는 상황인 것 같다. 할 수 없이 여기 분지까지 본 것을 만족하고 하산하기로 했다. 시간이 벌써 3시가 넘은 상황에서 동료의 발까지 문제이니 어쩔 수 없는 일이었다. 하기야 오늘같이 눈이 많이 와서 입산 금지가 된 마당에 여기까지 이를 악물고 올라온 자체가 기적 같은 일이기는 하다.

올라온 길을 다시 되돌아서 엘찰텐 마을에 내려오니 벌써 오후 5시였다. 천천히 동네 구경을 하는데 동네가 생각보다 운치 있고 예쁘다. 여기에 비하면 칼라파테는 대도시 같다. 부츠와 월동 장비를 반납한 후 란초그란 호스텔Albergue Rancho Grande 카페테리아에서 따뜻한 차를 마시며 몸을 녹였다. 겨울이어서 비수기인데도 호스텔에 몇몇 관광객이 보였다. 눈이 와서 입산도 안 되는데 뭐하는지.

아침에 타고 온 버스여서 돌아오는 버스 안이 너무 춥다. 도대체 히터는 언제 고칠 건지. 이 사람들은 안 추운가? 해가 저물고 이제 막 어둠이 내리려는 순간의 차창 밖으로 보이는 흰 눈으로 덮여 있는 산과 들. 거기에서 한가롭게 눈밭을 헤치고 풀을 뜯는 소떼들. 너무나 멋진 풍경이다. 그런데 저 소들은 주인 있는 소인가? 주변에 집 같은 것이 안 보이는데. 하늘을 보니, 어둠 속의 맑디맑은 별들. 이 모든 것이 북반구에 사는 우리에게 익숙지 않은 남반구의 또 다른 정취가 아닐까.

sightseeing 칼라파테 _6월 14일

내일 떠나는 부에노스아이레스 행 비행 스케줄상 오늘 하루도 거의 쉬는 날Off day에 가깝다. 넓디넓은 남미 대륙을 배낭여행 하다 보면 이렇게 뜻하지 않게 충전 시간이 가끔 주어진다.

옆방에 묵고 있는 한국인 커플과 같이 산책 겸 칼라파테 시내 구경을 나섰다. 평일 오전 시간의 칼라파테 시내는 평화로워 보인다. 비수기인 겨울 관광지 칼라파테에 관광객이라고는 우리 일행밖에 없는 것처럼 거리는 한산했다.

오후에 숙소 사장님이 시내와 근처 니메스 호Laguna Nimes 등을 구경시켜 준다고 해서 일행과 같이 차를 타고 니메스 호로 갔다. 탁 트인 넓은 호수 위에 수많은 플라밍고들이 노닐고 있는 모습이 한 폭의 그림 같다. 다시 차를 타고 칼라파테 언덕에 잠시 들러 기념사진을 찍는데 바람이 너무 불어서 코가 얼얼했다. 돌아오는 길에 아주 멋진 집이 있어서 사장님게 여쭤보니 대통령 별장이란다. 어쩐지 멋지고 든 집이라고 생각했는데.

저녁에 숙소 사장님 내외분이 송별회를 해 주셨다. 좋은 호텔 시설을 너무나 싼 가격에 이용하게 해 주시는 것도 고마운데. 그저 감사할 따름이다.

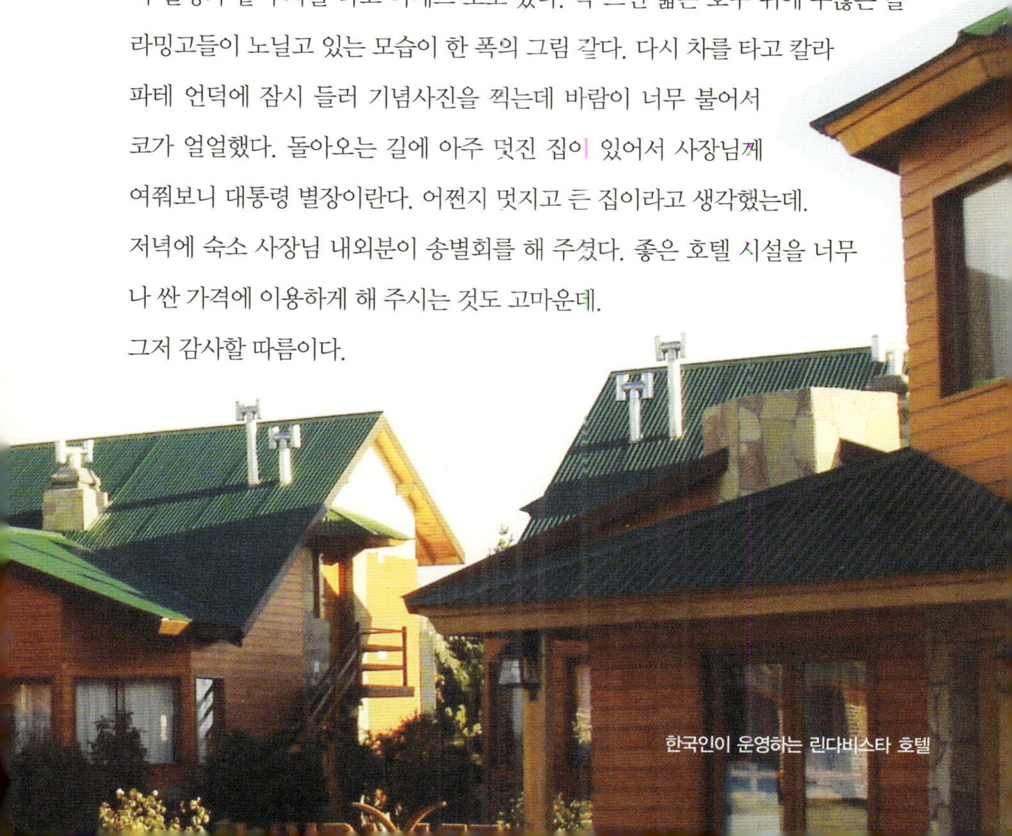

한국인이 운영하는 린다비스타 호텔

남미의 파리,
부에노스아이레스로 _6월 15일

오늘은 드디어 부에노스아이레스로 가는 날이다. 며칠간 한국인 사장님이 운영하는 린다비스타 콘도 호텔에서 편안하게 있다가 다시 고생길(?)로 가려니 걱정부터 앞선다. 마음의 무장을 단단히 해야 할 것 같다.

비행기가 오후 5시에 출발해서 밤 11시 30분 정도에 부에노스아이레스에 도착하면 숙소 잡기가 곤란할 것 같아서 미리 시가지 구호스텔 밀하우스Milhouse로 숙소를 예약했다.

이것저것 준비하고 옆방의 한인 커플과 잡담도 하는 사이 어느덧 시간이 되어서 숙소 앞에서 기념사진을 찍고 사장님과 일행의 배웅을 받으며 서둘러서 공항으로 갔다. 그동안 좋은 추억을 남기고 오늘로써 칼라파테와 파타고니아와는 작별을 하는 순간이다. 섭섭하기도 하고 아쉽기도 하다. 멋진 곳, 좋은 사람 등과의 아쉬운 작별 여행이란 만남과 이별의 연속인 것 같다. 어쩌면 우리가 사는 인생도 이와 마찬가지 아닐까?

칼라파테 공항에 도착하니 지난번 바릴로체에서 올 때 만난 일본인 친구 아유무가 와 있었다. 내 예측이 맞아떨어졌다. 오는 택시 안에서 혹시 같은 스케줄일지도 모른다고 생각했는데. 반가웠다. 오후 5시발 비행기가 2시간 연착되어서 7시가 넘어서야 출발한다고 한다. 아직 우수아이아에서 안 왔기 때문이다. 공항 직원에게 부에노스아이레스에 도착할 시간을 물어보니 비행기는 이곳저곳 여러 도시를 거쳐 가기 때문에 새벽 3시 정도나 도어야 한단다. 그 새벽에 공항에 내려서 숙소까지 찾아가면 숙소 호스텔 프런트 직원은 그 시간에 자지 않고 대기하고 있나?

그동안의 경험에 비추어 봐서 남미 항공사들의 연착 지연 비행이야 이미 예측하고 있던 일이라 더 새삼스러운 것도 아니다.

7시가 넘어서 출발한 비행기는 중간에 몇 번이나 내리고 다시 뜨고를 반복, 완전 시골 버스가 따로 없다. 기내식으로 나온 겨우 굶어 죽지 않을 정도로 조그만 빵과 음료수르 끼니를 해결했다. 지쳐간다. 이윽고 새벽 4시쯤에 호르헤 뉴베리 공항Aeroparque Jorge Newbery에 착륙하려고 비행기가 하강하는데 창밖으로 본 부에노스아이레스의 야경이 정말 멋있다. 시내 중심가 오벨리스크를 중심으로 열십자 방면으로 뻗은 어둠 속의 가로등 불빛이 너무 멋지다 못해 신비롭기까지 하다.

격동의 근현대사와 마주하다,
'5월 광장' _6월 16일

새벽 4시가 넘어 숙소에 들어가 봐야 남들 자고 있는 공동숙소 방에 들어가서 잠자기가 쉽지 않을 것 같아 공항 대합실에서 졸고 있다가 오전 9시가 되어서야 택시를 불러 숙소인 밀하우스로 왔다. 정말 생고생이다.

도착해 보니 밀하우스는 듣던 대로 위치도 좋고 상당히 규모가 큰 배낭여행객 전용 호스텔이다. 도미토리 베드 1박당 조식 포함 30페소(10US$). 적정한 느낌! 체크인 시간이 13시라 아직 시간이 많이 남아 있어서 짐을 맡기고 시내 구경에 나섰다.

숙소 바로 앞의 '7월 9일 거리Av. 9 de Julio'를 나서는데 첫 느낌의 부에노스아이레스 거리는 생각보다 깨끗하며 고풍스럽고 세련된 느낌이다. 흡사 프랑스 파리와 비슷하다는 생각이 들었다. 그래서 혹자들은 이 부에노스아이레스를 '남미의 파리'라고 하나 보다. 인접한 시내에서 가장 오래되었다는 '5월 거리Av. de Mayo'를 지나 '5월 광장Plaza de Mayo'으로 갔다.

1810년 5월 25일 5월 광장에 면한 카빌도Cabildo에서 아르헨티나 독립을 시작으로 아르헨티나 근현대사의 고난과 역경을 함께했던 역사적인 장소가 바로 '5월 광장'이다. 그 광장 바로 남쪽에 대통령부(카사로사다La Casa de Gobierno), 동쪽으로 대성당Catedral Metropolitana 그리고 북쪽으로 카빌도 등 역사적이고 유서 깊은 건물들이 주변

산마르틴 1778.2.25.~1850.8.17.

남아메리카 독립 운동의 지도자로 1816년 라플라타 제주연합諸州聯合의 독립에 공헌하였으며 1818년에는 칠레 독립을 실현시켰다. 또한 페루의 독립을 선언하고 '페루의 보호자' 칭호를 받으며 군사·정치의 최고책임자가 되었다. 남미 전역에서 해방의 영웅으로 숭앙되는 인물이다.

에 즐비하다. 오전 시간인데도 광장에는 관광객들이 많았다. 곳곳에 아르헨티나 국기와 국기 문양을 배경으로 한 배지 등을 파는 거리의 상인들이 많이 보였다. 오는 6월 20일 '국기의 날' 국경일이 가까워져서 그런 듯하다.

사진을 몇 장 찍고 대성당에 갔다. 입구에서 한국인 관광객들로 보이는 사람들을 만났다. 한국에서 여행사를 통해 단체 여행을 온 것 같다. 반갑게 인사를 하는데 별 반응이 없다. 19세기 초에 지어졌다는 이 대성당은 그 규

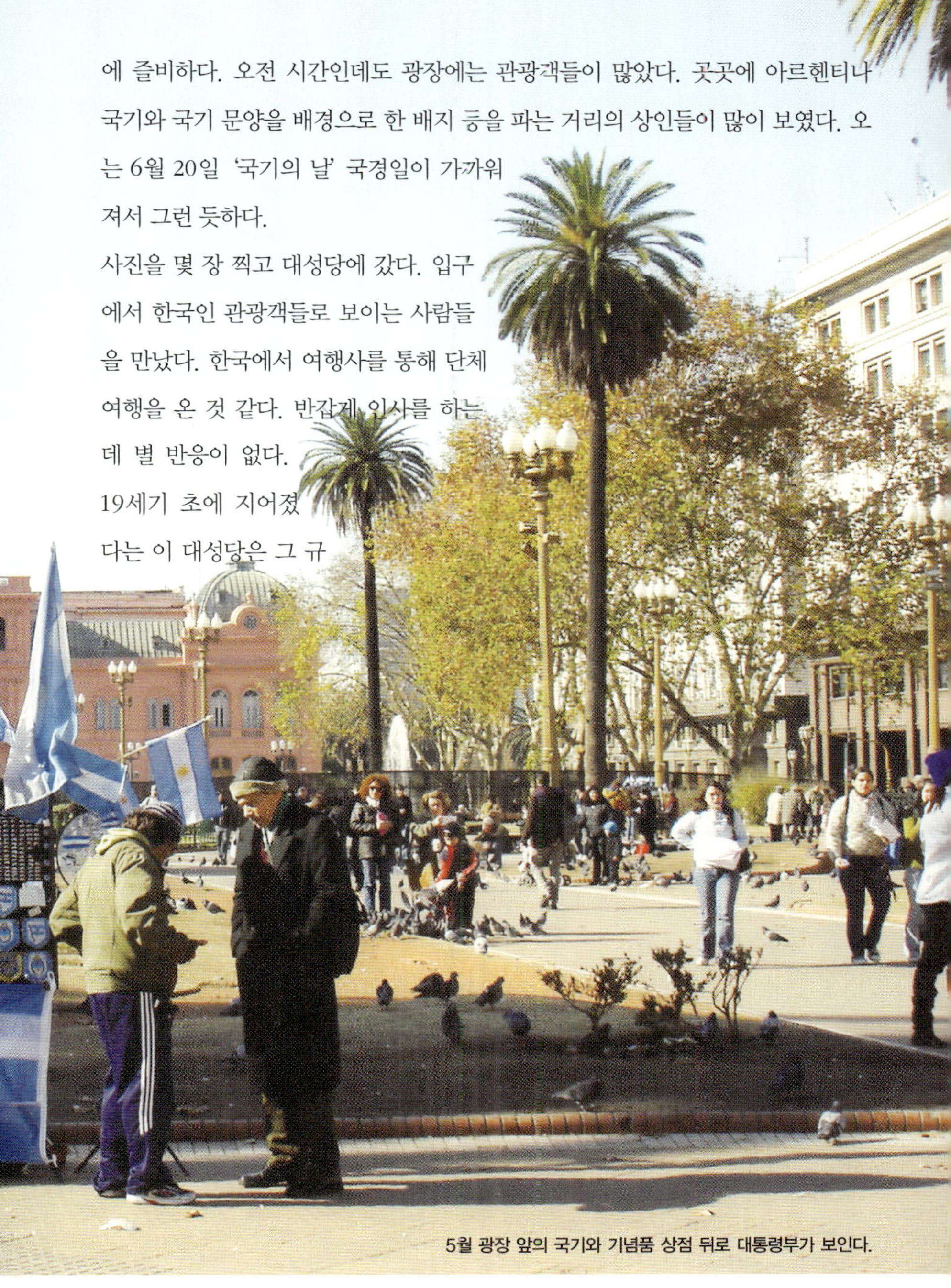

5월 광장 앞의 국기와 기념품 상점 뒤로 대통령부가 보인다.

모에도 압도되지만 내부의 엄숙한 분위기에서도 대단한 힘이 느껴진다. 그리고 남
미 해방의 영웅 산마르틴(Jose de San Martin(1778.2.25.~1850.8.17.)의 관과 그 당시의 군
복을 입은 호위병들의 모습도 함께 보여주고 있다.

대성당에서 나와서 인접해 있는 카빌도에 갔다. 1725년 건축된 이 건물은 1810년
5월 25일 이곳에서 독립선언이 이루어졌으며, 현재 2층에는 식민 시대부터 사용
되어온 아르헨티나 역사 유물을 보여주는 5월 혁명 박물관이 있다.

부에노스아이레스 하면 여러 가지 생각이 떠오른다. 약 1세기 전에 부유한 경제 강
국이던 나라의 수도로서 유럽에서 많은 이민자들이 와서 이룩한 유럽적인 문화의

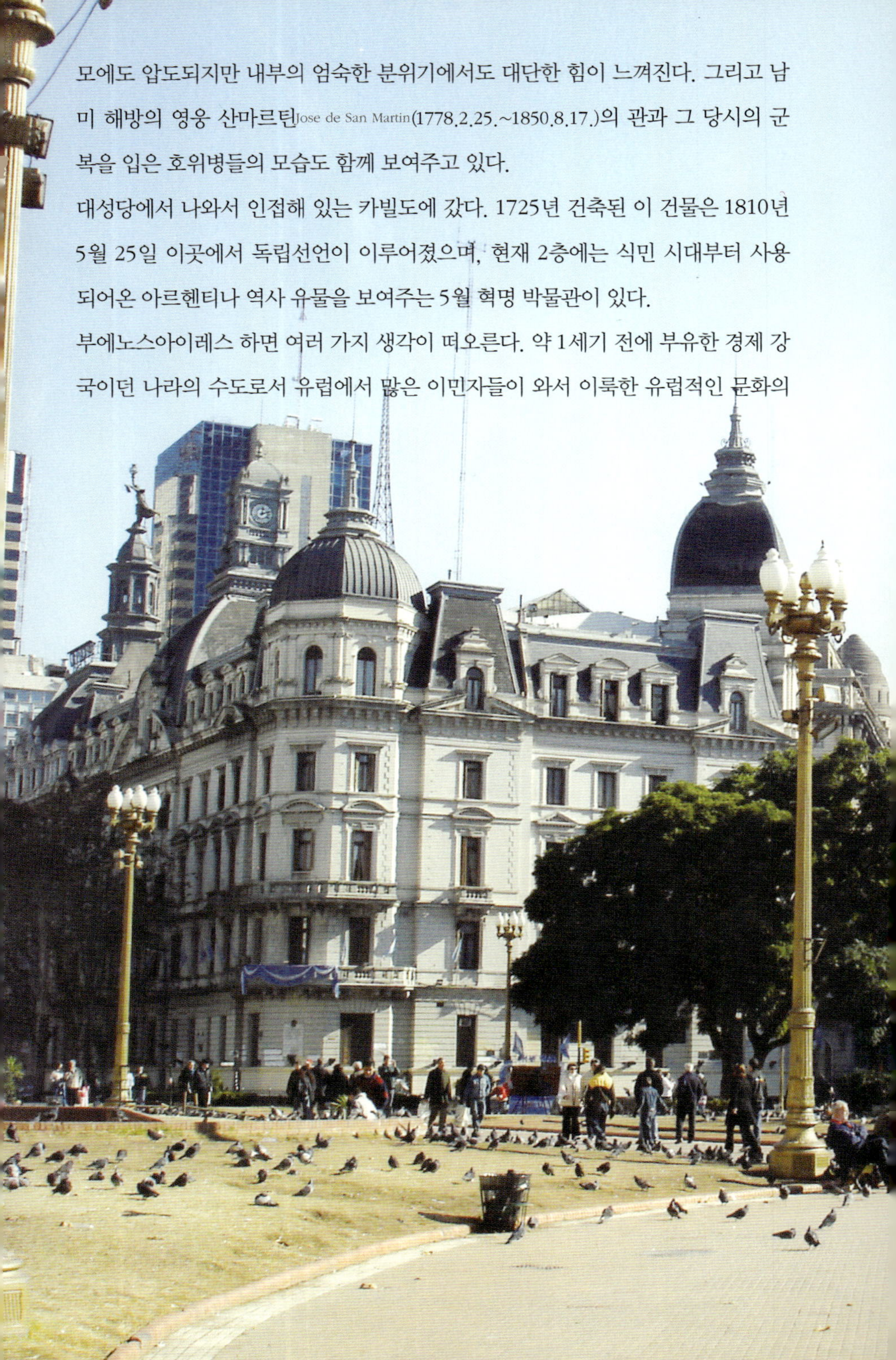

도시, 우리에게도 친숙한 동화 『엄마 찾아 삼만 리』의 마르코가 이탈리아 제노바를 떠나 엄마를 찾기 위해 항해 끝에 찾아온 도시, 그리고 최근 몇 년간 극심한 인플레로 인한 경제 파탄, 마라도나를 연상케 되는 축구의 명가 그리고 드넓은 초원 팜파와 탱고 등등.

식사 후 오후에 플로리다 거리를 걸어가는데 카페 토르토니Cafe Tortoni 앞에서 우연히 한국인 배낭여행객들을 만났다. 자주 들어가 보는 인터넷 여행자 카페의 회원들인 것 같다. 운 좋게 또 한국인을 만나서 바노Vino(와인) 한잔 하면서 남미 여행에 관한 서로의 정보들을 교환할 수 있었다.

5월 광장의 모습과 오른쪽의 대성당

산텔모의
일요 골동품 시장 _6월 17일

거의 이틀 밤을 자지 못한 터라 오전에 피로가 느껴진다. 부에노스아이레스에 와서 한 가지 좋은 점은 칼라파테에 있을 때보다 날씨가 따뜻하다는 것이다. 겨울이어도 우리나라의 늦가을 날씨 정도 되는 것 같다.

오늘은 일요일이다. 아침 시내가 대체로 한산하다. 그 이유는 원래 6월 20일 '국기의 날' 국경일을 6월 18일(월)로 당겨 쉬어서 3일 연휴가 되었기 때문이라고 한다. 어쩐지 센트로 시내가 꽤나 한산하다고 생각했는데 이유가 있었다. 이 나라 사람들 공휴일 쉬는 것은 우리보다 융통성이 있는 것 같다.

숙소 근처 맥도날드에 가서 아침 식사를 하고 오늘 가야 하는 페리야 데 산텔모Feria de San Telmo라고 불리는 유명한 일요 벼룩시장이 들어서는 도레고 광장Plaza Coronel

아르헨티나 탱고Argentina Tango

19세기 유럽에서 꿈을 안고 대서양을 건너 아르헨티나로 흘러온 이민자들의 설움과 슬픔, 절망과 외로움을 애절한 가락과 현란한 몸짓에 담고 있는 탱고의 기본 리듬은 4분의 2박자다. 아르헨티나의 수도 부에노스아이레스에서 발생하여 유럽으로 건너가 유행했다. 탱고 음악의 주 내용은 이룰 수 없는 사랑, 실연의 아픔, 세상에 대한 좌절, 외로움, 고향을 떠난 서글픔 등이 드라마틱하게 노래 및 연주되고 있다.

초기의 탱고는 바이올린·플루트·클라리넷·아코디언 등으로 연주되었으나 그 후 독일에서 수입된 반도네온이 추가되고 피아노가 곁들여 1910년대에는 오르케스타 티피카(전형적 악단)가 나타났다. 그 주체를 이룬 악기는 바이올린·반도네온·피아노·베이스의 4가지다.

민예품 노점상

거리 퍼포먼스

Dorrego으로 향했다. 참고로 여기 맥도날드 가격은 다른 물가에 비해 그리 저렴한 편은 아닌 것 같다. 빅맥 세트가 우리 돈으로 4,000원 정도 한다. 로열티 때문이겠지?

디펜자Defensa 거리 주변의 골동품, 수공예품, 은 세공품, 그림, 보석 등 노점상의 상품들을 구경하면서 20여 분 걸어가니 드디어 일요 벼룩시장이 열리는 도레고 광장에 도착했다.

거무스름한 돌길 주변으로 탱고 음악이 밖으로 흐르는 낡은 탱고 카페와 질서 정연히(?) 들어선 골동품 등의 노점상 그리고 주변에서 탱고쇼와 춤, 노래 등을 부르는 거리의 악사, 팬터마임 등 아트 퍼포먼스 등이 어우러져 있다. 그중에서도 약간은 장난스럽게 또는 진지하게 탱고를 추는 노신사와 젊은 여인의 모습이 눈에 들어왔다. 이런 광경을 보면서 '아! 이제야 내가 그 유명한 부에노스아이레스에 와 있구나!' 실감하게 된다. 또 눈에 띄는 부분은 남녀의 거리 퍼포먼스인데 주변 구경꾼들의 동전 팁이 있을 때마다 움직이는 광경이 무척 코믹스럽게 느껴진다. 주변에는 한낮의 따뜻한 햇살을 맞아서 포르테뇨(부에노스아이레스 사람들을 일컫는 말)들

거리에서 음악에 맞춰 탱고를 추고 있다

이 노천카페에서 식사나 비노를 음미하며 햇볕을 쬐고 있다. 발걸음을 조금 옮기니 시장 한구석에서 오래된 라디오나 축음기를 파는 노점상이 보였다. 1920년대에서 50년대 사이에 사용했을 법한 축음기들이 전시되어 있다. 거기에서 나오는 우레에게도 익히 알려진 영화 '글루미선데이Gloomy Sunday'의 주제곡과 1930년대 미국 스윙 재즈Swing Jazz 음악이 흘러나오는데 그 앞에서 한동안 발걸음을 떼지 못했다. 탱고 음악에서 스윙 재즈까지 일요 시장을 산책하는 동안 즐길 줄 아는 이 나라 사람들의 자연스러운 모습이 느껴진다. 문화의 한 단면이라고 보기에는 너무 즐거워 보인다.

골동품 시장을 뒤로하고 조금 걸으니 레사마 공원Parque Lezama이 보였다. 그 안의 국립역사박물관에 2페소의 입장료를 내고 들어가니 식민 시대부터 지금까지의 군복·무기 등 실제로 볼 것은 별로 없었다. 다시 나와 커다란 돔이 이국적인 러시아 교회Catedral Ortodoxa Rusa를 지나

거무스름한 돌길 주변으로 탱고 음악이 밖으로 흐르는 낡은 탱
고 카페와 질서 정연히(?) 들어선 골동품 등의 노점상 그리고 주
변에서 탱고쇼와 춤, 노래 등을 부르는 거리의 악사, 팬터마임
등 아트 퍼포먼스 등이 어우러져 있다.

한적한 주택가로 나가니 서민들의 주택가(?) 같은 집 옆에서 인도식 빵인 '난' 같은 것을 드럼통 바비큐로 굽는 것이 보였다. 그 냄새가 좋기도 해서 한참을 쳐다보다 얼마냐고 물으니 빵을 굽던 주부가 쑥스럽게 웃기만 한다. 아마도 판매용으로 굽는 것이 아닌 가정 식사용 빵을 얼마냐고 묻는 내가 이상했던 모양이다.

저녁에는 어제 길거리에서 우연히 만난 한국인 배낭여행객들을 만나서 탱고 레스토랑에 갔다. 코리엔테스 거리Av. Corrientes 근처에 있는 탕게리아Tangueria(탱고 라이브를 볼 수 있는 레스토랑바) '디나 이메드Dina Emed'라는 클럽에 8시 30분에 갔는데 탱고 공연은 9시 30분이나 되어야 시작한다고 한다. 우리가 아무래도 일찍 온 것 같다.

무대가 잘 보이는 곳에 자리를 잡고 비노 한 병을 주문했다. 이 카페는 제법 규모가 큰 내부에 무대도 별도로 있어 공연을 보기에는 조건이 좋아 보인다. 1인당 입장료가 35페소(11US$) 정도로 가격도 비교적 저렴한 편이다. 탱고 공연이 시작될 무렵인 9시 30분 정도 되니 손님들이 많이 들어와서 대부분 테이블이 다 찼다.

공연은 나름대로의 스토리가 있는 뮤지컬처럼 노래, 탱고 춤 그리고 내레이션 및 대사 등 여러 가지 다양한 퍼포먼스로 진행되었다. 이번 공연은 무대 위에 3명의 댄서와 반도네온을 비롯한 5인조의 악사들로 구성되었으며 대략 90여 분 정도 진행되었다. 공연이 끝나갈 무렵 피날레로 우리에게도 익숙한 아스트로 피아졸라Astor Pantaleon Piazzolla의 '리베르탱고Libertango'가 흘러나온다. 앗! 이 곡. 탱고의 본고장 부에노스아이레스에서 들으니 더욱 새롭게 느껴진다.

아스트로 피아졸라Astor Pantaleon Piazzolla, 1921~1992
아르헨티나 작곡가이며 반도네온Bandoneon 연주자, 아르헨티나 탱고의 전설, 뉴탱고의 창설자로 칭송받는 인물로 작품집 『다섯 개의 탱고 센세이션Five Tango Sensation』과 우리에게 익히 알려진 '리베르탱고' 등 유명한 작품들이 다수 있다.

반도네온
네모난 측면과 주름상자로 되어 있으며 단추를 눌러 연주한다. 1846년 독일의 H. 반도가 아코디언을 기초로 하여 고안했는데, 이것이 19세기 후반 아르헨티나에 수입되어 1900년 무렵부터는 탱고 연주에 널리 쓰이게 되었다. 아르헨티나 탱고에서 빼놓을 수 없는 악기로, 애수를 띤 어두운 음색이 탱고 자체의 성격에 변화를 가져왔다.

영원한 탱고의 고향,
라 보카 _6월 18일
28th
Day

아침에 숙소 앞에서 콜렉티보Colectivo(시내버스) 64번을 타고 탱고의 고향인 보카 지구Barrio Boca로 갔다. 부에노스아이레스에 와서 처음으로 타보는 대중교통이다. 여기선 시내버스를 콜렉티보라고 하며 타는 방법은 우리의 시내버스와 거의 비슷하다. 승차할 때 요금을 내면 된다. 요금은 시내는 균일 80센타보(한화 250원) 정도이다. 역시 물가가 싸다, 한국보다는.

버스로 30여 분을 달리니 보카 항구 같은 곳이 보여 내렸다. 옛날에는 한때 유럽에서 꿈을 안고 온 이민자들이 첫발을 내디디는 아르헨티나 제일의 항구로서 번성했지만 지금은 북쪽 신항구 다르세나 노르테가 생긴 이후 그 기능이 많이 퇴색되었다고 한다. 그래서 그런지 항만 바닷가에는 오물 냄새가 진동하고 거리는 지저분하다.

첫 느낌은 좀 그렇지만 탱고의 발상지, 축구 신동 마라도나가 1년 동안 몸담고 있던 그래서 그의 혼을 느낄 수 있는 명문 보카 주니어스Boca Juniors 축구단 홈구장 등 다양한 관광 자원이 있어서 그런지 거리에 관광객이 상당히 많았다.

우선 카미니토Caminito 거리를 거닐었다. 건물들이 고감한 원색으로 칠해져 있는 모습이 독특해 보인다. 상품 간판 또한 요란해 보이는데 어떻게 보면 상당히 촌스럽다는 느낌이 들기도 하지만 그래도 나름대로 어울려 보이고 개성 있어 보인다. 보카 태생의 화가 킨케라 마르틴Quinquera Martin의 아이디어로 이런 독특한 거리 색채가 구성되었다고 한다. 메인 거리에 그를 본받으려는 미술가들의 길거리 전시회도 열리고 있고 중심가 곳곳에 이색적인 아트 퍼포먼스를 보이는 예술가들 그리고 탱고를 추는 사람들 등 분위기 자체가 상당히 자유롭게 느껴진다. 그리고 기념품점과 거리 곳곳의 카페에서는 탱고 공연을

과감한 원색으로 칠한 벽들과 2층 테라스에 있는 에비타, 마라도나 등 유명 스타들의 모습을 닮은 인형들이 눈에 들어온다.

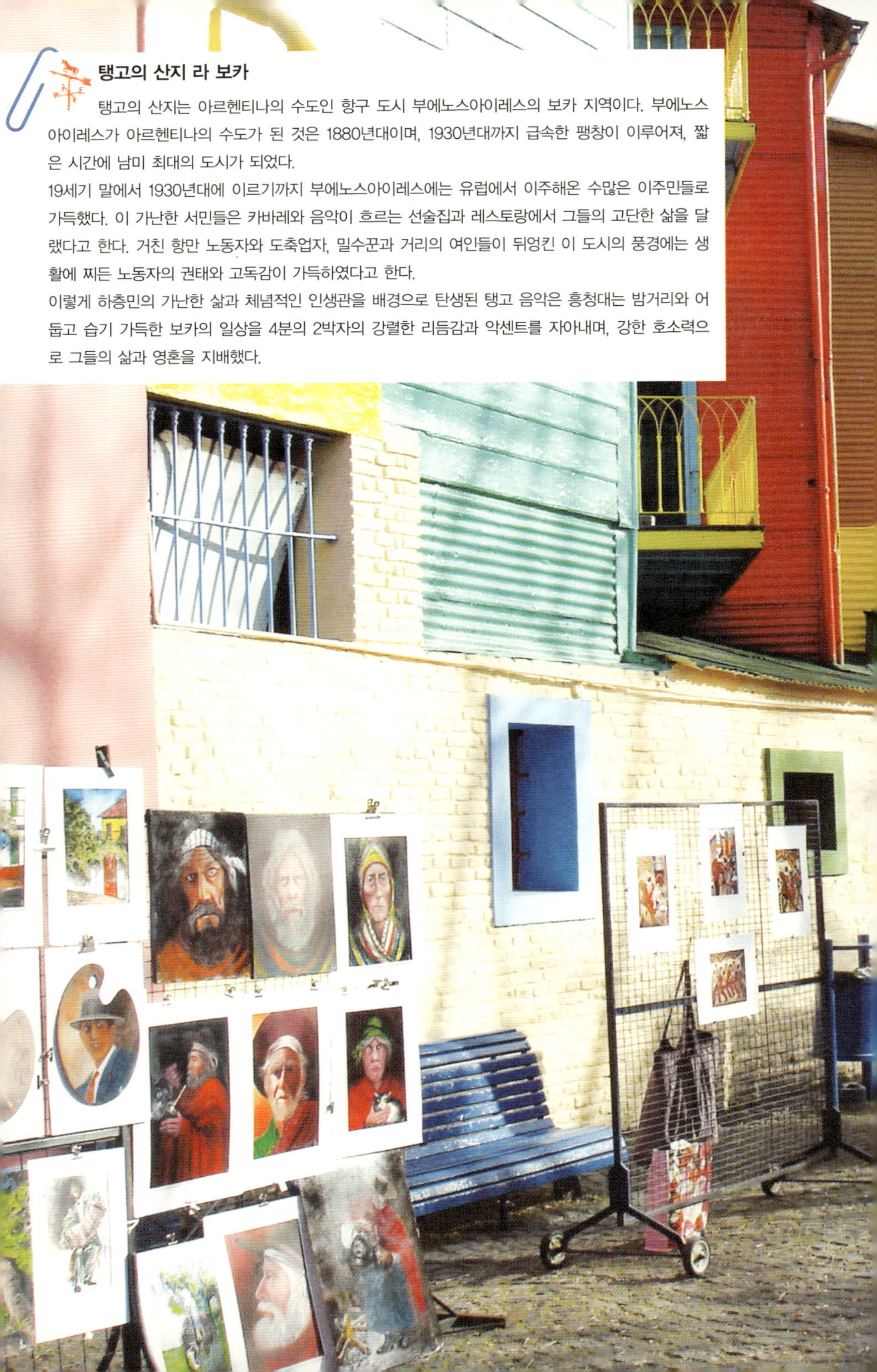

탱고의 산지 라 보카

탱고의 산지는 아르헨티나의 수도인 항구 도시 부에노스아이레스의 보카 지역이다. 부에노스아이레스가 아르헨티나의 수도가 된 것은 1880년대이며, 1930년대까지 급속한 팽창이 이루어져, 짧은 시간에 남미 최대의 도시가 되었다.

19세기 말에서 1930년대에 이르기까지 부에노스아이레스에는 유럽에서 이주해온 수많은 이주민들로 가득했다. 이 가난한 서민들은 카바레와 음악이 흐르는 선술집과 레스토랑에서 그들의 고단한 삶을 달랬다고 한다. 거친 항만 노동자와 도축업자, 밀수꾼과 거리의 여인들이 뒤엉킨 이 도시의 풍경에는 생활에 찌든 노동자의 권태와 고독감이 가득하였다고 한다.

이렇게 하층민의 가난한 삶과 체념적인 인생관을 배경으로 탄생된 탱고 음악은 흥청대는 밤거리와 어둡고 습기 가득한 보카의 일상을 4분의 2박자의 강렬한 리듬감과 악센트를 자아내며, 강한 호소력으로 그들의 삶과 영혼을 지배했다.

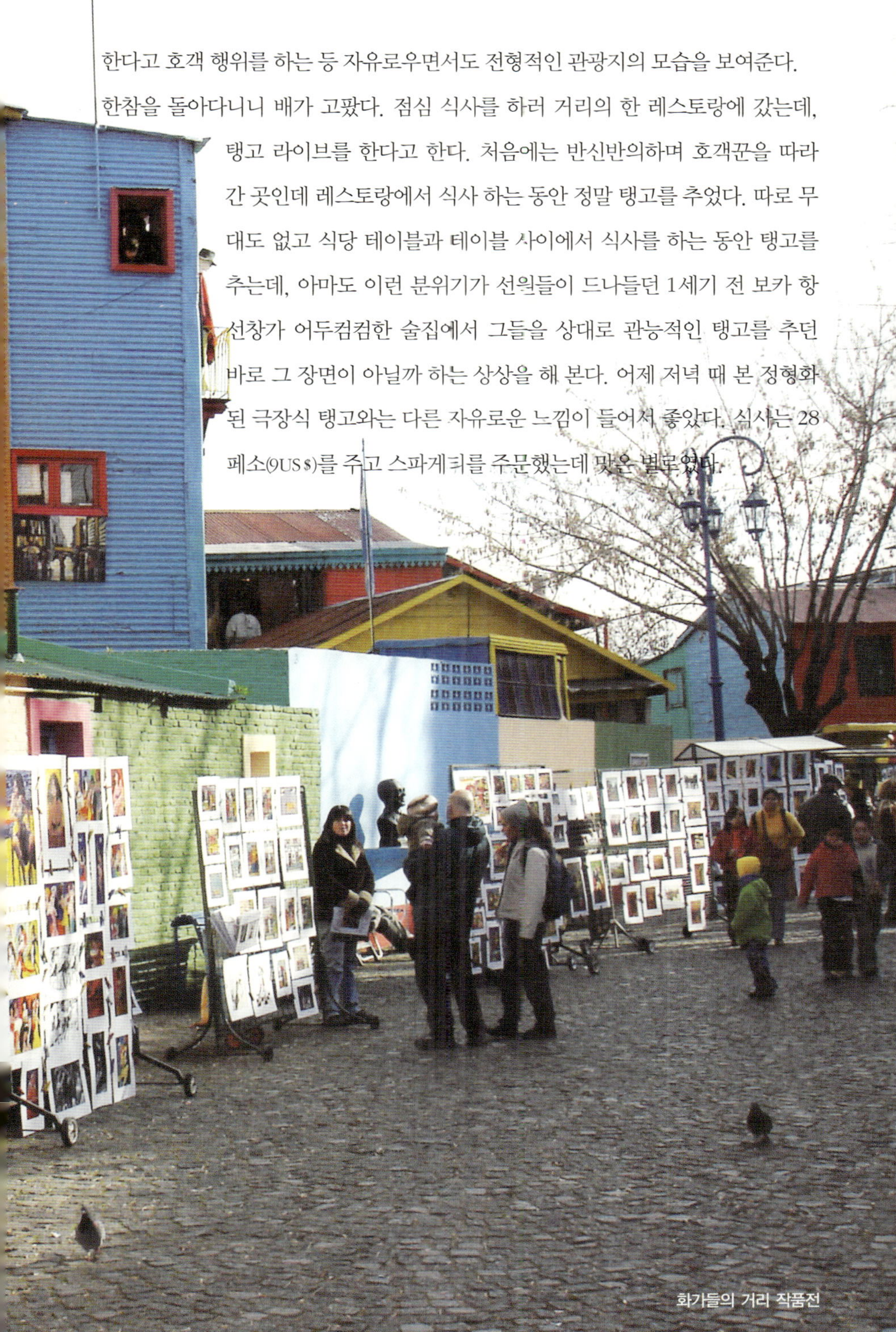

한다고 호객 행위를 하는 등 자유로우면서도 전형적인 관광지의 모습을 보여준다.
한참을 돌아다니니 배가 고팠다. 점심 식사를 하러 거리의 한 레스토랑에 갔는데,
탱고 라이브를 한다고 한다. 처음에는 반신반의하며 호객꾼을 따라
간 곳인데 레스토랑에서 식사 하는 동안 정말 탱고를 추었다. 따로 무
대도 없고 식당 테이블과 테이블 사이에서 식사를 하는 동안 탱고를
추는데, 아마도 이런 분위기가 선원들이 드나들던 1세기 전 보카 항
선창가 어두컴컴한 술집에서 그들을 상대로 관능적인 탱고를 추던
바로 그 장면이 아닐까 하는 상상을 해 본다. 어제 저녁 때 본 정형화
된 극장식 탱고와는 다른 자유로운 느낌이 들어서 좋았다. 식사는 28
페소(9US $)를 주고 스파게티를 주문했는데 맛은 별로였다.

식사 후 오후에는 마라도나의 영원한 마음의 고향 보카 주니어스 스타디움으로 갔다. 카미니토에서 북쪽으로 10여 분 천천히 걸어가니 스타디움이 보였다. 이왕이면 축구 경기도 보면 좋으련만, 지금은 축구 시즌 막바지고 보카 주니어스 홈경기는 끝난 지 1주일 정도 되었다고 한다. 아쉽다. 남미 대륙 전체가 대부분 그렇지만 아르헨티나에서도 축구는 정말 빼놓을 수 없는 최고 인기 스포츠다. 아니 거의 신앙과도 비견될 정도로 대단하다. 그중에서도 부에노스아이레스에는 명문 축구 클럽인 보카 주니어스와 리버 플레이트River Plate의 라이벌 구도가 형성되는데 이 두 팀이 경기하는 날은 열광적인 팬들로 스타디움 근처가 난리가 난다고 한다. 두 팀 모두 한국의 축구팬들에게 익히 알려진 명문 클럽으로서 부유층에게 인기 있는 리버 플레이트에 비해 보카 주니어스는 노동자 계급에게 사랑받고 있다고 한다. 물론 마라도나가 거쳐 가서 더 유명하기도 하지만. 외부에서 보는 스타디움은 상당히 규모가 큰 것 같은데 옆에서 본 관중석 스탠드는 경사가 많이 기울어 있고 건물은 낡아 보인다. 저렇게 경사가 심하고 높은 곳에서 축구를 관람하면 멀미나지 않을까 걱정이 되었다.

이곳 사람들의 마라도나 사랑은 대단한 것 같다. 관광객이 많이 오니까 기념품을 판매하기 위한 상술이기도 하겠지만, 스타디움에서 카미니토로 걸어오는 길에 있는 거리의 기념품 가게들에는 대부분 마라도나의 벽화 및 사진, 등번호 10번의 그의 아르헨티나 대표 팀 유니폼 등을 전시해 놓고 판매하고 있다. 물론 상술이겠지만 마라도나가 활약하던 그 시절의 영화를 못 잊는 것 같기도 하다. 하기야 우리나라에도 그만한 걸물이 나온다면 우리도 그렇게 하지 않을까.

식당 테이블 사이에서 탱고를 추는 것은 이들의 일상 모습이다.

파리풍의 도시에서 이탈리아계 사람들이 스페인어를 사용하는 이상한 도시 _6월 19일

오전에 숙소에서 '7월 9일 거리'를 건너서 국회의사당 광장Plaza del Congreso으로 갔다. 사실 부에노스아이레스 센트로에서 관광객이 갈 수 있는 지역이 그렇게 넓지 않아서 웬만한 곳은 어제 보카 지구 빼고 다 걸어 다닌다. 거리 구경도 할 겸. 광장에는 비둘기떼가 많았고 분수와 로댕의 '생각하는 사람'의 복제품 등 조각 작품들이 보였다. 건너편으로 보이는 그레코로만 스타일로 지어진 국회의사당의 모습이 자못 웅장했다. 1906년에 지어졌다고 하니 100년이 넘었다. 부에노스아이레스 대부분의 건축물을 보면 파리 느낌이 들어 '남미의 파리'라고 한다. 한마디로 부에노스아이레스는 남미의 파리라는 명성에 걸맞게 파리풍의 도시에서 대다수의 이탈리아계 이민자들이 스페인어를 사용하며 사는 요상한(?) 도시라는 느낌이 들었다. 그래서 그런지 유난히도 길거리에 예쁜 여자들과 멋있는 남자들이 많은 것 같다.

다시 '7월 9일 거리'로 내려와 거리를 따라 한동안 걸으니 코리엔테스 거리Av. Corrrientes와 만나는 지점에 하늘을 찌를 듯이 높이 우뚝 선 거리의 상징물 오벨리스크Obelisk가 보였다. 아르헨티나 거리의 중심이자 상징인 이 기념탑은 관광객들이 지도를 보며 길을 찾을 때 중심으로 삼는 곳이기도 하다.

어제 여기 유학생에게서 들은 얘기가 생각났다. AIDS 예방 캠페인으로 시청의 허가를 얻은 이벤트 업체가 이 신성하고 상징적인 오벨리스크에 대형 콘돔을 씌우는 웃지 못할 해프닝으로 온 나라를 발칵 뒤집어 놓은 적이 있다고 했다. 이 나라 사람들, 참 웃긴다.

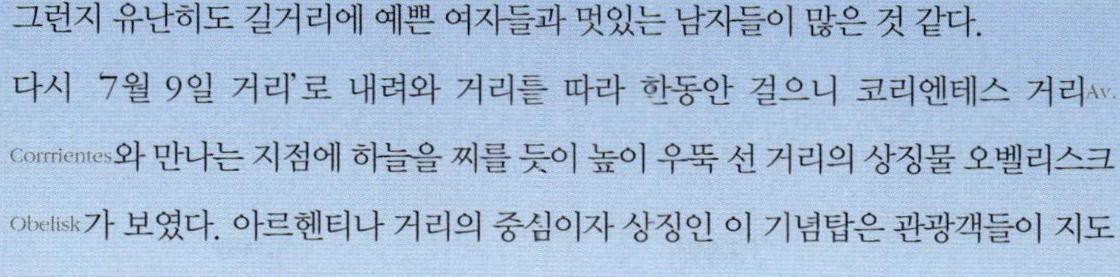

로댕의 '생각하는 사람'상과
그레코로만형의 국회 건물

오벨리스크 근처의 식당에서 점심 식사로 스테이크를 먹었다. 쇠고기 스테이크에 샐러드와 음료수가 총 15페소(한화 5,000원 정도)에 맛도 아주 좋았다. 하긴 쇠고기 값이 워낙 싼 나라이니 여기선 매일 스테이크를 먹는 것 같다. 한국에선 비싸서 자주 못 먹는 음식이니 이번 기회에 실컷 먹어두는 것도 괜찮은 것 같다.

다시 '7월 9일 거리'를 따라 조금 내려오니 콜론 극장Teatro Colon이 보였다. 외관으로 볼 때에는 보수 공사를 아직도 하고 있는 것 같다. 입장료를 사서 내부에 들어가니 많은 관광객이 견학하려고 들어와 있었다. 세계 3대 극장 중 하나라는 명성에 맞게 규모가 상당했고, 한쪽 벽으로는 과거에 공연했던 오페라 포스터가 걸려 있다. 각종 전시실도 잘 되어 있어 아르헨티나는 문화대국이라는 느낌을 받기에 충분한 장소인 것 같다. 사진 촬영이 금지되어 있어서 약간 아쉽기는 하지만.

아르헨티나 거리의 중심이자 상징인 오벨리스크는 관광객들이 지도를 보며 길을 찾을 때 중심으로 삼는 곳이다.

콜론 극장 Teatro Colon

밀라노의 스칼라좌, 파리의 오페라좌와 더불어 세계 3대 극장의 하나로 1908년 5월 25일에 개관한 이탈리아 르네상스 양식의 아름다운 건물이다. 착공한 지 100년이 넘어 조금 우중충한 느낌이 들기도 하지만 내부에는 4,000여 명의 관객을 수용할 수 있다. 10층 높이가 넘는 공간 위로 유명 판화가 걸려 있다. 그리고 시즌 중에는 700여 개의 전등으로 이루어진 샹들리에 아래에서 세계적으로 유명한 오페라, 발레, 오케스트라 연주 등 100개 이상의 프로그램이 상연되기도 한다.

밀하우스는
오늘도 파티 중 _6월 20일

오늘로 부에노스아이레스에 온 지 5일째인데 지금까지 호스텔 밀하우스에 머물고 있다. 부에노스아이레스 센트로 중심가에 있는 이 호스텔은 5층 크기의 건물에 싱글룸, 더블룸뿐만 아니라 객실당 10~16명이 함께 숙박하는 도미토리까지 객실도 상당히 많다. 전체 150개의 침대가 있다고 하는데 유럽권의 배낭여행객들에게 인기가 좋아 항상 초만원이다. 언제나 백인 유로피언들이 득실득실……

그런데 이 호스텔에는 한 가지 특이한 점이 있다. 매일 밤 1층 로비 건너편 식당에서 파티를 즐긴다는 것이다. 맨 처음에 론리플레닛에 'Party Hostel'이라고 적혀 있어도 얼핏 이해를 못했는데 진짜 그동안 하루도 안 쉬고 매일 밤 10시부터 새벽 5시까지 클럽 분위기로 파티를 연다. 물론 무척 시끄럽게. 내가 숙박하는 3층 12호실 도미토리는 16명이 공동으로 사용하는데, 나 말고는 다들 유럽에서 온 여행객들로 이들도 밤새도록 파티를 즐기다 새벽에 들어와서 점심시간이 지날 때까지 잠을 잔다. 사정이 이러하다 보니 밤 12시 이전에 자고 아침에 일어나서 여행하기 위해 남들 다 자는 공간에서 뒤적거리며 짐정리 하는 것이 이상하게 미안하게 느껴진다. 사실은 미안할 게 없는 정상적인 생활인데 말이다.

도대체 이 사람들이 이 호스텔에 온 목적이 파티를 즐기기 위해서인지 여행을 하기 위해서인지 나로서는 이해가 안 가지만 또 한편으로 생각하면 나를

제외한 나머지 15명은 내가 이해가 안 갈 수도 있을 것 같다. 그들의 행태를 보면 조금 심할 경우 오후부터 초저녁에는 각자 그들 침대에서 빈둥빈둥 휴식을 취하다가 밤 10시가 되면 머리를 단정히 빗고 복장을 갖춰서 아래층 파티장으로 가기도 한다. 여기 숙박한 목적이 오로지 파티인 양. 참 희한하고 재미있는 곳이다. 이런 분위기로 이끄는 아르헨티나 사람들은 정말 파티를 좋아하는 것 같다. 매일 먹고 마시는 파티. 남미 사람들 특유의 낙천적인 성격을 다시 한 번 느껴 본다.

그리고 또 한 가지 특이한 점은 호스텔 내에 영국에서 관광 온 사람들이 유난히 많다는 것이다. 1982년 포클랜드 전쟁The Falklands War을 해서 영국·아르헨티나 사이가 안 좋을 텐데도 말이다.

그런데 오늘밤은 나도 파티에 같이 어울리게 되었다. 이유인즉 내일 아침 일찍 나가기 위해서 밤 11시쯤에 잠자리에 들었다. 잠이 들려는 순간 창밖 여기저기서 우르릉 꽝꽝 폭죽 터지는 소리와 자동차 경적 소리 그리고 많은 사람들이 행진하는 듯한 시끄러운 소리가 들려서 잠을 깼다. 처음에는 무슨 전쟁이 났나 하고 창밖을 내다보니 이 밤중에 많은 사람들이 모여 구호를 외치면서 걷고 있었다. 아래층 프런트에 가서 이유를 물어보니 이번 프로축구리그 시즌에 보카 주니어스의 우승이 오늘 확정되어서 이렇게 시끄럽게 축제 분위기를 즐기는 것이라고 한다. 참나, 이제까지 뭐하고 이 밤중에 난리야. 하여튼 이 사람들의 축구 사랑은 정말 광적이다. 하여튼 일단 잠은 깨었고 해서 1층 파티장에 가서 맥주 한잔을 하면서 이 사람들이 즐기는 파티를 보았다. 보통의 다른 나라 호스텔은 금연 금주가 대부분인데 여기는 이런 이유로 실내에서 음주에 흡연까지 가능하다. 좋다고 해야 할지 나쁘다고 해야 할지?

포클랜드 전쟁

포클랜드 전쟁은 1982년 4월 2일, 군부독재 정권이 통치하고 있던 아르헨티나가 자국과 가까운 영국령 포클랜드 섬The Falklands Islands을 무력으로 점령하여 발발한 전쟁이다. 이 전쟁은 2개월 만에 아르헨티나군의 항복으로 종료되었다.

영혼을 울리는 거리의 탱고 선율, 라쿰파르시타 _6월 21일

오전에 볼리비아 입국 비자를 받으러 볼리비아 대사관에 갔다. 숙소 근처에서 지하철인 수브테Subte A라인을 타고 미저레리Plaza de Miserere 역으로 갔다. 요금은 균일 70센타보(한화 220원 정도)로 버스인 콜렉티보보다 더 싸다. 그런데 지하철이 너무 낡고 문도 사람이 수동으로 여닫는다. 객차 내에는 일본 글씨로 낙서가 많아서 이상하다고 생각했는데, 알고 보니 전부 다는 아니지만 일부 노선은 일본에서 1960년대에 쓰던 지하철 객차를 무상으로 받아서 아직도 쓰고 있다고 한다. 웬만하면 새것으로 사지 도시 명성에 안 맞게 이런 객차가 웬일.

볼리비아 대사관에서 비자 받는 조건이 상당히 까다로웠다. 3가지 주사 중 내가 이미 접종을 한 것은 예전 아프리카 갈 때에 맞은 황열병뿐이니 나머지 2가지는 병원 가서 다시 접종을 받고 증명서를 가져와야 한다는 것이다. 미리 비자를 받으려는 계획에 차질이 생겼다.

거리의 예술 탱고, 노신사와 여인의 탱고는 격정적이다.
부드럽게 그리고 때로는 절도 있게!

인터넷으로 검색하여 한국인이 운영한다는 병원 MIK에 갔다. 86번 콜렉티보를 타고 리바다비아 거리Av. Rivadavia를 40여 분 달려갔다. 그런데 여기서 주사를 맞으려면 예약을 해야 하기 때문에 며칠 후에나 맞을 수 있다고 한다. 무슨 행정을 이렇게 하는지. 비자는 나중에 받아야겠다고 생각하며 할 수 없이 그냥 나왔다.

오후에는 식사와 쇼핑을 할 겸해서 플로리다 거리Calle Florida로 나갔다. 5월 광장에서 산마르틴 광장에 이르기까지 약 1킬로미터 정도 되는 보행자 전용 거리로 양옆에는 카페, 레스토랑, 바, 갤러리, 백화점 등이 있어 쇼핑과 오락을 할 수 있는 젊은이들의 거리이다. 서울의 명동 거리라고 생각하면 될 것 같다.

파시피코 갤러리아스Pacifico Galerias 쇼핑몰에서 저녁 식사와 환전을 한 후 밖에 나오니 쇼핑몰 앞 거리에서 탱고 공연이 한참이다. 나이가 좀 많은 노신사와 젊은 여인이 어우러져 열정적인 탱고를 추는데 이제까지 본 탱고 중 제일 신났다. 한 번의 탱고가 어우러질 때마다 거리에서 구경하는 사람들의 함성이 높아져 가고 탱고가 끝나면 스태프들이 그들의 CD를 홍보하거나 모자를 벗어서 팁을 걷곤 한다. 그게 한 바퀴 돌면 다시 탱고를 시작하는 식으로 프로그램이 돌아가는 것 같다.

그런데 너무나 귀에 익숙한 탱고 음악이 흘러나온다. '라쿰파르시타La Cumparsita!' 탱고의 고전이자 교과서라고 할 수 있는 곡이다. 물론 격정적인 탱고 춤도 함께. 사전에 MP3 플레이어로 다운 받아와서 듣고 다녔지만 실제로 춤을 보면서 들으니 더욱 더 감동적이다. 반응을 보니 지금 이 순간 구경하고 있는 다른 나라 사람들도 국적 불문하고 이 곡은 모두 좋아하는 것 같다.

라쿰파르시타

아르헨티나 탱고 명곡으로 우루과이의 마토스 로드리게스Gerardo Matos Rodriguez가 1915년경에 작곡한 곡이다. 아르헨티나의 속어俗語로 가장행렬이라는 뜻이며 곡은 각각 16절 단위의 3부로 나뉘어 전 곡이 단조로 되어 있다. 오늘날까지 전 세계적으로 수많은 작곡가와 뮤지션들에 의해 리바이벌되어 레코드만도 수백 종이 넘게 발매되었다.

부에노스아이레스의 강남,
팔레르모 _6월 22일

오전에 숙소 앞의 슈퍼마켓에 가서 장을 보다가 'Hi! South Korean'이라는 소리에 돌아보니 며칠 전에 호스텔에서 만난 러시아에서 온 친구였다. 잠깐 얘기를 나눈 정도인데, 나를 기억하고 반갑게 부른 것이다. 그는 나에게 아직까지 밀하우스에서 스테이하고 있냐고 물어본 뒤 자기는 며칠 전에 근처 다른 숙소로 옮겼는데 너무 조용하고 시설도 좋다며 그쪽으로 오라고 한다. 서로 피부색과 언어·문화가 다르지만 같은 배낭여행객들끼리는 이렇게 동업자 정신(?)이 있어서 서로에게 좋은 정보도 주어 무척 정겹게 느껴진다.

오랜만에 한식이 먹고 싶어서 점심때에 칼라파테에서 만난 유학생과 부에노스아이레스에서 한인들이 장사를 많이 하는 아벨라네다 거리Av. Avellaneda로 갔다. 이곳 한인들은 주로 의류 매장을 운영하는데 매장에서의 세일즈는 대부분 볼리비아인들이 하고 있어서 거리에는 한인들이 많이 보이지 않았다. 대신 한인 식당 및 슈퍼마켓 등을 많이 볼 수 있었다. 오랜만에 김치찌개를 먹고 라면 등을 샀다. 예비 식량의 비축이라고 보면 될 듯.

오후 늦게 다음 동선인 이과수 폭포Cataratas del Iguazu를 가기 위해 버스표를 예매하러 레티로 지구Barrio Retiro의 버스 터미널Estacion Termina de Omnibus de Large Distacia로 갔다. 여기서는 장거리 버스를 옴니부스Omnibus라고 부른다. 버스 터미널은 크고 지저분했다. 대부분의 버스 터미널이 그렇겠지만.

같은 지역을 가더라도 각 버스 회사별로 카운터가 따로 있고 요금도 달라서 여러 군데를 보고 난 뒤에 155페소(50US $)에 토요일(6월 23일) 밤에 떠나는 푸에르토 이

과수Puerto Iguazu 행 버스표를 예약했다. 무려 17시간이나 걸린다 한다. 이제 슬슬 정
든 부에노스아이레스를 떠날 때가 되었다고 생각하니 왠지 벌써부터 섭섭해진다.
한국 가지 말고 그냥 여기 눌러 살까 하는 생각도 잠시 해 보았다.

저녁 식사하러 팔레르모Palermo 지구 마리니Marini라는 레스토랑으로 갔다. 오늘 만난
한인 유학생이 알려준 레스토랑인데, 뷔페 레스토랑으로 부에노스아이레스에서
아사도 요리로도 아주 유명한 고급스러운 식당이라고 한다. 팔레르모 지구 지하철
D라인 오르티즈S. Ortiz 역에서 내려 조금 걸어가니 보였다. 우선 팔레르모 지구는
안전하고 깨끗하고 부유한 동네라는 느낌이 들었다. 반면 여행자 입장에서 볼 것
은 별로 없지만. 서울의 강남 정도 생각하면 될 것 같다.

레스토랑 내부는 아주 크고 호화로워 보였다. 한 번쯤 이런 좋은 식당에서 식사하
는 것도 좋을 듯싶다. 그러나 저녁 영업을 8시부터 시작하기 때문에 기다려야 한

식당 안의 푸짐한 요리와 환상적으로 예쁘게 데커레이션 된 음식과
디저트들이 눈에 들어왔다. 이것저것 여러 가지를 가져다 먹는데, 음
식들의 모양새뿐만 아니라 맛도 너무 좋다. 이거 너무 과식하는 거
아닌가 싶다.

다. 지난번에 같이 탱고 쇼를 본 한국인 배낭여행객과 저녁 7시에 만나기로 했는데, 너무 일찍 약속을 정한 것 같다. 부에노스아이레스 사람들은 대부분 저녁 8시가 넘어야 슬슬 레스토랑에 모여서 저녁 식사를 한다. 그러니 레스토랑도 8시가 되어야 다시 영업을 개시한다. 너무 늦은 저녁 식사는 살찌는데……

이윽고 8시가 되어 일행들이 모여 레스토랑에서 자리를 잡고 주문을 했다. 뷔페 식사 요금은 1인당 38페소(12US$) 정도로 이곳 물가를 감안하면 비싼 편이다. 그러나 식당 안의 푸짐한 요리와 환상적으로 예쁘게 데커레이션 된 음식과 디저트들이 눈에 들어왔다. 이것저것 여러 가지를 가져다 먹는데, 음식들의 모양새뿐만 아니라 맛도 너무 좋다. 이거 너무 과식하는 거 아닌가 싶다.

12시가 다 되어서야 식당에서 나와 버스 타고 숙소로 오니 이곳 밀하우스는 오늘도 파티가 한창이다. 쿵쾅. 시끌벅적. 휴……

모든 일정을 미루고 토르토니 카페의
탱고 쇼를 관람하다 _6월 16일

토르토니 카페 전경 2층에 국립 탱고학원 간판도 보인다.

간밤에 곰곰이 생각한 결과, 아무래도 탱고 쇼에 대한 아쉬움이 아직 남아 있는 것 같아서 오늘 출발할 이과수 행을 내일로 연기하고 오늘 밤에 탱고 쇼를 다시 한 번 보기로 했다.

오전에 먼저 숙소 근처의 150년 전통의 유명한 카페 토르토니Tortoni에 가서 오늘 저녁 8시 30분에 하는 탱고 공연을 예약했다. 쇼 관람만 40페소(13US$). 약간 비싼 듯했다. 그리고 버스 터미널로 가서 버스표를 내일로 연기했다.

터미널에서 나와서 레티로Estacion Retiro 역을 지나 산마르틴 광장으로 갔다. 플로리다 거리와 리베르타도르 거리Av. del Libertador, 산타페 거리Av. Santa Fe가 인접해 있는데, 특히 산타페 거리는 고급 부티크와 갤러리, 레스토랑 들이 늘어서 있는 세련된 번화가의 느낌을 받을 수 있었다. 광장 중심에는 남미 해방의 영웅 산마르틴 장군 동상과 기마상이 위엄을 뽐내고 있고 그 주변으로 사람들이 산책을 하거나 바삐 어디론가 가는 생동감이 느껴지는 광장이라는 생각이 들었다.

플로리다 거리의 레스토랑에서 점심을 먹은 후 밖으로 나오니 낯익은 사람들이 거리에서 탱고를 추고 있었다. 어디서 봤는지 곰곰이 생각해 보니 지난번 보카 지구 한 레스토랑에서 식사하며 봤던 그 탱고 무용수들이 이번에는 플로리다 거리까지 나와서 거리 탱고 쇼를 하는 것이었다. 여기도 마찬가지로 한두 번의 탱고 공연이 끝나면 팁을 걷고 다시 또 설명과 함께 탱고를 추었다. 지난번 파시피코 갤러리아스 쇼핑몰 앞의 노신사처럼 격정적으로.

저녁 식사 후 탱고 공연을 예약한 카페 토르토니로 갔다. 넓은 카페 내부에는 손님들이 많았다. 아마도 공연은 별실 극장에서 열리는 모양이다. 안내하는 사람을 따라 극장에 들어가니 극장이 생각보다 작고 비좁았다. 탱고 쇼는 1시간 30분 정도 진행되었는데, 무대가 좁아서 그런지 야외무대의 탱고보다는 격정적인 느낌이 덜했다. 한 가지 새로운 사실은 영화 '여인의 향기Por una Cabeza'에서 퇴역장교인 알 파치노와 가브리엘 앤 워가 탱고를 출 때의 음악으로도 우리에게 익히 알려진 탱고 음악 '여인의 향기'에 가사를 붙여서 노래를 부른다는 것이다. 이 음악을 이렇게 들으니 느낌이 좀 이상하기도 하고 새로웠다. 부에노스아이레스에 와서 안 사실인데 대부분의 탱고 음악에는 가사가 있다고 한다.

Por una cabeza

de un noble potrillo que justo en la raya afloja al llegar,

y que al regresar parece decir

'No, hermano, vos sabes, no hay que jugar.'

머리 하나 차이로 져 버렸네

그 잘난 말은 쭉 뻗고 있다가 그만 늘어뜨렸지

그놈은 돌아오면서 말하는 것 같았어

'잊지 말게나, 알다시피 자넨 돈을 걸지 말았어야 했어.'

(중략)

Por una cabeza,

todas las locuras.

Su boca que besa,

borra la tristeza,

calma la amargura.

머리 하나 차이로 져 버렸네

그건 다 미친 짓이었어

그녀 입술의 키스는

슬픔을 닦아내면서

비통함을 위로하네

(이하 생략)

콘피테리아 토르토니|Confiteria Tortoni

1858년에 개점한 부에노스아이레스에서 가장 오래된 카페바이다. 5월 광장 서쪽으로 세 블록 거리에 있으며 여기에선 카페바를 콘피테리아Confiteria라고 부르는데, 내부는 상당히 넓고 고풍스러운 가구들이 회고적인 분위기를 자아내며 내부 별관에서는 탱고 쇼 및 재즈 라이브 콘서트 등이 열린다.

토르토니 카페의 탱고 쇼

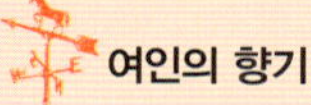

여인의 향기

20세기 초반 아르헨티나의 전설적인 탱고 뮤지션 카를로스 가르델Carlos Gardel에 의해 만들어진 곡으로,
'Por una Cabeza'는 스페인어로 '머리 하나 차이로'라는 뜻이다. 이 노래는 경마장에서 '머리 하나 차이
로 져 버렸네'라며 재산을 탕진한 회한적인 내용을 사랑에 비유했다. 너무나 유명한 음악이기에 오늘날까지
여러 뮤지션들에 의해 리바이벌되고 있으며, 우리에게는 '여인의 향기'에서 알 파치노와 가브리엘 앤 워가
탱고를 추는 장면에서 널리 알려진 탱고 음악으로 유명하다.

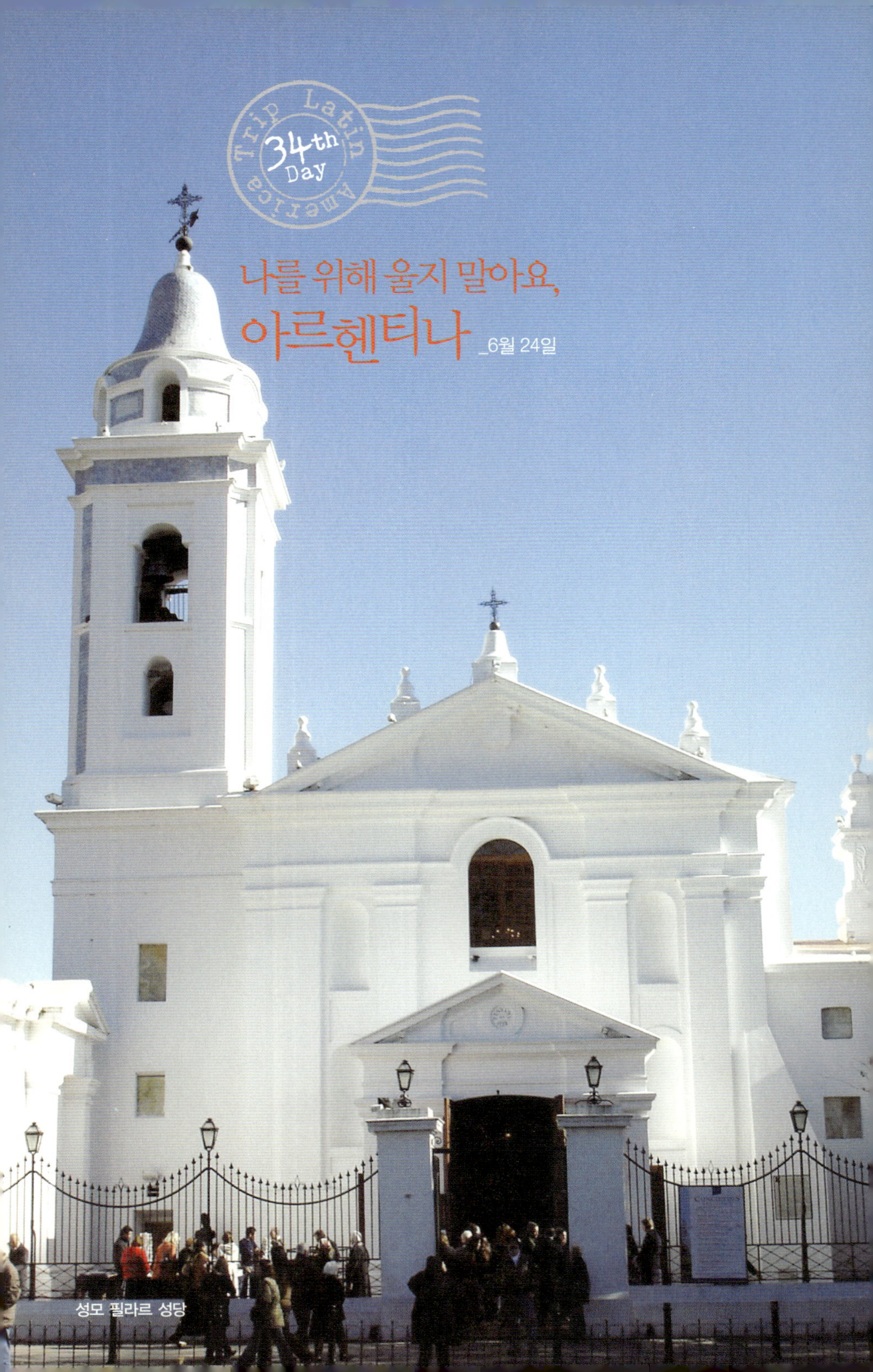

나를 위해 울지 말아요, 아르헨티나 _6월 24일

성모 필라르 성당

정들었던 부에노스아이레스에서의 마지막 날이다. 일요일이어서 그런지 오전의 거리는 매우 한산했다. 숙소 앞에서 59번 콜렉티보를 타고 레콜레타 지구Barrio Recoleta에 있는 레콜레타 묘지Cementerios Recoleta로 향했다. 레콜레타 지구는 지난번 팔레르모 지구와 같이 부에노스아이레스에서 가장 부촌에 속하는 지역이라고 하는데 레콜레타 묘지 입구에서 하차해 보니 거리가 깨끗하고 오가는 사람들에게서 세련미가 느껴진다. 부에노스아이레스의 압구정동이라고 하면 될까?

우선 성모 필라르 성당Basilica Menor de Nuestra Senora de Pilar으로 갔다. 성당 주위에는 오전 시간이어서 그런지 지난번 산텔모에서처럼 일요 민예품 시장이 들어서 있었다. 시장을 둘러보며 성당으로 들어가니 엄숙한 분위기의 일요 미사가 진행되고 있었다. 쉿! 숨죽이고 나와서 사진 몇 장 찰칵. 성당 외부 종이 걸려 있는 높은 탑은 라플라타 강을 오가는 배들의 지표가 된다고 한다.

레콜레타 묘지에 들어가 본 첫 느낌이 '아! 여기가 묘지가 맞나?' 하는 의심이 들 정도로 화려하고 컸다. 납골당들이 마치 사람이 사는 주택 규모만큼 큰 것들을 보면 그 묘지에 잠든 사람들의 사회적 위치 또는 계급을 지레 짐작하고도 남을 것 같다. 그리고 또 특이한 점은 유명 인사들의 묘지 자체가 이곳 시민들의 공원처럼 조성되어 있어서 많은 관광객들이 방문하고 또 납골당 앞에 걸터앉아서 휴식도 취하는 등 그 모습이 독특해 보인다.

이미 관광 명소로도 유명한 이곳에서도 가장 인기 있는 곳은 '에비타Evita'라 불리는 퍼스트레이디 에바 페론의 묘이다. 어렵게 찾아간 그의 묘 앞에는 그의 인기만큼이나 많은 헌화가 되어 있었다. 33년의 인생을 불꽃같이 드라마틱하게 살다간 에비타 그래서 그의 일생을 다룬 뮤지컬 〈에비타〉와 주제곡 '나를 위해 울지 말아요, 아르헨티나여Don't Cry For Me, Argentina'

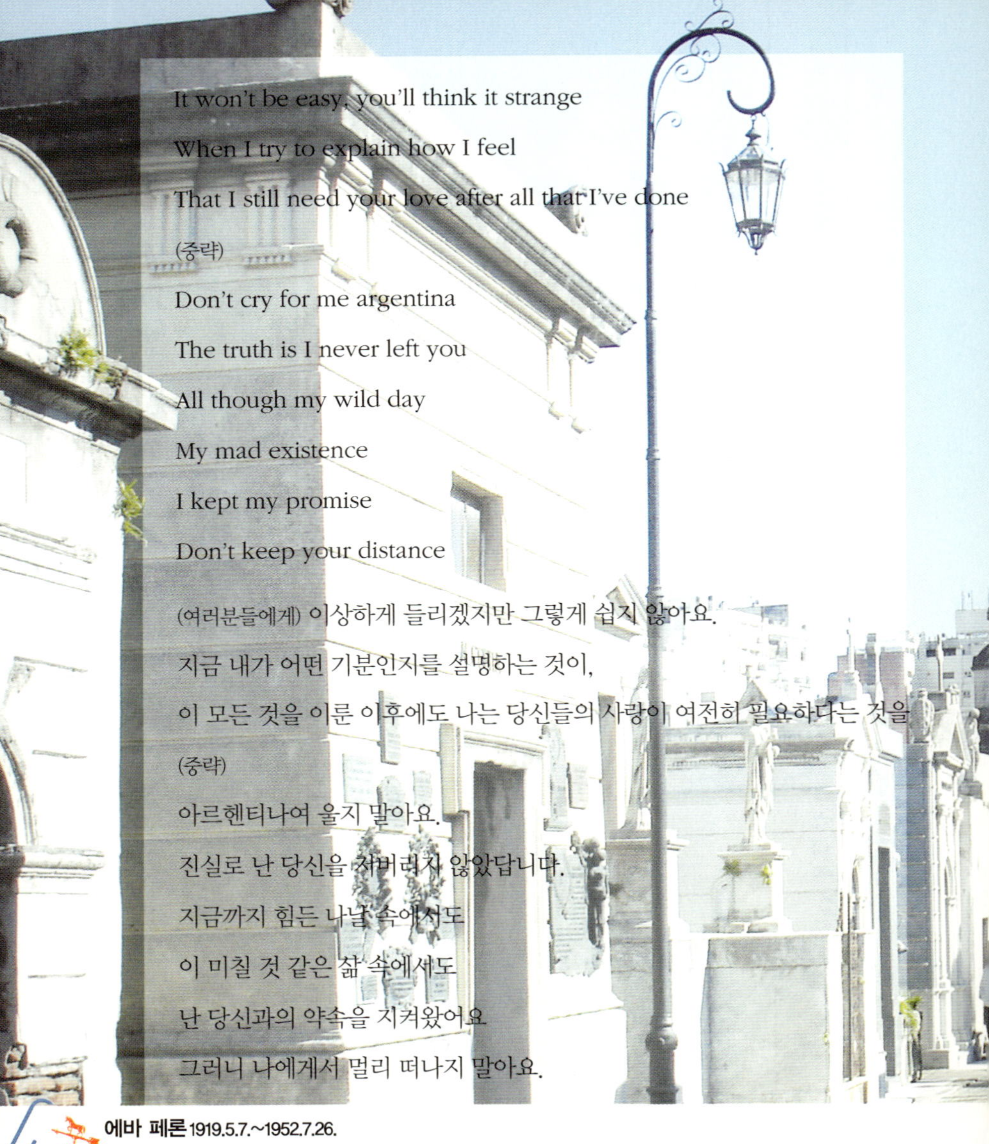

에바 페론 1919.5.7.~1952.7.26.

에비타라는 애칭으로 불리는 에바 페론은 아르헨티나의 대통령 후안 페론의 두 번째 부인이다. 1919년 아르헨티나의 시골에서 사생아로 태어나 불우한 시절을 보내다가 15세 때 부에노스아이레스에서 연극, 라디오 그리고 영화배우로 데뷔한다. 1944년 콜로넬 후안 페론을 만난 에바는 이듬해인 1945년에 결혼에 성공하고, 후안이 아르헨티나의 대통령으로 뽑힌 1946년부터 그녀도 정치에 뛰어든다. 그녀는 가난한 자에게는 자애롭게, 부자에게는 야멸치게 대하는 등 사회 복지와 분배 문제에 관심을 기울이는 포퓰리즘 정책으로 국민적인 사랑을 받았지만 1952년 34세의 젊은 나이에 타계하고 만다. 그녀의 장례식은 아르헨티나에서 가장 큰 국장으로 한 달간 성대하게 치러졌다. 그녀의 남편인 후안 페론 대통령은 군부 쿠데타로 실각한 이후 1972년 다시 한 번 대통령에 오르지만 그 역시 1974년에 타계하고 만다.

오늘날 그녀를 "거룩한 악녀이자 천한 성녀"라고도 표현하지만 역사적으로 가장 사랑받은 퍼스트 레이디 중 한 명이라는 것에는 이견이 없다. 1976년 그녀의 일대기를 다룬 뮤지컬 〈에비타〉와 그녀의 연설을 상징하는 노래 '나를 위해 울지 말아요, 아르헨티나여Don't Cry For Me, Argentina'가 전 세계적으로 공전의 히트를 기록했다.

그녀는 아직까지도 아르헨티나 대중들에게는 영원한 마음속의 성녀이다. 이 나라 국민도 아닌 내가 이 묘 앞에서 갑자기 숙연해지는 것은 아마도 어린 시절 너무나 친숙하게 들었던 노래 'Don't Cry For Me, Argentina'의 주인공의 무덤이어서 그런 것은 아닐까?

사진 몇 장을 찍고 돌아 나오는데 주변에 있던 백인 여행객 몇 명이 나에게 에비타 묘가 어디냐고 묻기에 찾아가는 방법을 알려주었다. 왜 하고 많은 사람 중에 동양인인 나에게 물어봤을까?

과연 여기가 묘지가 맞나 의심이 들 정도로 크고 화려한 납골당.
납골당의 규모가 사람이 사는 주택 못지않다.

아직까지 헌화가 끊이지 않는 에비타의 묘

장거리 버스의
특별한 기내식 _6월 25일

간밤에 버스회사가 발착 시간을 제대로
지키지 않아서 버스 터미널에서 엄청 헤매다
가 겨우 버스를 타고 올 수 있었다. 아르헨티
나의 장거리 버스는 대부분 2층 버스로 운행
되고 있다. 그런데 한 가지 특이한 점은 버스
에 탄 지 2시간 정도 지나 밤 12시 정도 되었
을 때에 버스 기내식(?)을 손님에게 서비스해
주는 것이다. 그런데 우리가 흔히 생각하는
빵·음료 이런 정도가 아니라 쇠고기 스테이
크에 와인과 커피까지 제공하는데 음식의 질
만 놓고 보면 비행기 1등석이 부럽지 않을 정
도다. 쇠고기가 넘쳐나는 나라여서 그런지 버
스 기내식을 스테이크로 주다니 참 특별한 경
험이다.

차에서 한참을 잔 것 같다. 눈을 떠보니 오전
10시가 다 되어간다. 어젯밤 10시에 버스를

멋진 야외 수영장이 있는 하이 호스텔 이과수 전경

타서 벌써 12시간을 달려온 것이다. 버스 2층 자리가 비어 있는 것을 보고 2층 맨 앞자리로 가서 앉았다. 창밖으로 눈앞에 펼쳐지는 풍경이 상당히 멋지다. 여기는 아열대성 기후 지역이다 보니 길 양옆으로 붉은 흙에 아열대 우림이 펼쳐져 있는데 싱그러워 보였다. 이 부근부터 브라질 남부 지방까지 적토 지역이라고 한다. 이런 끝도 없이 곧게 뻗은 길을 내 차로 달려 봤으면 좋겠다는 생각을 했다. 이윽고 예정 시간보다 30분 늦은 3시 정도에 푸에르토 이과수 터미널에 도착했다. 터미널은 시골 버스 터미널처럼 조그마하고 한적했다. 인포메이션에 가서 시내 지도와 여행 프로그램을 몇 장 챙겨서 택시를 타고 예약해 놓은 하이 호스텔 이과수^{Hi Hostel Iguazu}로 갔다.

호스텔은 시내에서 약 5킬로미터 정도 떨어진 한적한 곳에 있었다. 넓은 대지 및 건물 앞에 큰 야외 수영장도 있고 널찍하고 여유로운 1층 프런트 로비 등 환경이 상당히 좋다는 느낌이 들었다. 도미토리 침대 1박에 조식 포함 25페소(8US$)의 요금에 비하면 제법 그럴듯하다. 그런데 6명이 함께 사용하는 도미토리 객실의 침대는 왜 그런지 2층 침대의 2층으로 올라가려면 이 침대가 사람의 무게를 못 이겨서 거의 쓰러진다. 이거 불안해서 원.

'악마의 숨통,' 이과수 폭포 _6월 26일

흔들거리는 침대에서 선잠을 자서 그런지 피곤하다. 1층 로비 안내에서 이과수 폭포 공원으로 가는 방법을 문의한 뒤 길 건너편에서 엘 프라티코El Pratico라고 쓰인 노란색 버스를 기다리고 있는데 택시 운전사가 접근해서 흥정을 해온다. 나 외에 뉴질랜드에서 온 커플이 있었는데 전체 3명이 각각 5페소씩 부담하면 공원 입구까지 데려다 준다고 한다. 버스가 4페소이니 괜찮은 제안이다. 흔쾌히 동의하고 택시를 타고 공원 입구로 갔다.

오늘 날씨가 좋아서 그런지 평일인데도 공원 입구에는 사람들이 꽤 많았다. 입장권 30페소(10US$)를 내고 들어가서 공원 내 기차를 이용해 '악마의 숨통Garganta de Diablo'으로 가려고 했다. 그런데 공원 관계자가 '악마의 숨통'보다 먼저 등대형 전망대까지 걸어가서(산책로Green Trail) 거기서 위아래로 폭포를 둘러본 후 산마르틴 섬Isla San Martin까지 무료 보트로 둘러보고 돌아와서 기차 타고 '악마의 숨통'까지 가는 방법이 제일 좋다고 한다. 일리 있는 얘기인 것 같아서 그렇게 하기로 하고 그린트레일을 걸어서 산책하며 갔다. 중간에 등대 근처에서 한국인 배낭여행객을 우연히 만났다. 그는 남미 북쪽의 나라들을 먼저 여행하고 여기까지 내려왔다고 한다. 나

이과수 폭포

이과수 폭포는 브라질 파라나 주와 아르헨티나 미시오네스 주 그리고 파라과이 국경 등 3개국에 걸쳐 흐르는 이과수 강에 있는 폭포이다. 이과수 강을 따라 2.7킬로미터에 걸쳐 300여 개의 폭포들로 이루어져 있다. 폭포 중에는 최대 낙폭 82미터인 것도 있으며 이과수 국립공원(아르헨티나)과 이과수 국립공원(브라질)으로 나뉜다. 두 공원은 각각 1984년과 1986년에 유네스코 세계유산에 등록되었다. 규모만으로도 현재 미국·캐나다의 나이아가라 폭포Niagara Falls, 짐바브웨·잠비아의 빅토리아 폭포Victoria Falls와 더불어 세계 3대 폭포로 꼽힌다.

이과수 폭포의 장대한 모습

랑 동선이 정반대인 셈이다. 반가웠다.

다시 산책로를 따라 걸어가니 작은 폭포들이 눈에 들어왔다. 지금 서 있는 곳이 폭포 위쪽^{Circuito Superior}인데, 이런 작은 폭포들이 각각의 줄기를 이루어 아래의 큰 폭포로 가는 것이다. 전망대에서 사진 몇 장을 찍고 폭포 아래^{Circuito Inferior}에 오니 눈앞에 펼쳐지는 폭포의 거대한 물줄기가 장관이다. 아래쪽을 보니 폭포 물줄기 밑까지 들어가는 폭포 보트투어를 하는 사람들이 보였다. 한 보트는 들어가려고 대기 중이고 또 다른 한 보트는 이미 폭포에 들어가 있었다. 폭포 물줄기를 그대로 맞고 있는 사람들의 즐거운 비명, 아우성이 여기까지 들렸다. 재미있어 보였지만 나는 생략하기로 했다. 예전에 미국 나이아가라 폭포에서 똑같은 투어를 한 적이 있기 때문이다.

대신 폭포 아래 계단으로 내려가 산마르틴 섬에 가는 배에 올랐다. 물론 무료다. 배는 2분여를 달려서 섬 어귀에 다다랐다. 배에서 내려서 폭포의 물줄기를 맞으며 폭포를 아주 가까이에서 볼 수 있는 전망대에 가서 사진 촬영을 했다.

오전에 만난 한국인 배낭여행객과 다시 만나서 점심 식사를 한 후 오후에는 유명한 '악마의 숨통'에 가기 위해 공원 내 폭포 기차역^{Estacion Cataratas}으로 갔다. 기차역에는 기차를 기다리는 관광객이 많았다. 단체 관광객도 눈에 띈다. 하기야 이 나라 사람들에게도 여기는 관광 명소이리라.

사람이 많아서 기차를 두 대 보내고 나서야 탈 수 있었다. 먼저 기차를 탄 탑승객들이 기차가 떠날 때 아우성을 질러대며 즐거워하는 모습이 어린애들 같았다. 기차

아르헨티나공화국 Republica de Argentina
★ **위치** 남미 대륙 남동부 ★ **기후** 아열대, 온대, 건조, 한랭 기후 ★ **면적** 278만 92km²(한반도의 28배) ★ **인구** 3,700만 명(2003년) ★ **수도** 부에노스아이레스 Buenos Aires ★ **주요 민족** 스페인계·이탈리아계 백인 97%, 기타 메스티소 ★ **언어** 스페인어 ★ **종교** 로마가톨릭교 92% ★ **정체** 공화제 ★ **화폐 단위** 페소(Peso) US$ 1=3.06페소(2007. 6.) ★ **비자** 관광 목적 30일 무비자

또한 우리나라 테마파크의 '코끼리 자동차(?)' 같은 장난감 기차 같은 모습이다.

기차 종점에서 내려서 1.1킬로미터의 다리를 걸어 찾아간 '악마의 숨통'은 그 명성 그대로 굉음과 함께 대단했다. 거대한 물줄기에 노르스름한 빛깔의 물보라가 펼쳐지고 있는데 한마디로 장관이다. 카메라 렌즈에 물이 들어가지 않도록 조심하면서 찰칵! 찰칵!

문득 남부 아프리카에 갔을 때 시간 관계상 빅토리아 폭포를 보지 않고 온 것이 후회되었다. 그때 빅토리아 폭포를 봤으면 세계 3대 폭포를 다 보고 비교까지 해볼 수 있는데. 아무튼 개인적인 생각인데 이 이과수 폭포가 북미의 나이아가라 폭포보다는 더 큰 것 같다.

돌아오는 길에 저녁 식사와 인터넷 때문에 푸에르토 이과수 시내로 들어왔다가 다시 호스텔로 가려고 택시를 찾는데 어제 나를 데려다 준 택시 기사가 나를 먼저 알아보고 반갑게 '호스텔' 하고 외친다. 동양인이 워낙 없는 동네여서 어디 가도 표가 나나 보다.

내일이면 브라질로 넘어가니 오늘밤이 아르헨티나에서 보내는 마지막 밤이다. 아름다운 산과 호수의 바릴로체와 빙하의 칼라파테, 탱고에 푹 빠져 산 부에노스아이레스 그리고 이과수 폭포까지 23일 동안 지낸 아르헨티나에서 참 좋은 추억을 많이 간직하고 떠난다. 한편으로는 너무 부족하고 아쉽고 미련이 많이 남는 아르헨티나! 정말 아름답고 좋은 곳이다.

남미 대륙 남동부에 있는 연방제 공화국으로, 16세기 중엽부터 스페인의 식민이 시작되었으며 1810년 5월 독립을 선언하고 임시정부를 수립했다. 이후 내란을 거쳐 1816년 7월 9일 투쿠만 회의에서 중앙집권적 공화국(라플라타 합주국合州國)의 성립을 선언했다.

남미 대륙에서 브라질에 이어 두 번째로 크고 세계에서는 여덟 번째로 큰 국가이다. 국토는 남북으로 긴 모습이며, 서쪽의 안데스 산맥과 남쪽의 애틀랜틱 해 사이에 자리 잡았다. 북쪽으로 파라과이와 볼리비아, 북동쪽으로 브라질과 우루과이, 서쪽과 남쪽으로는 칠레와 국경을 면한다. 인구의 95퍼센트 이상이 유럽계 기민자로 형성되어 유럽의 문화를 좀더 원형에 가깝게 받아들인 나라로서 광활한 초원 팜파에서의 목축과 탱고로 유명하다.

삼바, 축구
그리고 축제의 나라,
브라질

따가운 햇살을 받으며 보트에 올라 한참을 이동하니 강 곳곳에 수상 가옥이 보인다. 그런데
자세히 보니 수상 가옥 중에서도 물에 그냥 떠 있는 뗏목형은 그대로 있는데, 물에 기둥을 박은
가옥들은 우기의 범람한 강물에 잠긴 곳이 많다. 그들의 생활 터전이 강물 위인데 이곳에서마저
범람으로 이재민이 된 것이다.

포스도 이괴수를 향해_6월 27일

아침에 일찍 짐을 챙겨 버스를 타고 시내 터미널로 갔다. 아직까지는 아르헨티나 푸에르토 이과수. 포스도 이과수Foz do Iguacu 행 버스를 타고 아르헨티나 국경에서 하차하여 출국 수속 후 다시 버스를 타고 브라질 국경으로 가서 입국 수속을 밟았다. 몇몇 관광객이 있었으나 출입국 수속은 간단한 편이었다.

포스도 이과수 시내버스 터미널Terminal de Transporte Urbano에 도착하여 안내에서 소개받은 호텔에 여장을 풀고 근처 여행사에 들러 내일 리우데자네이루Rio de Janeiro로 가는 항공권을 예약했다. 오션에어 Ocean Air 220헤알(한화 12만 1,000원)에.

점심 식사 후 브라질 측 이과수 폭포로 갔다. 호텔 앞에서 시내버스를 탔는데, 시내버스 내부 구조가 특이하다. 버스 내부 앞쪽에 승객이 통과하는 회전 개찰구가 있고 그 앞에서 차장이 요금을 받는데, 그 개찰구가 워낙 좁아서 약간 뚱뚱한 사람은 통과하기 쉽지 않을 것 같다. 버스 내부 구조를 왜 저렇게 만들었을까?

특이한 구조의 시내버스. 내부 중간쯤 회전 개찰구 앞에 차장이 있다. 아마도 뚱뚱한 사람은 개찰구를 통과 못할 듯.

폭포 공원에 도착하니 날씨가 제법 춥고 비가 즈금 왔다. 어제 아르헨티나 측에서는 날씨가 참 따뜻하고 좋던데. 날씨 변덕이 심하다. 우연히 일본 여행자를 만나서 길동무도 하고 사진도 서로 찍어줄 겸해서 같이 다녔다. 공원 정문에서 버스를 타고 폭포가 있는 곳까지 간 다음 약 1.2킬로미터 정도의 산책로를 따라 걸으며 폭포를 바라보았다. 30분 정도 다니니 폭포를 다 본 것 같았다.

코스를 도는 것이 의외로 간단했다. '악마의 숨통'이 잘 보이는 전망대 근처에서는 우비를 입었는데도 세찬 바람에 온몸이 물에 젖는 등 오늘 날씨가 폭포 관광하기에 좋은 날씨가 아닌 것 같아 서둘러서 다시 돌아왔다. 관광 온 사람도 몇 명밖에 안 보이는 것 같다.

저녁 식사를 하러 호텔 근처의 식당으로 가는데 은행 앞에서 중화기로 중무장한 경찰들이 보였다. 브라질의 좋지 않은 치안 상황을 보여주는 것이다. 이제부터 긴장을 많이 하고 다녀야겠다. 그리고 오늘 아르헨티나에서 브라질로 넘어와 하루를 지내보니 아르헨티나보다 물가도 비싸고 거리도 지저분하며 치안도 좋지 않아 보이는 등 대체적으로 브라질에 대한 첫 느낌은 썩 좋지 않았다.

브라질 측에서 본 이과수 폭포

삼바의 고향,
리우데자네이루로 _6월 28일

아침 식사하러 식당에 가서 보니 아침 식사가 생각보다 괜찮은 것 같다. 아무리 값싼 호텔이라도 호스텔보다는 조식의 질이 좋은 것 같다. 하기야 요금이 2배 이상이니.

체크아웃 후 공항으로 가기 위해 호텔 근처에 있는 시내버스 터미널로 갔다. 이번 포스도 이과수는 시내 중심가의 교통 요지에 숙소를 잡아서 편리하게 이동할 수 있다. 지금 가는 공항도 그렇고 어제 이과수 폭포 공원도 그렇고 버스 한 편에 모두 해결된다. 버스 요금은 2헤알 정도.

도착한 공항 체크인 카운터는 브라질 저가 항공사들의 각축장 같았다. 골GOL, 탐TAM, 오션에어 항공 등 같은 시간에 같은 도시로 가는 항공이 2개 이상 있어 상당히 경쟁이 심할 것 같았다.

출발 시간이 되어도 비행기가 안 보이지 않는다. 누가 남미 항공사 아니랄까 봐 45분 지연되었다. 오늘도 날 밝을 때 리우 숙소에 도착하기는 어려울 것 같다. 조금 있으니 내가 타고 갈 오션에어가 굉음을 내며 활주로로 도착했다. 특별히 연결된 게이트가 없어 비행기가 오면 승객들은 그냥 활주로를 걸어서 비행기에 오른다. 그러는 순간에도 옆의 비행기는 옆에 사람이 있든 없든 상관없이 그냥 이륙한다.

무척 위험해 보이지만 남미 사람들의 낙천성이 그대로 보이는 광경이다. 그저 뭐든 대충 일처리를 한다.

문득 아르헨티나 라데 항공이 떠올랐다. 그러나 비행기 내에는 라데 항공과는 달리 예쁘게 생긴 승무원도 있고, 간단한 빵과 음료인 기내식도 주고 의자 등 시설도 좋은 편이다. 그런데 결정적으로 승무원들은 영어를 못한다. 내가 닭고기를 안 먹기 때문에 기내식으로 나눠준 빵에 들어 있는 고기가 닭고기냐고 물어본 말을 못 알아듣고는 한참 동안 어디론가 갔다 와서 빵을 하나 더 주었다. 그 승무원은 빵을 하나 더 달라고 하는 줄 알았나 보다. 참 웃지 못할 해프닝이다.

비행기는 쿠리티바Curitiba에 잠시 멈춰 섰다. 몇몇 손님이 내리기도 하고 타기도 했으며, 손님이 타고 있는 기내에 청소부들이 들어와서 기내 청소를 하기도 했다. 남미에 와서 항공기에 대한 진풍경을 많이 본다.

드디어 리우데자네이루 공항에 도착했다. 지금 시간 오후 6시 30분. 밖은 이미 어두워져 있다. 날씨는 겨울이라지만 후텁지근하다. 공항에서 짐을 찾아 밖에 나와서 환전을 하고, 택시를 타고 숙소로 갔다. 택시는 30여 분을 달려가는데, 계절은 겨울이지만 택시 안에는 에어컨을 틀 정도로 후텁지근하다.

리우데자네이루

약칭으로 리우 또는 히우라고도 한다. 인구 700만 명이 넘는 대도시로 1960년에 브라질리아로 수도가 옮겨지기 전까지 이 나라의 수도였다. 화려한 카니발, 우아한 비치리조트 등 국제적인 관광 도시이기도 하다. 특히 자연미와 인공미의 조화가 돋보이는 과나바라 만의 경관은 시드니, 나폴리와 함께 세계 3대 미항美港 중의 하나로 손꼽힌다. 시가는 코파카바나·이파네마 등 아름다운 해안을 따라 좁고 길게 뻗어 있으며, 항구 입구에는 팡데아수카르라고 불리는 높이 약 400미터의 종 모양 기암이 있어, 항구의 표지 구실을 한다. 또 시가지 바로 뒤에 있는 높이 약 700미터의 코르코바도 임봉岩峰 꼭대기에는 리우의 상징인 그리스도 상이 세워져 있다. 기후는 가장 더운 2월의 평균 기온이 26.1도 가장 시원한 7월의 평균 기온이 20.6도, 연평균 기온이 23.1도이다.

비 오는
리우브랑쿠 거리 _6월 29일

리우에 온 첫날, 아침에 눈을 떠보니 비가 내리고 있었다. 우산을 받쳐 들고 숙소를 나섰다. 숙소 근처에서 밴을 타고 지하철역 2호선(Linha 2)의 마리아 드 그라카 Maria de Graca 역으로 갔다. 이곳 시내에는 일반 시내버스 외에 '밴'이라는 우리나라 봉고차 같은 차들이 다니는데 마을버스처럼 근거리를 운행하며 1.5헤알(0.8US $) 정도의 요금을 받는다. 낡은 차에 손님을 빽빽이 태우고 말도 안 통하는 포르투갈어로 연신 뭐라 지껄이며 과속과 급정거를 반복하며 운전도 거의 곡예 수준이다. 타는 사람은 롤러코스터를 타는 기분이다.

지하철로 갈아타고 시내 중심가로 갔다. 지하철 요금이 2헤알(1.2US $) 정도이니 이 나라 국민들의 평균 소득과 비교해서 상당히 비싼 편이다. 1호선(Linha 1) 카리오카 Carioca 역에 내렸다. 인접한 리우브랑쿠 거리 Av. Rio Branco 가 센트로의 중심이므로 이것저것 볼 것도 있고 환전도 할 겸해서 거리를 걸었다. 거리는 좀 지저분하지만 그래도 중심가답게 은행, 쇼핑센터, 호텔, 식당 등 대로변으로 빌딩들이 즐비했다.

다시 우회전을 해서 조금 걸으니 멋진 건물이 나타나는데 이

브라질 독립 영웅의 이름을 딴 티라덴테스 궁전

곳이 티라덴테스 궁전Palacio Tiradentes이다. 1926년에 완성되었다는 이 건물은 브라질 독립 운동의 영웅인 '티라덴테스'의 이름에서 따온 것으로 그가 처형당한 4월 21일은 브라질의 국경일이기도 하다. 그가 처형당한 장소는 현재의 티라덴테스 광장인데 궁전 앞에는 그의 동상이 서 있으며 지금까지 입법의회 장소로 사용된다고 한다.

궁전에서 나와 '11월 15일 광장Praca 15 de Novembro' 반대편으로 조금 걸으니 국립역사박물관Museu Historico Nacional이 나왔다. 입장료를 내고 들어가 보니 식민 시대부터 오늘날까지의 브라질 역사에 관한 유물들이 전시되어 있는데 생각만큼 대단하지 않았다. 다시 나와서 카리오카 역을 지나 시내를 구경하면서 한참을 걷다 보니 피라미드 같은 특이한 건물이 눈에 들어왔다. 그 유명한 대성당 메트로폴리타나Catedral Metropolitana였다.

겉보기에는 크지만 약간 투박해 보였으나 안으로 들어가 보니 띠 모양으로 이루어진 스테인드글라스 장식이 멋져 보였고 그늘강으로 되어 있는 내부의 외벽 구조는 자연 채광이 될 수 있게끔 설치되어 있었다. 1997년에는 요한 바오로 2세도 왔다 갔다고 한다. 안에는 관광객이 상당히 많아서 역시나 유명한 곳이라고 새삼 느꼈다.

밖으로 나와서 고개를 돌리니 상당히 특이하게 생긴 건물이 보였다. 이곳은 페트로브라스 PetroBras 라는 브라질 국영 석유회사로서 석유 개발, 정제 및 판매 사업을 주업으로 하는 곳인데 건물 외관이 너무 특이하고 멋지다.

다시 비가 많이 와서 서둘러서 숙소로 들어왔다. 첫날부터 비가 와서 일정이 아주 꼬여 버렸다.

피라미드 모양의 메트로폴리타나 대성당

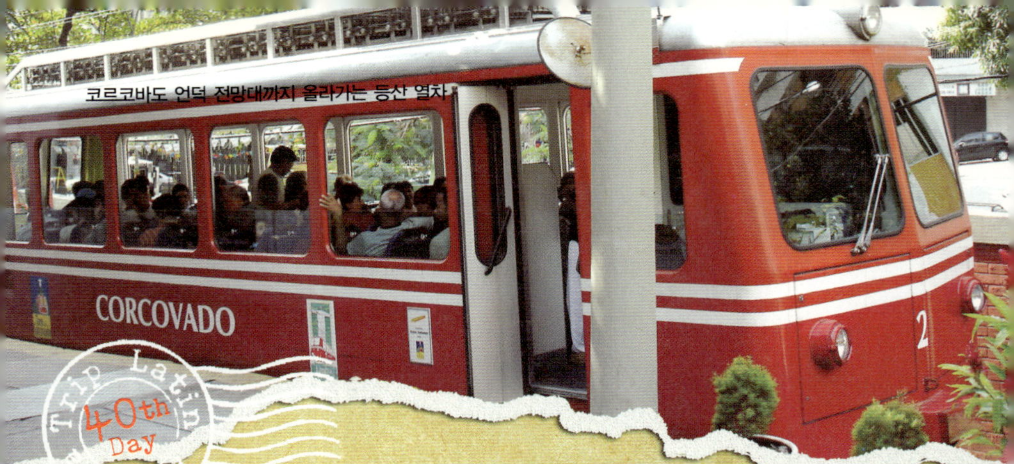

코르코바도 언덕과
코파카바나 비치에서의 하루 _6월 30일

아침이다. 날씨가 더할 나위 없이 좋다. 숙소 앞에서 버스를 타고 예수그리스도 상이 있는 코르코바도 언덕Morro do Corcovado으로 향했다. 마을 어귀에 내려서 길을 따라 걸어 올라가는데 오르막길이어서 상당히 힘들었다. 40여 분을 걸어 올라가니 매표소가 나왔다. 매표소 밖에는 택시 운전사들의 호객 행위가 한창이다. 예수그리스도 상이 있는 곳까지 등산 열차를 타고 가면 36헤알인데, 40헤알만 내면 택시로 예수그리스도 상은 물론이고 중간 전망 포인트까지에도 데려다 준다고 한다. 혹하고 넘어갈 뻔했으나 그냥 등산 열차를 타기로 했다.

코르코바도 언덕

리우 관광의 상징인 코르코바도 언덕은 해발 710미터의 절벽 꼭대기에 서 있는 거대한 그리스도 상으로 유명하다. 1931년 브라질 독립 100주년을 기념하기 위해 만들어진 예수그리스도 상은 등산 열차를 타고 20분 정도 올라가야 한다. 높이 30미터, 양옆으로 벌린 양팔의 길이가 28미터 그리고 무게가 무려 1,145톤이나 된다. 또 예수그리스도 상에서는 리우의 시내 경관을 한눈에 볼 수 있을 뿐만 아니라 코파카바나 해안과 이파네마 해안까지도 감상할 수 있는 전망대가 있다.

올라가는 열차의 오른쪽 전망이 좋을 겻 같아 앉아서 창밖으로 보이는 리우의 아름다운 전경을 감상했다. 열차에서 내려서 예수그리스도 상까지는 꽤 많은 계단을 올라가야 했다. 오늘 많이 걷는다.

예수그리스도 상 앞에는 관광객들이 아주 많았다. 독사진은 못 찍을 것 같다. 언덕에서 내려다보는 리우의 전경은 세상 어느 도시보다 아름다웠다. 특히 오늘 날씨가 좋아서 햇살이 쏟아지는 눈부신 푸른 바다와 산 그리고 빽빽한 빌딩 숲과 잘 어울렸다.

몇몇 관광객들은 어마어마한 예수그리스도 상 앞에서 누운 자세로 하늘을 향해 사진을 찍기도 한다. 나도 사진을 몇 장 찍고 내려오는데 바람이 강하게 불어서 하마터면 모자가 날아갈 뻔했다. 이 높은 언덕에서 모자가 날아가 버리면 못 찾으니 조심해서 내려왔다.

1931년에 완공된 브라질 국민의 상징인 그리스도 상. 아래에 서 있는 사람들을 보면 예수그리스도 상이 얼마나 큰지 짐작이 간다.

오후에 다음 여행지인 상파울루Sao Paulo, 마나우스Manaus로 갈 비행기 표를 예매할 겸 코파카바나 비치Praia de Copacabana로 갔다.

오늘이 토요일이어서 여행사가 일찍 문 닫으면 어떡하나 하는 걱정과 영어는 통할 거라는 기대를 하고 코파카바나 비치로 갔다. 다행히 업무가 끝나지 않은 여행사에 가서 7월 3일 상파울루로 가는 탐 항공과 7월 4일 마나우스 행 바리그 브라질 Varig Brasil 항공까지 300US$에 예매했다. 나름 절약한다고 한 것인데 생각보다 저렴하지는 않은 것 같다. 그래도 인터넷 검색해서 구매한 수준 정도는 되니까 만족할 밖에.

코파카바나 비치를 간단히 스케치 해보면, 우선 4킬로미터나 되는 긴 활처럼 굽은 백사장을 따라 아틀란티스 대로Av. Atlantica가 형성되어 있고, 그 옆으로 희고 검은 모자이크 모양으로 치장한 산책길을 따라 조깅을 하거나 인라인스케이팅, 자전거 타는 사람들이 많이 보인다. 오후에는 날이 흐려져서 그런지 해변에는 해수욕을 하거나 일광욕을 하는 사람

프랑스 니스를 닮은 코파카바나 비치에는 매리어트 호텔, 패리스 호텔 등 특급 호텔들이 즐비하다.

들은 별로 많이 보이지 않고 축구의 나라 아니랄까 봐 해변에서 축구 경기와 배구 등에 열중하는 사람들이 더 많다. 길 건너편으로는 세계적인 휴양지의 명성에 맞게 대로를 중심으로 고급 호텔·아파트 등이 늘어서 있고 안쪽으로 기념품점, 식당, 클럽, 바 등 위락 시설들이 성황을 이루고 있었다.

그런데 이 비치 어디서나 들을 수 있다는 삼바 리듬은 날이 흐려서 그런지 별로 들리지 않아 아쉽다. 문득 베리 매니로우Barry Manilow의 '코파카바나Copacabana'가 생각나서 MP3로 들으면서 해변을 거닐었다. 'Her name was Lola, she was a showgirl……'로 시작되는 이 노래 주인공 로라가 30년 전에 바에서 사랑하는 연인을 잃은 슬픔을 다룬 노래로 리듬은 흥겹지만 노래의 소재는 어둡다. 결정적으로 느낌이 안 통하는 이유는 이 노래의 가사에 나오는 코파카바나는 이곳 리우가 아니라 쿠바 아바나Havana 근처의 코파카바나이기 때문이다.

리우의 삼바 쇼를
그대로 재현하다 _7월 1일

벌써 7월이다. 남미에 온 지도 벌써 40일이 넘어간다. 계획하고 목표한 여행의

반을 달려온 것이다. 오전에 박물관Museu Nacional 에 갔다. 숙소에서 운석에 대해 그렇

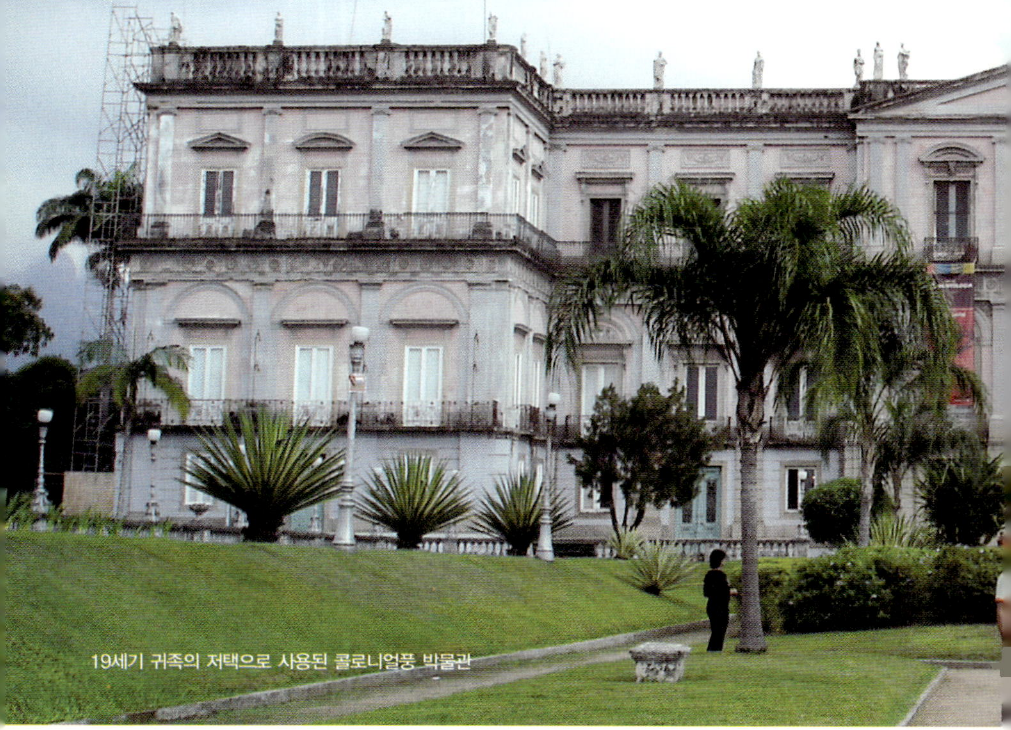

19세기 귀족의 저택으로 사용된 콜로니얼풍 박물관

게 대단하게 표현하기에 도대체 어떤 것인가 브러 갔는데 우선 19세기에 귀족의 주택으로 사용됐다는 콜로니얼풍 박물관의 외관이 상당히 그럴듯해 보인다. 브라질 최대 박물관으로서 내부 컬렉션도 볼 만했지만 들어가는 입구 정면에 비치된 세계 최대급 원석 '벤데고'는 더욱 훌륭했다.

박물관 주변은 녹지와 호수로 등 공원이 형성되어 있다. 호수로에서 카누를 타거나 독특한 행사 공연을 보거나, 특이한 자전거를 타며 공원에서 휴일 여유를 만끽하는 사람들의 표정이 밝아 보여서 좋았다.

공원에서 나와서 길 건너편의 마라카낭 스타디움Estadio do Maracana으로 갔다. 과거에는 20만 명을 수용할 수 있는 세계 최대 스타디움이었는데 현재는 10만 명을 수용하는 곳으로 브라질 축구 선수들의 꿈의 구장이라고 한다. 스타디움 견학 프로그램이 있어서 갔는데 아니 이게 웬일인가. 토요일과 일요일 그리고 공휴일은 견학이 안 된단다. 완전 낭패다.

녹지 호숫가에서 카누를 즐기는 사람들

독특한 거리 연극 공연

한가롭고 여유로운 휴일을 즐기는 시민들

오후에는 퐁데아스카르Pao de Acucar로 갔다. 버스를 타고 입구에 내렸는데 주택가여서 한산했다. 2개 로프웨이 왕복 35헤알(18US$). 왕복 케이블카를 총 4번 타는 셈인데, 로프웨이 승선장에서 우르카 언덕Morro da Urca에 내려서 언덕을 둘러보고 다시 퐁데아스카르로 가는 로프웨이를 탔다. 도착한 퐁데아스카르에서 본 과나바라 만 Baia de Guanabara 모습, 특히 한가로이 떠 있는 요트들 그리고 코파카바나 비치 및 리우 시의 전경 등 감탄사가 절로 나왔다. 왜 사람들이 이런 비싼 입장 교통비를 내고

위에 작게 보이는 것이 퐁데아스카르로 가는 케이블카

여기에 오는지 알 것 같았다.

저녁때, 리우의 유명한 삼바 쇼를 보러 이파네마Praia de Ipanema의 푸라타포루마 Plataforma 극장으로 갔다. 리우 카니발의 진수를 그대로 재현한 세계적으로 유명한 삼바 쇼여서 그런지 이미 극장 안은 초만원이었다. 축구의 나라답게 브라질 축구 유니폼을 입은 여자가 축구공을 가지고 묘기를 부리는 식전 퍼포먼스가 끝나고 난 뒤 흑인 사회자가 등장하여 쇼의 개막

퐁데아스카르 언덕

'설탕빵'이라는 뜻을 가진 이 퐁데아스카르는 옛날 포르투갈의 마데이라 섬의 설탕을 쌓아 올린 모양과 같다고 해서 붙여진 이름으로 우르카 해안과 베크멜랴 해안 사이의 파란 바다에 럭비공의 반면 정도가 불쑥 솟아 있는 것처럼 보인다. 2개의 로프웨이로 연결되며 정상은 해발 390미터로 코르코바도 언덕에 비하면 낮지만 바다에 돌출해 있기 때문에 정상에 오르면 아름다운 리우의 해안을 한눈에 볼 수 있어서 즐겨 찾게 되는 관광지이다.

퐁데아스카르 언덕 정상에서 본
리우데자네이루 시내 전경

삼바 극장 푸라타포루마

삼바 쇼

인사 겸 흑인 노예들의 고통과 슬픔으로 비롯된 삼바 춤의 유래 등을 소개했다.

그걸 들으면서 문득 오늘날 세계적으로 유명한 음악이나 춤 등의 과거 태생적인 기원을 보면 대개가 그 시대의 하층민의 애환과 슬픔이 승화되어서 오늘날 유력한 대중 예술로 자리 잡고 있다는 것을 느꼈다. 미국의 흑인 노예들의 노동요에서 비롯된 음악 재즈, 지난번 부에노스아이레스의 탱고, 쿠바를 비롯한 카리브 해의 흑인 노예들의 애환이 담긴 살사salsa 그리고 오늘 여기서 보는 삼바, 등등. 그리고 여기에 덧붙여, 1990년대 우리나라에 잘 알려진 카오마Kaoma의 노래와 춤으로 기억되는 '람바다Lambada'도, 브라질의 흑인 하층민 여성들의 애환에서 비롯되었다고 하니 공통점들이 많은 것 같다.

삼바 쇼는 90분 정도 진행되었는데, 화려한 의상의 무희들과 대담한 노출 등 소문 그대로 재미있었다. 마지막으로 우의를 다지는 의미에서 각 나라별로 소개하면서 민속음악을 들려주는 것을 뺴면. 다른 사람들은 이 대목에서 가장 갈채를 보냈다. 그래서 무대로 올라가 노래도 불렀다. 그러나 한국은 불리지도 않았다. 한국 사람이라곤 나밖에 없어서 그런지도 모른다. 예전에 태국 알카자쇼 등에서도 보았지만 이건 너무 관광 상품화된 레퍼토리라는 느낌이 들었다. 이런 느낌이 드는 건 나 혼자뿐일까?

삼바와 리우 카니발

삼바는 브라질의 아프리카계 흑인 노예들이 추는 집단적인 춤 또는 그 음악과 리듬을 뜻한다. 브라질에 목화 경작을 위해 아프리카에서 끌려온 흑인 노예들이 슬픔과 고통을 잊기 위해 원시적인 음악에 맞추어 율동하였던 몸의 움직임과 리듬 혼합에서 비롯된 이 삼바는 오늘날 브라질 전역에서 매년 2~3월이면 축제 카니발로 열린다.

특히 리우데자네이루의 카니발은 세계적으로 유명한데 4일 동안 펼쳐지는 카니발 기간은 국경일로 지정되어 있고 도시 전체가 화려하고 정열적인 삼바 춤과 리듬에 빠져 든다. 대개 5,000여 명 정도가 한 팀이 되어서 진행되며 실력에 따라 팀이 다르며 행사 시간 및 공연도 다르다. 이들은 이 한 번의 카니발에 참여하기 위해 1년을 준비한다고 하니 리우 카니발에 대한 인기를 짐작할 수 있으리라.

이파네마에서 온 소녀 _7월 2일

리우의 삼바 축제 퍼레이드 장소로 유명한 삼보드로무_{Sambodromo} 대회장에 가려고 숙소에서 밴을 탔다. 운전사에게 여느 때와 마찬가지로 지하철 마리아 드 그라카 역 앞에 세워 달라고 했는데 영어를 알아듣지 못한 모양이다. 책자 보고 떠 듬떠듬 포르투갈어로도 했는데, 결국 1시간여를 시내를 빙빙 돌고 나서야 데려다 줬다. 10분이면 가는 거리를, 말이 통하지 않으니…….

리우 카니발을 위해 1984년에 준공되었다는 이 삼보드로무 대회장은 삼바 퍼레이드를 보기에 좋게 구역별로 구분하여 스탠드로 꾸며져 있다. 축제 기간에는 입장료가 300US$이 넘음에도 불구하고 좌석이 1년 전부터 매진된다고 하니 이 나라 사람들이 삼바 축제를 어느 정도 좋아하는지를 알아볼 수 있는 곳이기도 하다.

오후에는 보사노바bossa nova 음악 하면 떠오르는 이파네마 비치Praia de Ipanema로 갔다. 그곳에 보사노바 음악의 거장 안토니오 카를로스 조빔Antonio Carlos Jobim의 생가가 있다고 해서 방문할 겸 보사노바 라

1층은 보사노바 라이브 바인 톰의 바, 2층에서는 삼바 쇼를 한다.

이브 콘서트를 보러 가는 것이다.

그러나 그의 생가가 어디에 있는지, 어떻게 가야 하는지 알 수가 없어서 지난번에 항공권을 산 코파카바나의 여행사에 문의했다. 혹시 보사노바 음악 관람과 더불어 그의 생가를 방문하는 투어 프로그램이 있나 하는 기대에 부풀어. 그러나 찾아간 여행사에서는 따로 투어 프로그램이 없고 또 그의 생가는 모르지만 그가 생전에 운영했던 그리고 지금은 그의 아들인 파울로 조빔Paulo Jobim이 운영하고 있는 라이브하우스가 있다고 가르쳐 주었다. 그런데 어디서 많이 본 주소이다.

주소를 받아 들고 밴을 타고 이파네마 비치로 왔다. 사실 코파카바나 비치와 이파네마 비치는 바로 옆에 있다고 할 정도로 가깝다. 그러나 이파네마 비치는 코파카바나 비치보다 규모가 작으며 좀 차분하고 전체적으로 세련된 부자 동네라는 느낌이 든다. 상대적으로 치안도 좋은 것 같다. 어떻게 보면 오늘날의 세련되고 고급스러운 느낌으로 포장된 보사노바 음악이 탄생된 배경과 이런 부유한 백인 타운은 서로 필연적으로 일치할 수밖에 없는 운명과 같은 것이 아니었나 싶다.

이파네마 비치 서쪽 레브론 지구 근처에 내렸다. 주위를 둘러보니 넓은 비치 건너편으로 고급스러운 부티크에 호텔과 상점가 등이 있고 그 뒤로 고급 주택가가 형성되어 있다.

주소를 들고 길가는 사람들에게 물어서 겨우 찾아간 곳은 다름 아닌 어제 삼바 쇼를 본 푸라타포루마 극장이었다, 어쩐지 아까 주소를 받을 때 어디서 많이 보았다 했더

보사노바

보사노바란 '새로운 경향' '새로운 감각'을 뜻하는 포르투갈어이며 브라질의 삼바 리듬에 쿨 재즈Cool Jazz의 감각과 웨스트 코스트 재즈West Coast Jazz의 고급스런 선율을 적절히 가미한 변형적·복합적 음악이다. 당시의 삼바 음악이 브라질의 노동자, 빈민 계층이 즐기는 음악이었다면 상류층은 삼바에 매력을 느끼고는 있지만 신분 격차로 그것을 그대로 즐길 수 없었다. 그래서 나름대로 자신들이 즐길 수 있는 음악을 만들었는데 그것이 바로 보사노바다. 삼바의 주 수용층이 흑인 빈민층이라면 보사노바는 백인 상류층의 음악으로 시작되었고 나중에는 전 계층으로 확대 수용되었으며 오늘날에는 가장 고급스러운 대중음악 장르로 손꼽힌다.

보사노바의 가사는 대부분 신파조의 멜로드라마 같은 내용이지만 반주 악기의 주력인 기타는 화음을 리듬적으로 울리듯이 연주하며 창법은 콧소리로 억양을 붙이지 않고 속삭이고 읊조리는 듯 노래한다. 1955년 안토니오 카를로스 조빔이 빌리브랑코와 공동으로 내놓은 최초의 보사노바 '태양의 찬가'가 발표됨으로써 유명해졌다. 보사노바의 거장 조빔을 비롯하여 기타리스트 조앙 질베르토Joao Gilberto, 보컬리스트인 그의 아내 아스트루드 질베르토Astrud Gilberto, 테너 색소폰 연주자 스탄 게츠Stan Getz 등이 합심하여 일구어 낸 앨범 '게츠와 질베르토Getz & Gilberto'는 가장 많이 팔린 명반으로 손꼽힌다.

니. 그 극장 건물의 2층에서는 삼바 쇼를 하고 1층에는 톰의 바Bar do Tom라는 보사노바 바bar 스타일의 라이브하우스가 있었다. 안토니오 카를로스 조빔의 또 다른 이름이 톰 조빔Tom Jobim 이며 이 라이브하우스는 그가 생전에 운영했고 지금도 보사노바 라이브 콘서트를 하는데 매주 월요일과 화요일은 콘서트가 없다고 한다. 하필 이면 오늘이 월요일이어서 콘서트 보기는 틀렸 다. 내부를 둘러보니 생전의 그의 연주 사진과 그 의 파트너들의 사진이 벽에 붙어 있다. 지배인에게

갓 잡은 물고기를 손에 들고 관광객과 직접 흥정한다.

보사노바 라이브 콘서트 하는 다른 업소를 소개 받아서 주소를 들고 찾아 나섰다. 나는 보사노바 음악을 무척 좋아하며 즐겨 듣는다. 안토니오 카를 로스 조빔부터 스탄 게츠Stan Getz 그리고 최근에는 리사오노Lisa Ono, 올리비아 Olivia까지. 이파네마에 와서 꼭 한 번 보사노바 콘서트가 보고 싶었다. 찾아간 곳은 얼마 떨어지지 않은 곳에 있는 '비니시오스Vinicious'라는 라이 브바였다. 그런데 쇼는 저녁 9시 30분에 시작한다고 한다. 지금 시간이 오 후 6시 30분이니 아직 3시간이나 있어야 시작한다. 일단 예약을 하고 시간 도 때울 겸 해안으로 나갔다. 어둠이 내린 해안 옆 산책로에는 많은 사람들 이 나와서 조깅 등 운동을 하고 있었다. 모래사장에서도 배구 등 운동 시합 이 한창이었다. 이것저것 구경하는 나에게 큰 물고기를 잡아서 흥정하는

안토니오 카를로스 조빔1927~1994과 '이파네마에서 온 소녀The girl from ipanema'

브라질의 조지 거슈윈George Gershwin으로 불리는 조빔은 10세경 피아노를 배우기 시작하면서 클래 식 작곡을 익혀 1952년부터 작곡 활동을 시작했다. 연극 〈흑인 오르페Orfeu Negro〉의 음악을 담당 하고 1967년에 프랭크 시나트라와 공연하는 등 왕성한 활동을 했다. 1994년 심장 발작으로 세상 을 떠날 때까지 수많은 명반을 낸 보사노바 음악의 거장으로 추앙받고 있다. 특히 영원한 명곡 '이파네마에서 온 소녀'는 보사노바 음악을 전 세계에 알린 노래 중의 하나로 안토니오 카를로스 조빔의 사랑 이야기가 담겨 있다. 그가 이파네마 해변에서 짝사랑한 소녀에 대한 이야기를 그의 친구인 비니시우스 데 모라레스 시인이 가사를 썼고 조빔이 곡을 붙인 노래이다. 이 노래는 오늘 날까지 수많은 스타들에 의해 다시 불리고 있다. 오늘날 마이클 프랭스Michael Franks가 안토니오 카를로스 조빔에게 바치는 노래인 '안토니오스 송Antonio's Song'의 주인공으로도 유명하다.

사람까지 이곳 비치의 풍경은 다양 그 자체이다. 백사장에 앉아서 미리 준비해간 MP3로 '이파네마에서 온 소녀The Girl from Ipanema'를 들었다.

시간이 되어서 보사노바 라이브바 '비니시오스'로 갔다. 규모가 크지 않은 실내엔 이미 많은 사람들이 와 있었다. 서로 언어와 피부색은 다르지만 그들도 여기까지 와서 보사노바 공연을 보고 싶었나 보다. 맥주 한 병을 시켰다. 조그마한 무대에 '마세 산타나와 보사 트리오Mase Sant'Anna & Bossa Trio'라는 팀이 올라와서 라이브를 시작한다. 난 이 보사노바 음악만 들으면 마음이 차분하게 가라앉으면서도 표현하지 못할 이상야릇한 기분에 빠진다. '웨이브Wave,' '데사피나도Desafinado,' '이파네마에서 온 소녀The Girl from Ipanema,' '코르코바도Corcovado' 등 너무 익숙한 음악을 이파네마까지 와서 라이브로 들으니 오늘밤은 행복하다.

라이브 콘서트가 끝나니 밤 12시가 다 되었다. 목도 마르고 해서 다시 바닷가로 걸

이파네마 비치 해안 도로

어 나가 코코넛 즙을 1개에 1.5헤알 주고 마셨다. 그런데 시간을 보니 너무 늦었다. 치안도 좋지 않은 나라에서 밤 12시가 넘은 시간에 혼자 이렇게 돌아다니는 건 위험하다 생각하며 택시를 탔다. 숙소로 오는 도중에 중화기로 무장한 경찰들이 어디론가 긴급히 출동하는 장면을 우연히 보았다. 밤에는 정말 치안이 안 좋은가 보다. 조심해야지.

'마세 산타나와 보사 트리오' 콘서트

보사노바 콘서트 안내
HOJE
Masé Sant'Anna
&
Bossa Trio
ENTRADA
(COUVERT CHARGE)
R$ 25.00
QC 33
www.oslario.com.br
SKOL
바닷가 간이점에서 코코넛 즙을 음료처럼 팔고 있다

남미 최대의 도시,
상파울루를 향해 _7월 3일

아침 일찍 상파울루로 가기 위해 숙소를 나서 공항으로 갔다. 공항에는 보딩패스 받는 곳도 오락가락하고 보딩패스에 기재되어 있는 게이트와 대합실 모니터에 표기된 게이트도 달라 사람 참 헷갈리게 한다. 탐 항공으로 1시간여를 날아서 브라질 국내선 전용 콩고냐스 공항Aeroporto de Congonhas에 착륙했다. 짐을 찾은 뒤 공항 안내에 가서 시내로 가는 리무진 버스를 알아보니 시내로 가는 직행 버스가 없다고 한다. 아무리 국내선 전용 공항이지만 시내 중심가로 가는 직행 버스가 없다니? 그러면서 정 원하면 일반 버스를 두 번 갈아타고 가든지 아니면 국제선 공항인 과를료스 공항Aeroporto Internacional de Guarulhos까지 가는 리무진을 타고 가서 거기서 리무진 버스를 타고 가란다. 이렇게 큰 배낭을 메고 그건 무리다. 이해가 안 되는 일이 참 많다.

택시를 집어타고 오는 동안 창밖의 화창하고 따뜻한 날씨가 마음에 들었다. 창밖으로 보이는 고층 빌딩들이 밀집한 상파울루의 풍경은 서울과 비슷해 보이기도 했다. 사실 너무나 유명한 이 도시는 인구 1,500만 명이 넘는 남미 최대의 도시이지만 리우같이 특별한 관광지가 없는 곳이다. 목적지인 센트로 헤프블리카 광장Praca da Republica까지 35헤알(18US$)이나 나왔다. 예약해 놓은 조아마 호텔Hotel Joamar로 걸어가는데 거리에 부랑인, 노숙자 등이 많아 치안이 안 좋아 보였다. 어느 나라나 대도시 중심가의 슬럼화는 좀 있지만 이곳은 조금 심하게 보일 정도이다. 호텔은 1박에 조식 포함 42헤알(21US$)로 내부의 훌륭한 시설에 비해 저렴한 편이다. 역시 소문대로다.

늦은 점심 식사로 호텔 근처의 레스토랑에서 슈라스코Churrasco 요리를 먹었다. 브라질의 대표 요리로 앉아 있으면 종업원이 소고기, 돼지고기 등을 끼운 1미터 정도 되는 기다란 쇠꼬치를 들고 각 테이블마다 돌며 고기를 썰어주는데 소스에 곁들여 먹으니 담백하고 맛있었다.

식사 후 환전하러 은행에 갔는데 가지고 있던 비자VISA 여행자 수표 환전을 안 해 주는 것이다. 몇 군데 은행에 들러도 마찬가지였다. 이번 여행은 한꺼번에 많은 금액을 들고 와야 해서 여행자 수표를 가져왔는데 남미에서는 여행자 수표 환전이 상당히 어렵다. 은행을 찾아다니느라고 고생도 많이 했다. 참으로 브라질과 아르헨티나답다.

헤프블리카 광장 주변을 산책하고, 시립극장Teatro Municipal, 파이산두 광장을 둘러보고 쇼핑센터에 가서 기념품 몇 개를 산 다음 숙소로 들어왔다.

각 이민 국가들의 국기와 전통 의상.
태극기와 궁중 의상도 보인다

이민자들의 천국 _7월 4일

간만의 편안한 숙소여서 그런지 오랜만에 푹 잔 것 같다. 사실 호스텔 도미토리 같은 공동 숙소는 숙박 요금이 저렴해서 경제적이기는 하나 장기적으로 체류 시에는 피로가 쌓이게 마련이다. 아무래도 혼자 사용하는 공간이 아니다 보니 다른 사람 눈치도 보이고. 그래서 가끔은 호텔 같은 혼자만의 공간에 있어 줘야 한다.

오늘은 아마존 중류 정글의 도시 마나우스로 가는 날이다. 비행시간은 오후 늦게이지만 아침 일찍 짐을 싸서 호텔 프런트에 맡겨 놓고 이민 박물관 Museu da Imigracao 으로 갔다. 아직 오전이어서 그런지 박물관은 한적했다. 100여 년 전 세계 각국에서 브라질로 이민 온 근·현대사가 잘 정리되어 있었다. 세계 80여 개국 이상의 국가에서 이민이 들어왔다고 하니 정말 이민자들의 나라라는 생각이 들었다. 특히 일본인들의 이민이 많았는지 일본인 이민사에 대해 정리가 잘 되어 있는 것을 보고 일본인의 힘을 새삼 실감했다. 1층의 전시물 중에는 1930년대에 사용된 오래된 금전 출납기와 타자기 등이 눈에 들어왔다. 2층에는 각 이민 국가들

오래된 금전 출납기

의 국기와 마네킹에 전통 의상을 입혀서 전시하 놓은 모습이 독특했는데 우리나라 태극기와 궁중 의상도 보였다. 그리고 1920년대에 산투스Santos 항에서 이곳까지 이민자들을 실어 나르는 그 당시 기차와 기차역을 재현한 곳도 있는데 실제로 일요일에는 근거리를 운행한다고 한다.

돌아오는 길에 남미 최대의 한인 타운인 봉헤티로Bom Retiro에 갔다. 지하철역을 나와서 한인인 듯한 여성에게 한인 타운이 어디냐고 묻자 황당하다는 듯이 여기가 한인 타운이라고 한다. 지하철역 바로 앞이 한인 타운이었다. 여기 지하철은 서울처럼 시설이 매우 훌륭하다. 날씨도 좋다. 이래서 한인들이 이민을 많이 왔나 생각했다. 한인 타운에 와서 오랜만에 한식으로 점심을 먹고 타운 구경을 하는데 길거리에 이렇게 한인들이 많은 것은 남미에서 처음 본다. 예비 식량을 조금 산 뒤 서둘러서 숙소인 헤프블리카 광장으로 왔다. 호텔에서 짐을 찾아 광장 반대편에 있는 리무진 버스를 타고 공항으로 갔다. 그런데 공항에서 보딩패스를 받는데 지난번에 리우에서 산 티켓에 문제가 생겼다. 리우의 여행사 직원의 실수로 내일 가는 티켓으로 예약되어 있어서 변경 요금 50헤알을 더 지불해야 했다. 이래저래 손해다.

저녁 9시가 다 되어서야 마나우스 공항에 내렸다. 그런데 지금 시간에도 날씨가 무척 덥다. 숨이 탁탁 막힌다. 이게 무슨 겨울이야. 어휴!

1920년대 이민자들을
실어 나르던 기차

아마존 투어의 관문,
마나우스 _7월 5일

상파울루에서 마나우스로 상당히 먼 거리를 왔다. 비행기로도 4시간 넘게 날아왔으니. 같은 국가 내에서 직항으로 4시간을 넘는 비행. 새삼 브라질의 넓은 국토를 실감하게 된다. 이제부터 열대 지방이다. 그래서 그런지 대낮의 마나우스 시내는 상당히 덥다. 기온도 기온이지만 습도도 높아서 불쾌지수가 아주 높다. 그러나 한편으로는 우리가 익히 들어온 아마존 정글의 날씨를 체험하고 있는 것 같아 실감이 난다.

문득 어제 마나우스에서 출국 도장을 받은 일이 기억났다. 난 아직도 브라질 땅에 있는데 공항에서 여권에 출국 도장을 왜 찍어 주었을까? 사실 어제 현장에서 왜 스탬프를 찍냐고 영어로 말했는데 출입국 담당이 영어를 알아듣지 못하는 바람에 일단 그냥 올 수밖에 없었다. 난감하다. 곰곰이 생각해 보니 어제 타고 온 비행기가 상파울루에서 마나우스를 거쳐 베네수엘라Venezuela 카라카스Caracas로 가는 국제선 편이어서 공항 직원이 착각한 것 같다. 그래도 그렇지, 난 아직 브라질에 있는데 출국 도장을 찍었으니 나중에 출국할 때 문제가 될 것 같았다. 공항 연방출입국 사무소에 스탬프를 정정하러 갔다. 가서 자초지종을 설명하니 오전에는 담당이 없으니 오후에 오라고 한다. 이 사람들 여러 가지로 일을 번거롭

게 만든다.

아도우포리스보아 시장Mercado Municipal Adolpho Lisboa으로 갔다. 시장은 여느 나라와 마찬가지로 사람들도 많고 너저분했으나 규모는 상당히 커 보였다. 생필품부터 원주민들의 전통 공예품, 기념품까지 특히 아마존 강에서 잡은 특이하게 생긴 이름도 알 수 없는 열대어들을 내놓고 팔고 있었다. 이렇게 활기차게 돌아가는 시장 풍경을 보고 있노라니 새삼 마음의 여유가 느껴진다.

다시 차를 타고 아마조나스 극장Teatro Amazonas으로 갔다. 시내 북쪽인 산 세바스티안 광장에 있는 이 극장은 19세기 후반 고무 산업으로 부를 축적한 유럽 이주자들이 열대 정글 속에 프랑스 파리의 분위기를 재현하고자 엄청난 경비를 들여 건립한 것이다. 이 극장은 1896년에 건설되었다고 하는데 극장 안은 유명한 오페라 극장답게 관광객들이 많았으며 영어 가이드 투어도 하고 있었다. 이탈리아 르네상스 양식으로 지어진 이 오페라 하우스의 내부는 700명을 수용할 수 있을 정도로 그 규모를 자랑한다. 내부는 이탈리아 대리석 계단, 샹들리에, 붉은색의 융단 및 오스트리아제 수입의자 등 그 화려함은 오늘날의 극장에 비교해도 손색이 없을 정도이다. 특히 바닥의

르네상스 양식의 아마조나스 극장

공항청사 앞마당 호수의 거북이들

통풍구를 통해 인력 바람으로 냉방을 했다고 하니, 100여 년 전 상류 계급의 호화롭고 사치스러운 생활이 연상되면서 씁쓸해졌다. 그들의 그런 생활을 위해 얼마나 많은 하층민들의 피와 땀이 있었을까? 극장 안 무대에는 요즘도 상연되는 작품이 있는지 오페라 연습으로 한창이다.

다시 발걸음을 인디오 박물관Museu do Incio으로 돌렸다. 아마조나스 극장에서 꽤 거리가 있는 곳에 있었다. 오늘 하루는 이렇게 마나우스 시내 관광을 다니고 있는데 시내 길거리에서는 차가 차도에 서 있으면 차 앞유리를 물로 한번 닦아주고 팁을 받아가는 사람들이 꽤 많이 눈에 띈다. 다양한 사람들의 진풍경이랄까, 아무튼 재미있는 광경이다.

박물관은 아마존 유역의 원주민들의 생활 용구·수렵 및 어로 용구 등과 그들의 종교 의식에 쓰이는 도구, 악기 등이 여러 방에 나뉘어 전시되고 있었다. 아마존 강 깊숙한 지역에는 지금도 인디오 종족들이 문명과 단절된 생활을 하고 있다고 한다.

숙소로 돌아오는 길에 다시 공항 연방출입국 사무소에 들러 출국 스탬프를 정정했다. 이런 일이 있나라는 표정으로 담당관이 웃으며 다시 입국 도장을 찍어준다. 여행하면서 좀처럼 경험하기 힘든 흔치 않은 해프닝이다. 웃으며 공항을 나서는데 공항청사 앞마당 호수에 거북이를 키우는 것이 인상적이었다. 이곳 사람들은 거북이를 많이 키우는 것 같다. 지난번 상파울루 이민박물관 건물 앞 호수에도 거북이가 많았는데. 마타마타거북!

열대 정글 속으로 7월 6일

오늘은 아마존 투어를 하는 날이다. 서둘러 차를 타고 선착장으로 갔다. 원래 아마존 정글 투어는 크루즈와 정글 트레킹을 포함하여 1박 2일 정도는 하려고 마음먹었으나 우기인 지금은 강물이 불어서 정글 트레킹을 제대로 할 수 있는 곳이 없다고 하여 오늘 당일 투어만 하기로 했다.

따가운 햇살을 받으며 보트에 올라 한참을 이동하니 강 곳곳에 수상 가옥이 보인다. 그런데 자세히 보니 수상 가옥 중에서도 물에 그냥 떠 있는 뗏목형은 그대로 있는데, 물에 기둥을 박은 가옥들은 우기의 범람한- 강물에 잠긴 곳이 많다. 그들의 생활 터전이 강물 위인데 이곳에서마저 범람으로 이재민이 된 것이다. 다시 보트는 정글이 우거진 깊은 곳까지 들어간다. 이렇게 좁고 정글이 심하게 우거진 곳에도 보트가 드나들 길이 있나 싶은데 실제로 여기 원주민들은 이런 좁고 험한 정글을 보트로 헤치며 돌아다니는 것이 거의 일과(?)라고 한다. 아마존 강의 정글 투어. 원시 그대로의 느낌이다. 한참을 항해한 후 한 대의 보트가 우리 쪽으로 접근하기에 바라보니 이곳에 사는 좀 어려 보이는 원주민들이 무시무시한 뱀 아나콘다와 나무늘보 등을 어깨에 두르고 다가와서 기념 촬영을 하라고 한다. 이들은 이렇게 해서 팁을 받고 생활하는 것 같다.

다시 정글에서 나와 수상 식당에 들러 점심을 먹었다. 고기와 열대 과일 등 점심 식사 메뉴는 제법 그럴듯하게 다양했다.

오후에는 다시 원시 그대로의 정글을 지나 간단한 트레킹을 할 수 있는 선착장에 내렸다. 산책 삼아서 걷고 있는데 여기 저기에 인공 연꽃이 보인다. 브라질에서의 인공 연꽃이라 의미를 알 수는 없지만 색다른 느낌을 받았다. 다시 한참을 달려서 도착한 곳은 세계 최대의 담수어인 피라루크Pirarucu 가 있는 곳이다. 아마존의 살아 있는 화석으로 이 피라루크는 사람이 잡으려고 그물을 치면 그 그물을 뚫고 올라갈 정도로 힘이 그렇게 좋다고 한다. 맛도 좋다그 하는데 기회가……

다시 한참 보트를 타고 지나가는데 이번에는 네그로 강과 소리모인스 강이 만나지만 수온과 속도 차이 때문에 섞이지 않고 색깔이 구분되어 보인다는 강 합류 지점에 다다랐다. 자세히 보니 황토색과 검은색의 구분이 가기도 하고 아닌 것 같기도 해서 가이드에게 물어보니 지금은 우기여서 물이 범람한 관계로 색깔의 구분이 건기만큼은 확연히 보이질 않는다고 한다. 그래서 아마존 투어는 정글 트레킹도 그렇고 여기도 그렇고 건기에 하는 것이 좋겠다고 내가 말하니 가이드는 꼭 그렇지만도 않다고 한다. 우기에는 정글 트레킹이나 강 합류 지점, 악어 사냥 등을 하고, 보는 것이 어렵지만 대신 보트 타고 정글 깊숙한 곳까지 가기에는 건기 때보다 훨씬 유리하다고 한다. 다 일장일단이 있었다.

아마존의 강 너비는 무척 넓다. 보트에서 보면 도대체 강의 양쪽 끝이 어디인지 끝이 보이지 않는다. 여기가 아마존 중류 지점인데 최대 강폭이 8킬로미터 정도 되며 강 하류인 벨렘 지역은 최대 폭이 20킬로미터도 넘는다고 한다. 이게 무슨 강이야, 바다지!

아나콘다와 나무늘보를 어깨에 두른 원주민

돌아오는 보트에서 바라보는 아마존은 강도 멋있지만 하늘의 구름이 더 멋지다. 하늘이 너무 투명하고 구름이 선명해서 마치 한 폭의 그림을 보는 듯한 착각에 빠진다. 우리나라의 청명한 가을 하늘처럼.

강에 떠 있는 주유소

피라루크

아마존의 살아 있는 화석으로 불리는 피라루크는 세계 최대의 담수어로, 몸길이는 최대 5미터, 몸무게는 200킬로그램에 달한다. 그러나 아마존 강에서 잡히는 피라루크의 몸길이는 보통 큰 것이 1.25(40킬로그램)~2.5미터(100킬로그램) 정도이다. 몸통은 전체적으로 약간 둥근 원통꼴이지만, 뒤로 갈수록 세로로 넓적해지면서 높이도 낮아진다. 고기가 맛이 있어서 마구 포획한 결과 개체수가 부족하여 지금은 국제 거래도 규제되고 있다.

원주민들의 역동적 에어로빅
보이붐바 _7월 7일

아침 일찍 내일 저녁 7시에 떠나는 베네수엘라 산타엘레나데우아이렌Santa Elena de Uairen 행 버스표를 100헤알(53US$)에 샀다. 향후 동선을 남아메리카 북구 지역인 베네수엘라, 콜롬비아Colombia, 에콰도르Ecuador로 잡아야 하기 때문에 그 첫 기착지로 산타엘레나데우아이렌으로 가는 것이다. 지금까지 상당한 거리를 달려왔지만 앞으로도 마찬가지일 것 같다.

오후에 마나우스 근교 폰타네그라Ponta Negra라는 신도시로 갔다. 거리도 깨끗하고 고급 주택가와 아파트가 형성되어 있는 등 마나우스 센트로에 비해 상당히 부촌인 것 같다. 저녁 무렵 더위가 누그러질 때쯤 야외 공연장 같은 무대에서 아마존 지역의 전통 민속춤 보이붐바Boi?Bumba 공연이 있었다. 이 춤은 삼바와는 또 다른 역동성을 보이며 개개인의 춤이 아닌 단체 안무에 가까워서 아마존식 에어로빅 같은 느낌을 받았다. 이 보이붐바는 이 지역 최대의 행사이자 축제로 1년 전부터 숙소 예약을 하지 못하면 보지 못할 정도로 인기 있는 축제라고 한다.

오늘밤은 여행사의 도움으로 마나우스에서 제일 좋은 트로피컬 마나우스 호텔Tropical Manaus Hotel로 숙소를 옮길 예정이다. 원래 보통 때의 가격이 450헤알(230US$)인데 여행사를 통해서 150헤알(78US$)이라는 말도 안 되는 가격에 얻었다. 배낭여행하면서 이런 특 1급 호텔에 언제 또 묵어 볼 수 있나 싶기도 하고 내일부터 버스에서 밤을 지내야 한다는 등의 여러 가지 이유로 오늘 1박만 하기로 했다. 호텔의

보이붐바

전경과 시설은 그야말로 원더풀했다. 아마존 강에 면한 멋진 전용 수영장에 미니 동물원과 식물원 그리고 12층 호텔 객실에서 바라보는 마치 바다 같은 아마존 강의 전망. 오늘밤 과연 잠이 올까?

보이붐바

아마존 지역 전통 민속춤이자 아마존 남쪽 파린틴스Parintins 지역의 축제 이름으로 매년 6월 말에 열린다. 보이는 '소'를 의미하며 보이붐바는 '소의 축제'라는 의미인데, 고무 산업이 한창 번성했을 때 개척자들에 의해서 들여온 축제와 원주민의 전통 문화 그리고 아마존의 전설이 혼합되면서 오늘날 전 세계적으로 주목받는 축제가 되었다. 축제 기간에는 거대하고 화려한 장식과 역동적인 춤과 노래가 어우러져 남녀노소 할 것 없이 아마존 전 주민이 푹 빠져 든다.

세계 인종 전시장,
브라질 _7월 8일

오늘로서 브라질에 온 지 12일째 되는 날이다. 그동안 이과수에서 리우, 상파울루, 그리고 마나우스까지 여러 가지 다양한 볼거리와 즐거움을 만끽했는데 오늘 밤 베네수엘라로 넘어간다. 시간이 많이 없어서 미련이 남고, 섭섭하다.

그런데 브라질이라는 나라에 와서 한 가지 특이한 점을 발견했다. 브라질은 인종 구성이 정말 다양하다는 것이다. 사실 이민의 나라라는 점에서는 북미도 호주도 마찬가지이지만 그들은 백인, 흑인, 황인종 간에 서로 섞이지 않고 각각의 인종으로 살아간다. 그런데 대부분의 남미 국가도 그렇지만 브라질은 더욱 심한 것이 각 인종간의 혼혈 인종 비율이 너무 높고 다양하다. 여행 정보 책자에 보면 인종 구성은 백인계 55퍼센트, 혼혈 38퍼센트, 흑인계 6퍼센트, 기타 1퍼센트로 나와 있지만, 이런 집계도 정확한 수치는 아니며 워낙 서로 섞이다 보니 정확한 집계가 어렵다고 한다. 백인인 이주자와 인디오인 황인종 간의 혼혈인 메스티소Mestizo, 백인과 흑인 간의 뮬라토Mulatto, 인디오와 흑인 간의 삼보Sambo 등 기본적인 혼혈 구조에 그들끼리 또 한 번 섞이면서, 피부 색깔의 섞인 농도 비율에 따라 색깔이 천차만별이

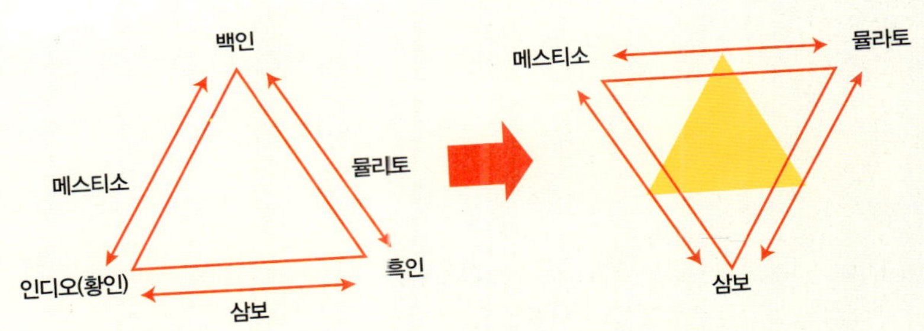

다. 길거리에서 사람들을 보면 인간이 표현할 수 있는 다양한 피부 색깔들이 모두 다 표현된 것 같다. 완전 흑인인 검정부터 완전 백인인 흰색까지 피부 색깔이 아주 고르고 다양하게 분포되어 있다. 참으로 신기하다. 인종 차별이나 분쟁은 없겠다 싶다.

오후에는 마나우스 외곽에 있는 리오 프레타디에바Rio Pretadeeva 계곡에 갔다. 어제 우연히 만난 마나우스 한인 여행사 사장님을 통해서 알게 된 곳이다. 여기 날씨가 너무 더워서 그런지 계곡에는 물놀이를 즐기는 사람들이 꽤 많았다. 물가에 자리 잡고 점심으로 까뜨라상(?)이라는 브라질식 생선구이 정식을 주문했는데 생선의 크기가 엄청나게 컸다. 식사 후 해먹에 누워서 잠시 휴식을 취했는데 해먹이 생각보다 편안했다.

생각보다 안락하고 편안한 해먹

엄청나게 큰 생선구이 정식

브라질연방공화국Federative Republic of Brazil

★ **위치** 남아메리카 ★ **기후** 열대우림, 아열대, 온대 기후 ★ **면적** 851만 4,047Km²(한국의 약 40배) ★ **인구** 1만 7,185명 ★ **수도** 브라질리아Brasilia ★ **주요 민족** 백인계 55%, 혼혈 38%, 흑인계 6%, 아시아계 1% 외 원주민 ★ **언어** 포르투갈어 ★ **종교** 로마가톨릭교 80%, 신교 11%, 전통신앙 ★ **정체** 연방공화제 ★ **화폐 단위** 헤알(R$) 1R$＝550원(2007. 6) ★ **비자** 관광 목적 90일 무비자

라틴 아메리카에서는 유일하게 1531년부터 포르투갈 식민지 에서 발전한 나라로 1822년 포르투갈 왕가王家를 받드는 왕국 으로 독립하여 1889년 노예 제도를 폐지하고 공화제가 되었다.

칠레, 에콰도르를 제외한 모든 남미 국가들과 국경선을 접할 만큼 남미에서 가장 넓고, 세계에서도 러시아 · 캐나다 · 중 국 · 미국에 이어 제5위에 이를 만큼 넓은 면적을 자랑한다. 북부에는 세계 최대의 수량인 6,300킬로미터의 아마존 강이 흐르며 강 유역에는 전 국토의 45퍼센트에 해당하는 광대한 저지대가 펼쳐져 있다. 사탕수수 · 커피 등 특정 농산물이 나 라의 경제를 지탱하고 있으며, 오늘날에는 축구, 삼바 축제 등 스포츠 문화의 강국으로서의 면모도 보여준다.

베네수엘라

휴일인데다 날씨도 좋아서 그런지 광장에는 관광객들이 꽤 많았다. 그들은 광장에
우뚝 서 있는 볼리바르 동상을 배경으로 사진을 열심히 찍고 있었다. 그런데 숙소에 맡겨 둔
큰 배낭에 카메라가 들어 있다는 사실을 다른 사람들이 사진 찍고 있는 모습을 보면서 알았다.
으이그, 이 건망증!

베네수엘라 국경을 향해 _7월 9일

눈을 떠보니 버스가 보아비스타Boa Vista를 달리고 있다. 어제 저녁 7시에 버스를 탔는데 지금이 아침 7시이니 12시간을 달려서 브라질 북부 도시 보아비스타로 온 것이다. 여기서 베네수엘라 국경까지는 몇 시간 안 걸린다. 다시 버스는 한참을 달려 국경 어귀에 도착했다. 버스에서 내려서 간단한 출입국 수속을 밟고 다시 버스에 올라 한참을 달린다. 지금 달리고 있는 이 길, 마나우스에서 베네수엘라로 가는 길은 유명한 팬아메리칸 하이웨이Pan-American Highway가 있는 곳이어서 버스들이 시원스럽게 달린다. 거의 직선으로 뚫린 도로 양옆으로의 열대 수목, 여기서부터 베네수엘라 땅이다.

목적지인 산타엘레나데우아이렌에는 점심때인 12시 30분에 도착했다. 코인 로커가 없어서 터미널 매표소에 큰 배낭을 맡기고 택시를 타고 시내로 나갔다. 국경의 조그만 도시답게 동네는 조용했다. 시내에서 환전을 하는데 베네수엘라는 블랙마켓 시장이 난립하는 곳이어서 국가 공식 환율과 암환전상의 환율이 차이가 많이 났다. 국가 공식 환율은 1US＄=2,150Bs인 데 비해 암환전상은 1US＄=4,000Bs 정도로 거의 2배 차이가 난다. 엄청나게 달러를 선호한다는 뜻이 아닐까 생각했다. 하여튼 좀 이상한 나라다. 동네 어귀 암환전상에서 환전한 후 볼리바르 광장을 산책하면서 시가지를 구경했다.

팬아메리칸 하이웨이Pan-American Highway

팬아메리칸 하이웨이는 남·북아메리카를 횡단하는 국제 고속도로망으로 알래스카의 페어뱅크스에서 시작하여 캐나다-미국-멕시코-중앙아메리카를 거쳐 남아메리카 각국을 연결하여 아르헨티나 최남단의 푸에고 섬에 이르는 총 연장 7만 8,800킬로미터의 국제 도로이다. 미국의 주도 하에 남·북아메리카의 정치적·경제적·문화적 융합을 목적으로 건설이 추진되었다. 오늘날에는 미국·캐나다·멕시코가 북미자유무역협정 NAFTA과 남아메리카 국가들의 안데안 협정 등으로 산업경제적으로서의 중요성이 크게 부각되고 있다.

허름한 국경 앞에 펄럭이는 양국의 국기가 보인다.

저녁 무렵 다시 버스 터미널로 가서 짐을 찾아 7시에 시우다드볼리바르Ciudad Bolivar 행 버스를 탔다. 이 버스 또한 밤을 새워 12시간을 달려간다. 그런데 버스 안이 너무 춥다. 누가 산유국 아니랄까 봐 차나 에어컨을 너무 세게 틀어서 추워 죽을 지경이다. 바깥에는 한여름 날씨인데. 참다못해 아래층에 내려가서 에어컨을 좀 낮춰 달라고 했지만 그럴 수 없단다. 정말 이해가 안 간다. 승객들은 이미 이런 사실을 잘 알고 있는 것처럼 두꺼운 담요 등 방한을 준비하고 탄 것 같다. 여행객인 나만 모르는 것 같다. 아무리 산유국이어도 기름을 이런 식으로 낭비하면서 사람들에게 고통을 줄 필요가 있을까?

시우다드볼리바르 사람들의 축구 사랑 _7월 10일

아침 7시 무렵 목적지인 시우다드볼리바르 터미널에 도착했다. 이틀 연속 버스 안에서 밤을 새우니 몸이 말이 아니다. 열대 기후답게 아직 이른 시간임에도 날씨는 후끈하다. 예약해 놓은 숙소에 가서 여장을 풀고 잠시 휴식을 취했다. 점심때가 되어서 숙소 근처의 조금 허름해 보이는 레스토랑에 가서 식사를 했다. 식사 시간이 조금 지나서 그런지 뷔페식 식당인데도 남은 음식이라곤 고기 몇 점과 파스타가 전부였다. 그나마 종업원들은 지금 열리고 있는 코파아메리카Copa America컵 축구 대회 중계방송을 보느라 정신없다. 손님이 들어왔는지도 모르는 듯했다. 하여튼 남미 사람들의 축구 사랑은 알아줘야 한다. 멕시코 대 파라과이 경기였는데 멕시코가 3:1로 이기고 있었다. 베네수엘라는 축구는 남미에서 제일 못하는 수준이고 대신 야구를 즐겨하는 나라라고 생각했는데 축구 열기도 대단한 것 같다. 하기야 자국에서 열리는 축구 대회인 만큼 관심도 당연히 높은 것 같다.

오후에 세계 최장 폭포인 안헤르

코파아메리카컵 축구 대회

1916년 창설된 남아메리카 국가 사이에 벌이는 축구 대회로서 남미의 월드컵이라고 부른다. 초대 대회는 1916년에 아르헨티나에서 열렸고 우루과이가 우승을 차지했다. 그리고 2004년 제41회 대회까지 우루과이와 아르헨티나가 각각 14회, 브라질이 7회 우승을 차지하였다. 오늘날 이 대회는 유럽과 더불어 세계 축구의 양대 산맥인 남미 축구의 흐름과 전력을 알 수 있는 중요한 대회로 평가받고 있다.

폭포Salto Angel와 기아나 고지로 유명한 마시소과야네스Macizo Guayanes를 둘러보는 투어를 신청하러 여행사에 갔다. 2박 3일 코스가 300US$로 좀 비싸다는 생각이 들었지만 기아나 고지는 투어 아니면 개인적으로 갈 수 없는 지역이기 때문에 신청하기로 했다. 여행사에서 나와서 시우다드볼리바르 박물관Museo de Ciudad Bolivar을 돌아보고 시내 구경을 하다가 숙소로 들어왔다. 남미를 여행하다 보면 산 마르틴만큼이나 사람들의 입에 많이 오르내리는 지명 중 하나가 볼리바르이다. 시우다드볼리바르란 도시 이름은 남미 해방의 영웅 시몬 볼리바르를 기려 1846년부터 불려왔다고 한다.

시몬 볼리바르

Simon Jose Antonio de la Santisima Trinidad Bolivar Palacios y Blanco, 1783. 7. 24.~1830. 12. 17.

베네수엘라 수도 카라카스에서 태어난 베네수엘라의 독립 운동가이자 군인이다. 스페인의 식민지였던 콜롬비아, 에콰도르, 베네수엘라를 그란콜롬비아공화국을 건국하여 독립시켰다. 호세 데 산 마르틴 등과 더불어 오늘날까지 가장 추앙받는 라틴 아메리카의 해방자로 불린다.

잃어버린 세계를 찾아서, 기아나 고지 _7월 11일

아침 일찍 기아나 고지 투어를 위해 공항으로 나섰다. 공항에서 기다리고 있으니까 소형 경비행기인 세스나Cessna기의 조종사인 듯한 사람이 나와서 비행기에 타라고 한다. 그냥 이렇게 타나?

얼마나 비행했을까? 아침 시간이어서인지 잠깐 졸다가 깼다. 창밖을 보니 구름을 머금고 있는 듯한 테푸이의 멋진 모습이 보인다. 내셔널 지오그라피 채널에 자주 등장하는 '잃어버린 세계Lost world'의 기아나 고지의 테푸이라는 것을 한눈에 알 수 있었다. 기아나 고지는 카리브 해의 기류와 아마존의 기류가 부딪치는 지역이어서 상공에는 항상 구름이 끼어 있다고 한다. 보면 볼수록 신비롭다.

이윽고 카나이마Canaima 마을의 공항에 도착했다. 카나이마 마을은 기아나 고지 관광의 거점이 되는 마을로 아마도 오늘은 여기서 숙박을 하는 것 같다. 어제 여행사에서 서툰 영어로 여행 일정을 설명하는 것을 듣기는 했지만, 종이로 된 여행안내서도 없으니 정확한 정보가 없다.

공항에 내려서 현지 여행사 직원인 듯한 사람의 안내를 받아 오늘의 숙소에 여장을 풀었다. 이미 서로 눈인사를 했지만 같이 투어를 하기로 한 사람들 대부분이 유럽에서 온 백인들이었다. 이런 투어를 하면 한국인을 비롯한 동양인은 눈에 뜨이지 않는다. 베네수엘라라는 나라가 관광국으로 알려진 나라가 아니므로, 한국 여행객이 좀처럼 오지 않는 곳이기도 하지만……

상공에서 바라본 기아나 고지의 모습

기아나 고지와 카나이마 국립공원

남아메리카 대륙의 북부 지역인 콜롬비아 동부에서 베네수엘라 기아나의 남부에 걸쳐 있는 고지로서 아마존 강 북쪽과 오리노코 강 남쪽에 있다. 원시의 울창한 열대 우림으로 뒤덮여 있으며 베네수엘라 남부에서 콜롬비아에 걸쳐 전개되는 사바나의 대평원과 함께 대부분이 미개발지로 남아 있으며, 아마존과 오리노코를 비롯한 강변 지역에는 미개종족의 취락이 있다. 최고봉은 브라질·베네수엘라·가이아나의 국경이 만나는 해발 2,772미터의 로라이마 산이다. 고지에서 깊은 골짜기를 따라 흐르는 강은 급류를 이루고 있으며 엔젤 폭포를 비롯한 많은 폭포가 곳곳에 있다.

이러한 기아나 고지는 약 20억 년 전에 형성된 지각이 융기하고 침식되어서 테이블 모양으로 깎인 산들이 많은데, 이곳 기아나 고지에는 이러한 특수한 지형들이 100개 이상 있다고 한다. 특히 아유얀 테푸이Auyan Tepui라고 불리는 산은 지상으로부터 1,000미터 높이의 수직벽의 외벽을 만들어서 마치 육지에 떠 있는 거대한 섬처럼 보이기도 하고 정상은 기복 없이 평평해서 테이블 마운틴이라고 불린다. 기아나 고지는 1912년 『셜록 홈즈』의 작가 코난 도일의 소설 『잃어버린 세계Lost world』에 소개되면서 세계적으로 알려지게 되었다.

카나이마 국립공원은 가이아나와 브라질과의 국경에 있는 베네수엘라 남동부 불리바르 주에 있으며 1962년 국립공원으로 지정되었다. 그리고 1994년에 유네스코 세계유산으로 등록되었다. 국립공원 주변에는 이 지역 원시 부족인 페몬족이 거주하고 있으며 그들은 옛날 방식의 농사 및 수렵 생활을 하고 있으나 최근에는 관광객을 상대로 하는 관광업에 종사하는 사람도 늘고 있다고 한다.

숙소 식당 모습

오후에 카나이마 호Laguna de Canaima의 건너편 아나토리 섬에 있는 엘사포 폭포Salto El Sapo로 갔다. 언덕 너머로 한참을 올라가니 시원스럽게 폭포수가 떨어졌는데, 가이드가 흘러 떨어지는 폭포의 안쪽을 가로질러 가는 것을 강요(?)하는 바람에 온몸이 다 젖었다. 카미나르 아바조Caminar Abajo del Salto 경로, 말 그대로 폭포의 밑을 통과하면서 폭포수의 물을 다 맞는 것이다. 너무나 강한 폭포수를 온몸으로 맞으니 이건 괴로운 수준이었다. 물고문 수준이랄까. 숨을 못 쉬겠다. 그런데 가이드는 뭐가 그리 좋은지 혼자 원커풀을 연발한다. 물론 유로피언 몇 명도 좋아했지만, 대체적으로는 그리 썩 유쾌하지는 않은 듯했다. 비닐주머니로 지갑과 카메라 등을 단단히 포장했지만 비닐이 폭포수의 세찬 물을 막기에는 역부족이었는지 물이 새어 들어갔다. 나중에 알고 보니 다른 사람들은 미리 정보를 알고 그야말로 맨몸에 수영복 차림으로 나왔던 것 같다. 숙소로 들어와 젖은 카메라와 지갑 등을 열어 보았다. 그나마 카메라는 괜찮은데 지갑 안에 있는 지폐는 물에 불어서 두께가 거의 두 배가 되어 있었고 찢어지기 일보 직전이어서 할 수 없이 침대 시트에 널어 말렸다.

투어 온 일행과 저녁을 같이 먹는데, 이번 투어에 온 사람들의 국적이 잉글랜드, 독일, 네덜란드, 스페인 등 축구 강국이 많았다. 그런데 때마침 코파아메리카컵 축구 아르헨티나 대 멕시코 경기를 TV로 중계하고 있었다. 밤늦게까지 서로 내기를 하는 수준의 광적인 관람과 응원. 3:0 아르헨티나의 일방적 승리로 끝났다.

원시 그대로
세계 최장의 엔젤 폭포의
아우얀테푸이

오전 일찍부터 투어에 나섰다. 어
제 젖은 옷 대신 다른 옷을 입고 나서는데
오늘도 물에 다 젖을 것 같은 불길한 예감
이 든다.

트럭을 타고(이곳에서는 관광용으로 손님을 운
송하는 수단이 트럭이다) 아우얀테푸이Auyan
Tepui로 향하는 길에 보트로 갈아타고 우카
이마 폭포Salto Ucaima로 갔다. 그리 크지 않
은 폭포인데 흘러내리는 폭포수 밑에서
수영도 하고 사진도 찍고 휴식을 취했다.
다시 카나이마 호의 경관을 작은 보트를
타고 즐기다가 점심 식사를 하기 위해
내렸다. 점심은 샌드위치와 콜라다. 자
실 여기 와서 어제부터 지금까지 식사는
빵조각 정도가 전부다. 정말 배고프다.
어디 가서 따로 사먹을 곳도 없고 원.
오후에 아유얀테푸이를 멀리서 조망하

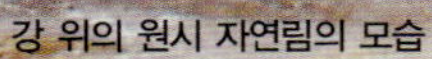

강 위의 원시 자연림의 모습

며 보트를 타고 움직였다. 보트 시설이 우리식으로 보면 시골의 나룻배 정도로 시설이 노후하고 작아서 한참을 움직이면 허리가 너무 아프다. 하여튼 저 멀리 보이는 구름과 테푸이의 비경은 장관이다.

한참을 달려서 엔젤 폭포Angel Falls, 이곳 말로 안헤르 폭포로 들어가는 입구 선착장에 내렸다. 선착장에서 한참을 산 위로 걸어 올라가야 엔젤 폭포가 보인다고 한다. 바에서 내려 열대 우림의 숲을 헤치고 걸어 올라갔다. 따로 길이 있는 것도 아니고 나무와 숲을 제치고 원시 그대로의 열대 우림을 걸어 올라가려니 이게 정글 트레킹 같다. 하여튼 지친다, 휴! 30여 분을 걸어 올라가서 엔젤 폭포를 조망할 수 있는 장소에 다다랐다.

폭포 조망 장소에는 관광객이 상당히 많아서 좁은 바위틈을 헤집고 사진 찍기도 쉽지 않았다. 다들 구름을 머금고 있는 멋진 엔젤 폭포를 보기 위해 열심이다.

폭포수 아래에서 한가롭게 수영을 즐기는 여행자들

엔젤 폭포에서 내려와서 다시 보트를 타고 라톤 섬 Isla Raton으로 갔다. 오늘은 야외에서 해먹으로 잠을 잔다고 한다. 원시 그대로의 자연을 벗 삼아 잠을 청하는 것은 좋으나 왠지 어색하다. 간이 샤워실에서 비누를 빌려서 대충 샤워를 끝내고(사실 아침에 숙소에서 세면도구 준비를 못했다) 난 뒤에 모두 모여 저녁 식사를 하는데 그래도 기분만은 유쾌하다. 유럽에서 온 사람들의 수다도 보통이 아니다. 시끌벅적.

오두막에 해먹이 주렁주렁

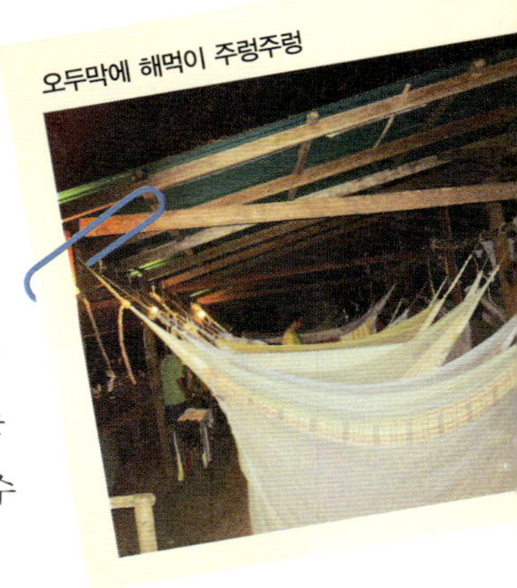

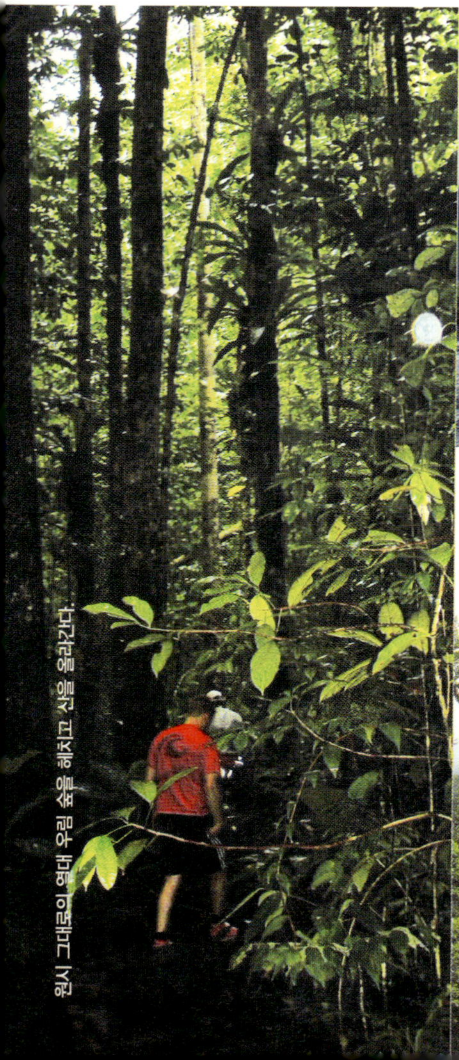

원시 그대로의 열대 우림 숲을 헤치고 산을 올라간다.

구름을 머금고 있는 테푸이 모습

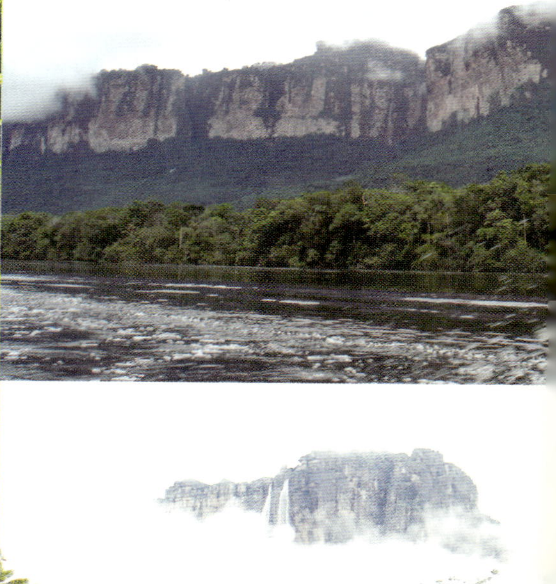

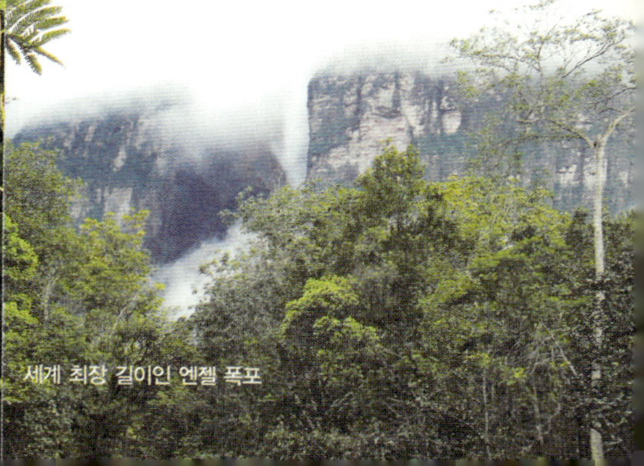

세계 최장 길이인 엔젤 폭포

엔젤 폭포

현지어로 안헤르 퓨포라고 불리는 베네주엘라 볼라바르 주 동쪽에 있는 높이 979미터의 세계 최장의 폭포로서 기아나 고지에서 발원하는 오리노코 강의 지류 카로니 강이 기아나 고지로부터 1,490미터의 높이를 도중에서 막힘없이 낙하하여 형성된 폭포이다. 979미터의 높이에서 흘러 떨어지는 물이 지표에 닿기 전에 운무의 형태로 변화하여 사방으로 흩어지기 때문에 폭포의 하부에는 물웅덩이가 없으며 중간에 떨어지는 포말에 의하여 안개가 낌으로써 폭포의 흐름이 장관을 이루어 '천사의 폭포'라고 명명하였다고 한다.

다시 시우다드볼리바르로
그리고 몸살 _7월 13일

간밤에 해먹에서 자서 그런지 아니면 거의 원시 자연 속에서 자서 그런지 아침에 일찍 깨어났다. 사실 해먹에서 길게 잔 것은 처음인데, 생각보다는 불편하지 않았다.

간단한 아침 식사 후 다시 보트를 타고 테푸이를 조망하면서 원래 숙소인 카나이마 마을로 돌아왔다. 3일 동안 불편한 보트를 많이 타서 그런지 허리가 아프다.

숙소에 돌아오니 점심때가 거의 다 되었다. 어제 라톤 섬에서 제대로 못 씻어서 샤워를 한 후 이번 투어에 같이 참여한 일행이 모두 모여 점심 식사를 하면서 아쉬운 마음으로 작별 인사를 했다. 서로 피부색과 언어는 달라도 3일 동안 같이 다니면서 정이 들은 것 같다.

세스나기를 타고 다시 시우다드볼리바르 공항에 도착했다. 버스 터미널에 가서 내일 떠나는 카라카스 행 버스표를 예약하고 숙소에 돌아왔다. 원래는 오늘 밤차로 카라카스로 떠날 예정이었으나 3일 동안의 고생스러운(?) 투어로 피로가 누적되어서인지 속이 많이 쓰려 하룻밤 정도 휴식을 취하기로 했다. 저녁에 증상이 심해져서 한국에서 먹는 위벽 보호제를 구하려고 약국에 갔으나 그런 것은 모른다고 한다. 이 사람들은 위궤양 같은 증상은 없나? 하여튼 절대 안정이 필요한 하루이다.

여행자들의 적,
코파아메리카컵 축구 대회 _7월 14일

아침 일찍 떠난 버스는 점심때가 지나도 휴게소에 정차하지 않는다. 얼어 죽을 정도로 세게 에어컨을 트는 대신 그 돈으로 차라리 식사를 준다든가(아르헨티나처럼) 아니면 적당한 휴게소에 세워준다든가 이것도 저것도 하지 않는다. 하여튼 이해가 잘 가지 않는 나라이다. 할 수 없이 쫄쫄 굶은 상태로 추위에 떨고 있다가 오후 4시 정도에 카라카스 터미널에 도착했다. 생각해 보니 내가 이 나라의 정서와 잘 안 맞는지는 모르겠으나 베네수엘라에 와서 너무 고생을 많이 하는 것 같다. 시간이 얼마 없어서 무리한 일정으로 움직이기도 했지만 말이다.

🦌 카라카스

해발 고도 1,000미터에 위치한 베네수엘라의 수도이며 인구 400만의 베네수엘라 최대 도시로 정치, 문화, 상업, 예술, 교육의 중심지이다. 라틴 아메리카의 독립 영웅으로 추앙받는 시몬 볼리바르의 고향이기도 하다. 1950년대에 베네수엘라의 석유 붐을 배경으로 현대적인 수도 건설 계획을 실시한 결과 오늘날 남미 도시에 자주 보이는 식민지 시대의 잔재들이 잘 보이지 않는 도시이기도 하다. 그러나 센트로 일부에는 아직도 식민지 시대의 잔영을 반영하는 역사적인 건물들과 17세기에 건설된 성당이 있으며 시청이 서 있는 볼리바르 광장, 현대미술박물관, 국립아트갤러리, 상점, 부티크, 미술 갤러리, 멋진 레스토랑과 카페 등이 가득한 현대 도시이다.

이제 카라카스이다. 그동안 정말 먼 거리를 날아서 달려왔다. 남위 55도인 우수아이아에서 북위 10도인 카라카스까지, 한겨울의 혹한 추위에서 한여름 더운 날씨까지 36일 만에 왔으니 몸에 무리가 생길 만도 하다. 터미널에 나와서 눈치껏 사람들이 많이 걸어가는 방향으로 걸어가니 지하철역인 메트로가 보였다. 지하철로 세

정거장 가서 볼리바르 광장Plaza Bolivar 쪽으로 나와 론리플레닛에 나와 있는 오데온 호텔Hotel Odeon로 갔다. 1박에 7만 볼리바르(17.5US$)인데 그나마 방이 하나밖에 없단다. 아마도 지금 이 나라에서 열리고 있는 코파아메리카컵 때문에 그런 것 같다. 방에 들어가 보니 시설이 너무 엉망이다.

서둘러 사반나 그란데Sabana Grande 지역에 있는 여행사인 오스프레이 익스페디션스Osprey Expeditions에 갔다. 내일 갈 콜롬비아 보고타 행 비행기 표를 구하기 위해서이다. 그런데 오늘이 토요일이어서 이 시간까지 문을 열었는지 걱정하며 서둘러 가니 아직 영업을 하고 있었다. 그런데 내일뿐만 아니라 향후 10일치 비행기 표가 없다고 한다. 지금 이 나라에서 열리고 있는 코파아메리카컵 축구 대회 때문이란다. 그놈의 축구 대회 때문에 되는 게 없다. 평소에 축구, 특히 남미 축구는 더 좋아하지만 축구 대회 때문에 이렇게 제약이 가니 이럴 때는 좋아할 수가 없다. 식당에서는 손님을 봐도 못 본 척하지 않나, 비행기 표도 없고, 호텔 등 숙소 가격은 엄청 오른 걸 보면 여행도 세상 돌아가는 것을 봐가며 해야 할 것 같다.

이러면 육로로 갈 수밖에 없는데 상당히 고행(?)의 길이 될 것 같다. 이제 남은 시간이 얼마 안 남아서 목적한 여정을 다 소화하려면 바쁘게 움직여야 한다.

저녁 식사 후 룸에 들어와 보니 에어컨은 20여 년 넘게 사용했는지 굉음을 내며 돌아가는 게 영 시원치 않고 이상한 냄새까지 난다. 물론 욕실과 침대도 마찬가지이다. 이곳 물가를 감안하면 싼 것도 아닌데, 관광에 대해서는 별 신경을 안 쓰는 나라여서 그런지 관광객에 대한 시설은 좀 미흡하다. 그 흔한 호스텔도 없으니.

베네수엘라인들의 정신적 디딤돌, 볼리바르 광장 _7월 15일

오전에 버스 터미널에 가서 콜롬비아로 넘어가는 버스 티켓을 알아봤다. 카라카스에서 콜롬비아로 육로로 넘어가는 방법은 2가지가 있다. 첫째는 카라카스-산 크리스토발San Cristobal-국경 넘기-콜롬비아 쿠쿠타Cucuta-보고타Bogota 가는 방법이 있다. 둘째는 카라카스-마라카이보Maracaibo-국경 넘기-카르타헤나Cartagena-메데진Medellin-보고타 가는 방법이 있다. 둘째 안은 카리브 해의 관광 명소인 카르타헤나와 메데진을 구경할 수 있다는 장점은 있으나 너무 길게 돌아가고 그 도시들을 다 보려면 시간도 너무 오래 걸린다. 할 수 없이 첫째 안으로 하기로 하고 일단 산 크리스토발로 가는 티켓을 샀다. 12시간이 걸리는데 오늘 저녁 7시에 떠나서 내일 아침 7시에 국경 근처 도시인 산 크리스토발에 도착한다고 한다.

터미널에서 나와서 메트로를 타고 볼리바르 광장으로 갔다. 오일로 경제적 부를 축적하여 현대적인 도시 모습으로 발전한 카라카스에서 몇 안 되는 콜로니얼풍 유산들이 있는 곳이다. 베네수엘라 역사에서 빼놓을 수 없는 정신적인 디딤돌이 되는 장소로서 최초의 베네수엘라 헌법이 낭독되었던 곳이기도 하다. 휴일인데다 날씨도 좋아서 그런지 광장에는 관광객들이 꽤 많았다. 그들은 광장에 우뚝 서 있는 볼리바르 동상을 배경으로 사진을 열심히 찍고 있었다. 그런데 숙소에 맡겨 둔 큰 배낭에 카메라가 들어 있다는 사실을 다른 사람들이 사진 찍고 있는 모습을 보면서 알았다. 으이그, 이 건망증!

광장의 동쪽으로 걸어가서 대성당으로 갔다. 1595년에 지어졌으나 1641년 지진으로 붕괴되어 1674년 콜로니얼 양식으로 재건된 성당으로 멋진 종루가 독특해 보인다.

다시 발걸음을 돌려서 국회의사당Capitolio Nacional으로 갔다. 1872년에 건설된 이 국회의사당은 황금의 돔 지붕으로 유명하며 얼핏 보기에도 주변 건물과는 달라 유난히 눈에 띄는 편이다. 내부 공개가 된다기에 들어가 보려고 했더니 14시까지는 점심시간이어서 개방이 안 된다고 한다. 바로 옆의 시청사Palacio Municipal로 갔다. 내부 왼쪽에 박물관이 보였다. 박물관 내에는 식민 시대의 생활상을 미니어처 인형으로 재현해 놓은 모습이 보였는데 이전에 박물관 등지에서 보았던 모습과는 다른 독특한 표현이 보기 좋았다.

다시 광장으로 돌아가서 노천카페에서 파스타를 시켜서 점심을 먹었다. 이곳은 날씨가 조금 더워서인지 아니면 센트로 구시가지여서인지 모르겠지만 거리에는 부랑인들이 많이 보이고 전체적인 분위기가 너저분해 보인다. 밤이 되면 치안이 안 좋을 것 같다.

다시 발걸음을 돌려서 볼리바르 생가Casa Netal del Libertador로 갔다. 사실 남미 여행하면서 산 마르틴만큼이나 많이 등장하는 남미 해방의 영웅 시몬 볼리바르. 그곳엔 그가 태어나서 자란 집이 당시의 모습대로 보존되어 있고 그의 초상화와 유품들이 가지런히 정리되어 있다. 어린 시절 여기서 자란 볼리바르는 나중에 콜롬비아를

베네수엘라공화국Bolivarian Republic of Venezuela
★ 위치 남미 대륙 북부 ★ 기후 건조 기후, 열대우림 ★ 면적 91만 6,445km² ★ 인구 2,415만 명(2000년) ★ 수도 카라카스Caracas ★ 주요 민족 메스티소(백인과 인디오의 혼혈족) 65%, 백인 21%, 흑인 9%, 인디오 2% ★ 언어 스페인어 ★ 종교 가톨릭교 95%, 신교 3% ★ 정체 대통령 입헌공화제 ★ 화폐 단위 볼리바르(Bolivar, Bs), 1US$=2,150Bs ★ 비자 관광 목적 무비자

해방시키며 베네수엘라와 에콰도르를 합쳐 그란ㅅ콜롬비아공화국을 건국했고 이후 볼리비아, 페루 등 다른 나라의 해방 독립에도 영향을 미쳤다고 하니 오늘날까지 이곳 남미에서 추앙받는 것은 당연한 것 아닐까?

이런 생각을 하면서 바로 옆의 볼리바르 박물관Museo Bolivariano까지 둘러보고 나오니 벌써 오후 5시가 다 되어갔다. 서둘러 숙소로 돌아와 짐을 찾아서 택시를 잡아타고 터미널로 왔다. 여기 택시들은 1950년대의 할리우드 영화에서나 봤을까 한 아주 노후화된 미국제 큰 자동차로 미터기가 따로 없어서 타기 전에 흥정을 해야 한다. 내부 시설도 거의 폐차 일보 직전이다. 기름이 많이 나는 나라에서 차는 왜 이 모양인지. 지하철은 괜찮던데……. 한겨울같이 추운 버스 안에서 밤을 지낼 생각을 하니 벌써부터 온몸이 으슬으슬해진다.

베네수엘라공화국은 남아메리카 북부 카리브 해에 면한 나라로서 300년간 스페인의 식민 지배를 받아오다가 1811년 남아메리카에서 제일 먼저 독립했다. 1819년부터 콜롬비아, 에콰도르와 함께 그란콜롬비아공화국을 이루다가 1930년 완전한 독립 국가가 되었다. 세계적으로도 손꼽히는 산유국으로서 석유수출국기구OPEC 가입국이며 석유 관련 수출품이 수출의 약 90퍼센트를 차지한다.

엘도라도의 전설,
콜롬비아

오후 7시가 넘어서 보고타 엘도라도 국제공항에 도착했다. 공항에서 환전을 한 후 택시를 타고 센트로 구시가지에 있는 암발라 호텔Hotel Ambala로 갔다. 택시에서 바라본 보고타 시내의 풍경은 이미 어둠이 짙게 내린 후여서 그런지 비교적 조용했다. 이게 콜롬비아의 첫 느낌인가?

한적한 쿠쿠타 시가지 _7월 16일

밤새 달린 버스는 아침 7시에 산 크리스토발 버스 터미널에 멈췄다. 여기서 국경 도시인 산 안토니오 델 타치라San Antonio del Tachira까지 가는 일반 버스를 다시 탔다. 덜컹덜컹, 터덜터덜. 노후화된 버스가 아주 힘겹게 산 위로 올라갔다. 국경 근처는 산세가 높아서 날씨 또한 서늘한 것 같다. 버스는 수시로 사람을 태우고 내리고를 반복했다. 도대체 어디서 내려야 하는지? 버스에 관광객인 듯한 사람은 나밖에 없는 듯하다. 옆자리에 앉아 있는 마음씨 좋아 보이는 아저씨에게 서툰 스페인어와 영어를 섞어가며 콜롬비아 국경을 넘으려면 어디서 내려야 하냐고 물으니 다음다음에 내리라며 자신이 내릴 때 알려준다고 한다. 그라시아스Gracias!

이윽고 국경 마을에 도착했는데도 도대체 어디가 국경인지 알 수 없어 큰 배낭을 짊어지고 무작정 찾아가기가 쉽지 않다. 주위를 두리번거리는 사이에 내가 관광객임을 아는 듯한 택시 운전사가 접근하여 자신이 출국 국경 수속 장소와 콜롬비아 입국장 앞까지 택시로 데려다 주겠다면서 2만 볼리바르(5US$) 정도를 요구한다. 별로 많지 않은 금액(물론 이 사람에게는 큰 금액이지만)이어서 흔쾌히 OK하고 따라 나섰다. 택시로 이동하고 보니 과연 베네수엘라 출국장은 국경 검문소가 아닌 이 마을 안 조그만 일반 사무실에 있었다. 이러니 못 찾을 수밖에. 출국세 증지를 사고 난 뒤에 스탬프를 받고 다시 콜롬비아 입국장으로 택시를 타고 이동했다. 콜롬비아 국경 근처에 다다르니 과연 국경답게 군인들이 총을 들고 삼엄하게 검문을 하고

있었다. 콜롬비아 측 입국장 앞에서 내려서 입국 도장을 받았다. 지금까지 칠레 ·
아르헨티나 · 브라질 · 베네수엘라를 거치면서 국경은 모두 육로로 지나왔지만 이
곳 절차가 제일 복잡한 것 같다.

입국 사무소에서 간단히 환전을 한 후 오늘 보고타로 가는 항공권을 사기 위해 택
시를 타고 먼저 쿠쿠타 공항으로 갔다. 공항에 도착하여 오늘 오후 6시에 보고타로
떠나는 아비앙카Avianca 항공편을 32만 6,000페소(176US $)에 예매했다.

큰 짐을 공항 카운터 베기지에 체크 해놓고 다시 쿠쿠타 시내로 나왔다. 조그만 시
내 중심가는 매우 한적해 보였다. 중심 광장부터 대성당까지 두루 둘러보는 데 채
몇 시간이 걸리지 않았다. 날씨가 좋다. 아무튼 좀 편치 않은 베네수엘라를 벗어나
니 기분이 너무 좋다.

오후 7시가 넘어서 보고타 엘도라도 국제공항Aeropuerto Internacional El Dorado에 도착했다.
공항에서 환전을 한 후 택시를 타고 센트로 구시가지에 있는 암발라 호텔Hotel Ambala
로 갔다. 택시에서 바라본 보고타 시내의 풍경은 이미 어둠이 짙게 내린 후여서 그런
지 비교적 조용했다. 이게 콜롬비아의 첫 느낌인가?

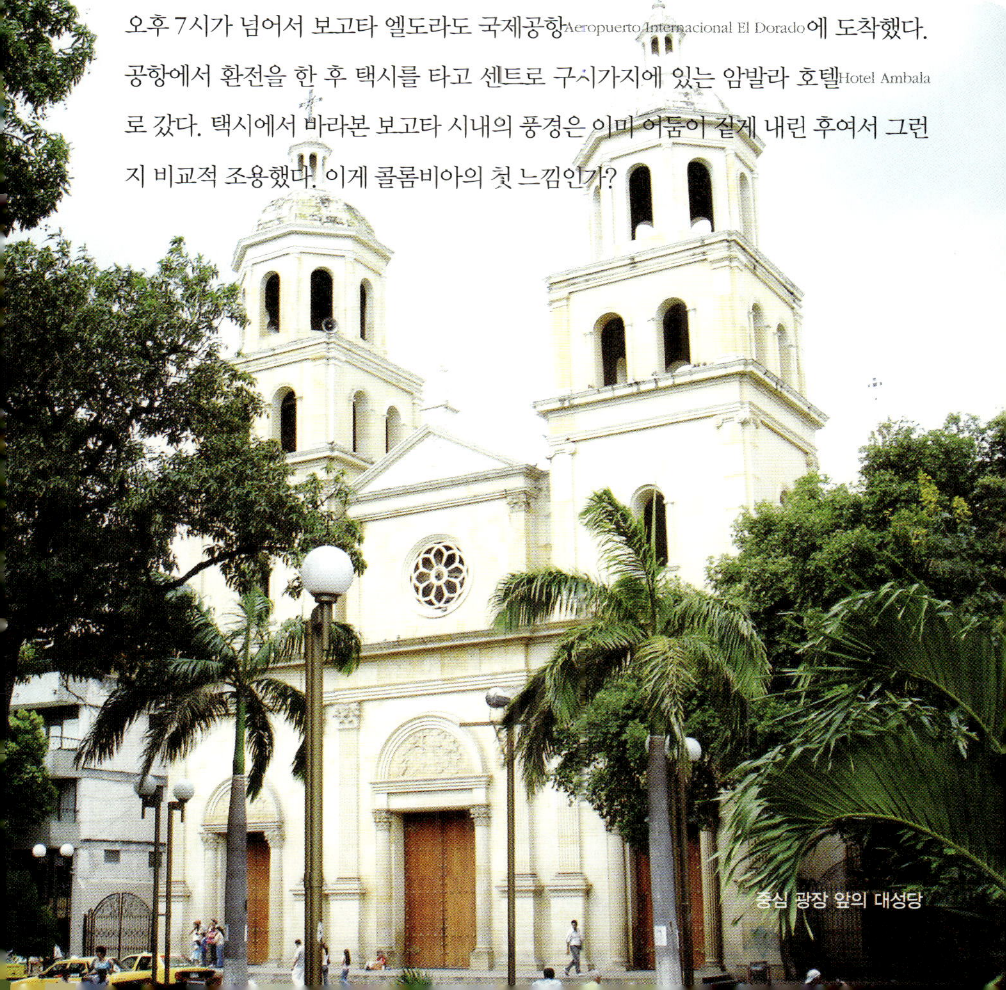

중심 광장 앞의 대성당

살사 음악에 취해 _7월 17일

보고타의 하늘은 참 맑고 깨끗하다. 해발 2,600미터에 위치해서 그런가. 날씨가 덥지도 춥지도 않아 인간이 활동하기에 적당한 것 같다. 그래서 그런지 거리를 오가는 사람들의 표정도 평화로워 보인다. 마약과 반군의 게릴라 테러 등 위험하리라고만 생각했던 콜롬비아에 대한 이미지가 조금 희석되는 것 같다. 그러나 거리 곳곳에 있는 부랑인들을 보면, 빈부의 격차는 아주 심해 보인다.

오전에 숙소를 나서 역사적 유산이 많은 볼리바르 광장으로 갔다. 여기도 볼리바르 광장! 같은 이름이 자주 등장한다. 숙소에서 가까워서 산보 삼아서 걸어가는데 구시가지 센트로의 길은 상당히 좁지만 돌길이 운치 있게 펼쳐져 있어 상당히 고풍스럽다. 이런 분위기를 콜로니얼풍 거리라고 봐야 하나? 구시가지의 중심이자 보고타 시민의 휴식처이기도 한 이 볼리바르 광장에는 오전인데도 사람들이 꽤 많았다. 아무래도 주변의 국회의사당, 대성당, 최

고재판소Palacio de Justicia 등을 둘러보는 것도 이 장소의 또 하나의 매력이 아닐까? 광장에서 비둘기를 쫓으며 노는 어린이들부터 시몬 볼리바르 상 앞에서 기념사진을 찍는 사람, 광장 모서리에 앉아서 맑은 햇살을 받으며 책을 읽는 여인 등 한마디로 여유 있어 보이는 일상적인 모습이 보기 좋다.

사진을 몇 장 찍은 후, 대성당 안으로 들어갔다. 1811년에 지어졌다는 대성당 안의 앞쪽은 자못 엄숙한 분위기로 미사가 진행되고 있었고 뒤쪽은 나 같은 관광객들이 두리번거리는 그런 분위기였다. 미사에는 관심이 없지만 다리가 아파서 의자에 앉아 조금 쉬었다.

오후에는 에콰도르 키토Quito로 가는 항공권을 사기 위해 숙소 근처에 있는 여행사 트로타문도스Trotamundos를 찾아갔으나 로스 안데 대학Universidad de Los Andes 근처로 사무실이 이전했다고 한다. 다시 한참을 걸어가니 유명한 몬세라테 언덕Cerro de Monserrate이 보이는 대학가에 사무실이 자리 잡고 있다. 이쪽 부근은 보고타 내에서도 대학들이 많이 밀집한 지역 같다. 왠지 젊고 생동감이 느껴졌다. 거리에 중무장한 경관들만 빼면. 하기야 중무장한 경관들이 있기에 그나마 치안이 유지되고 그래서 내가 여기서 마음 놓고 걸어 다니는지도 모르겠다.

이유는 알 수 없으나 에콰도르 키토로 가는 항공권은 편도보다 왕복 항공권이 더 저렴했다. 다시 보고타로 올 일이 없을 것 같은데도 왕복이 더 저렴하므로 내일 오후 8시에 출발하는 왕복 항공권 갈라파고스 항공Aero Gal을 145US $에 구매했다.

산 위로 몬세라테 언덕이 보인다.

보고타

콜롬비아의 수도로서 정식 명칭은 산타페 데 보고타Santa Fe de Bogota이다. 인구는 626만 명이고 해발 약 2,600미터 고도에 위치한 대도시로서 연평균 기온 14.5도, 기온 연교차 1.1도로 서늘하고 연변화가 적은 열대고산 기후, 상춘의 기후를 항상 보이고 있다. 또 보고타는 경제 활동의 중심지일 뿐 아니라 콜롬비아 국립대학을 비롯하여 13개 대학, 음악당, 각종 아카데미, 박물관 등이 있는 문화 도시이기도 하다.

여행사에서 나와서 조금 걸어 내려오니 몬세라테 언덕에 올라가는 케이블카 승차장이 보였다. '텔레페리코Teleferico'라고 불리는 케이블카는 왕복에 1만 2,600페소(6.8US$)이다. 걸어 올라가거나 푸니쿨라르 전차Funicular railway를 타고 올라가는 방법보다 가장 손쉽게 올라갈 수 있기 때문에 타고 올라갔다. 하얀 세뇰 카이도Senor Caido 교회가 있는 언덕에서 내려다본 보고타 시내의 전망은 투명한 하늘과 대비되어서 그런지 가슴이 확 트이는 것 같다. 붉은 벽돌로 지어진 건물들이 눈에 많이 들어오는 걸로 봐서 이곳 사람들은 붉은색을 좋아하나 보다.

보고타의 최고 재판소 앞 거리

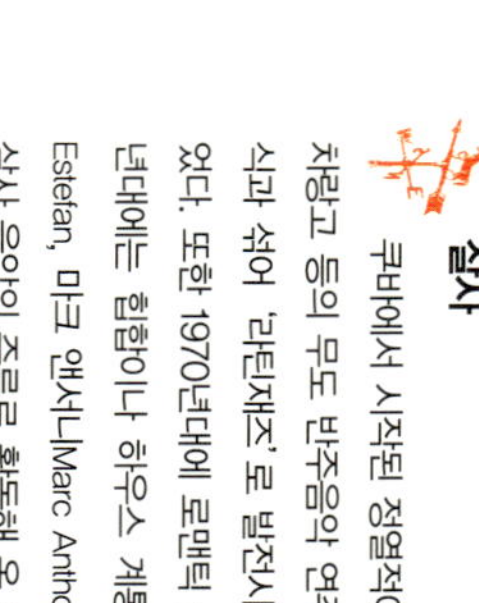

살사

쿠바에서 시작된 정열적이고 다이내믹한 8박자 리듬의 댄스 음악으로 미국 및 푸에르토리코, 콜롬비아, 페루 등 카리브 해 연안 국가들에서 널리 연주되고 있다. 그 기원은 1940년대에 차랑고 등의 무도 반주음악 연주 양식과 맘보, 볼레로, 차차차 등의 무도 리듬이 혼합되어 생겨났다. 그 뒤 1950년대에 많은 쿠바 음악가가 뉴욕으로 이주하여 그곳의 빅밴드 스윙·재즈 양식과 섞어 '라틴재즈'로 발전시켰다. 1960년대에서 1970년대에 걸쳐 본래의 쿠바 양식으로 복귀하게 되고 푸에르토리코와 남아메리카의 음악적 요소도 받아들여 살사라는 용어로 정착되었다. 또한 1970년대에 로맨틱 살사라는 장르가 생기기 시작하고 1980년대에는 미국 서부 LA를 중심으로 탭 댄스와 스포츠댄스의 영향을 받은 LA스타일이 생겨났다. 그리고 1990년대에는 힙합이나 하우스 계통의 새로운 시도의 살사 음악이 유행되기도 했다. 오늘날 우리에게 잘 알려진 살사 가수들은 대부분 푸에르토리코 출신들이 많다. 글로리아 에스테판Gloria Estefan, 마크 앤서니Marc Anthony와 그의 아내 제니퍼 로페즈Jennifer Lopez 등이 그들이다. 그 이유는 쿠바가 사회주의화되면서 미국과 단교하고 푸에르토리코인들이 미국에서 살사 음악의 주류로 활동해 온 결과라고 할 수 있다.

저녁에 숙소에 있기 심심해서 살사Salsa 클럽에 놀러 갔다.
콜롬비아는 유명한 클럽이 많으며 특히 칼리Cali 뿐만 아니
라 전역에서 살사 음악이 끊임없이 흘러나온다. 쿠바 못
지않게 살사 음악으로 유명한 나라다.
숙소에서 택시를 불러 타고 신시가지에 있는 전통
쿠바 음악, 살사 음악을 라이브로 하는 '살롬 파가
나Salome Pagana'라는 클럽에 갔다. 클럽 안은 라이브
가 한참이었고 흥겨운 살사 리듬과 봉고 소리에
이미 한 몸이 되어버린 듯한 사람들로 가득했
다. 진정 이 분위기에 취하고 싶은 즐거운 밤
이다.

뚱뚱한 모나리자 _7월 18일

어제 클럽에서 늦게까지 있다가 들어와서 그런지 아침에 좀 피로하다. 짐을 챙겨서 호텔 1층 프런트에 맡기고 숙소를 나섰다. 숙소에서 멀지 않은 곳에 보고타에서 아주 유명한 황금 박물관Museo del Oro이 있다. 그 전시물이 희귀한 황금이어서 그런지 내외부의 경비는 자못 삼엄해 보인다. 2,700페소(1.5US$)를 내고 들어간 내부는 콜롬비아 전역에서 발견된 황금과 서적, 사진 등이 전시되어 있었는데 특히 3

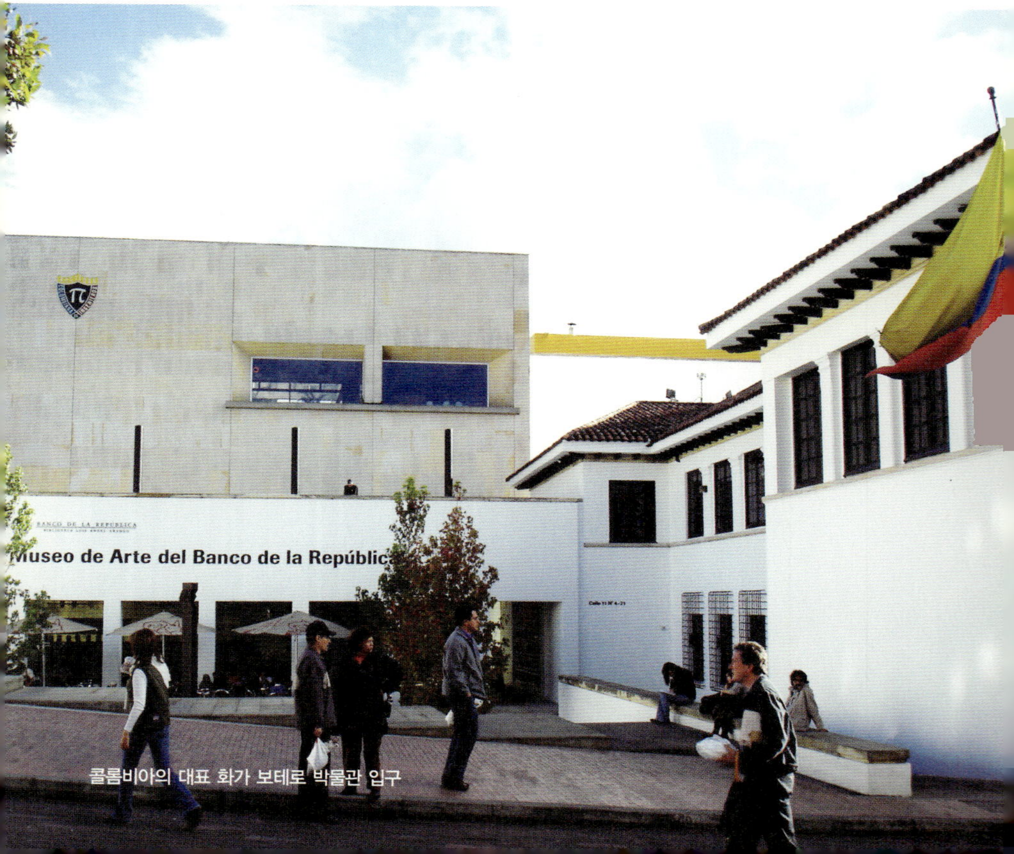

콜롬비아의 대표 화가 보테로 박물관 입구

층에는 황금의 방으로 갖가지 다양한 황금들을 선보이고 있었다.

박물관에서 나와서 산탄델 공원Parque Santander을 가로질러서 가니 산프란시스코 교회Iglesia de San Francisco가 보였다. 빌딩과 차도 등 주변 분위기와는 어울리지 않는 모습이지만 장엄한 분위기를 느낄 수 있었다. 1640년에 지어졌다고 하니 더욱더 그런 생각이 들었는지도.

점심 식사를 하러 론리플레닛에 나온 식당에 갔다. 파스타 등 몇 가지를 주문하면서 문득 보고타가 편리하다고 느꼈다. 유명한 대학이 많은 도시여서 그런지 남미의 다른 도시들에 비해 비교적 영어가 통용되기 때문인 것 같다.

오후에는 보테로 박물관Museo de Botero에 갔다. 보테로는 콜롬비아를 대표하는 화가이다. 실제보다 통통하게 부풀려진 모습으로 그린 그의 작품을 보고 있노라면 실로 미소를 머금게 된다. 특히 기발한 아이디어로 모나리자를 패러디한 살찐 '모나리자Monalisa'(1977)가 그 압권이라고 할 수 있다. 그 외 기호와 상징으로 가족의 불성실을 표현한 '한 가족Una Familia'(1989) 등 미술에 문외한인 나 같은 사람도 흥미를 느

보테로 박물관 입구의 조형물

페르난도 보테로
Fernando Botero, 1932~

콜롬비아 메데진에서 태어난 화가이자 조각가로서 오늘날 가장 영향력 있는 라틴 아티스트 중 한 사람이다. 그의 작품들의 대부분은 소재로 삼은 인물이나 동물들을 실제보다 살찐 모습으로 그렸으며, 이러한 사물의 실제보다 풍만하고 둥근 이미지의 표현은 정치적 권력과 권위주의 현대 사회상을 풍자한 것으로도 유명하다. 그의 작품 속에는 고향 남미 대륙의 독재자, 탱고 댄서, 창녀, 아낙네 등이 주로 등장하며 옛 거장들의 작품을 이용한 독특한 패러디도 선보이고 있다.

주요 작품으로 모나리자를 패러디한 유화 '모나리자'(1977), 벨라스케스의 작품을 응용한 유화 '스페인 정복자의 자화상'(1986) 등과 조각 작품으로 제우스가 유로파를 범하는 그리스 신화를 패러디한 브론즈 작품 '유로파의 강탈'(1992) 등이 있다.

낄 수 있는 그의 작품들이 다수 전시되어 있다.

저녁 무렵 공항에 가서 키토 행 항공권 보딩을 하려는데 문제가 생겼다. 갈라파고스 항공Aero Gal사의 매니저가 발권 창구에서 내 여권을 보더니 에콰도르에 가려면 한국인은 비자가 있어야 한다며 보딩을 안 해주는 것이다. 한국 사람은 비자 면제라고 말해 보았지만 한사코 아니라며 대사관에 가서 확인하라고 한다. 지금이 오후 6시로 대사관이 일하는 시간이 아닌데 어디 가서 알아보라는 것인가. 결국 보딩을 받지도 못하고 항공 티켓은 비자를 받으면 사용 가능하다는 말만 듣고 다시 짐을 챙겨서 택시를 타고 호텔로 왔다. 어째 이런 일이. 내가 잘못 안 것인가? 하여튼 큰일이다. 이렇게 되면 향후 모든 스케줄이 뒤죽박죽되는데.

모나리자

한 가족

224

항공사가 기가 막혀 _7월 19일

개운치 않게 자고 나서 그런지 머리가 좀 쑤신다. 아침 일찍 에콰도르 대사관에 갔다. 숙소에서 꽤 먼 신시가지에 있었다. 택시비로 7,000페소(3.8US$). 대사관에 도착하니 비자 업무는 다른 데서 한다고 해서 다시 비자 받는 곳을 찾아갔다. 그곳에 도착해서 사유를 얘기하니 한참 기다리게 한 후 담당이 나와서 한국인은 비자가 필요 없다고 한다. 그럼 갈라파고스 항공사 매니저는 왜 잘 알지도 못하면서 남의 귀중한 시간, 돈을 낭비하게 만드는지 너무 어이가 없었다. 그런데 오늘도 이 매니저가 한국인은 비자가 있어야 한다고 계속 우길 것 같아서 대사관 비자 담당 직원에게 자초지종을 설명하고 그 항공사 직원에게 전화 확인을 부탁한 후 대사관을 나왔다.

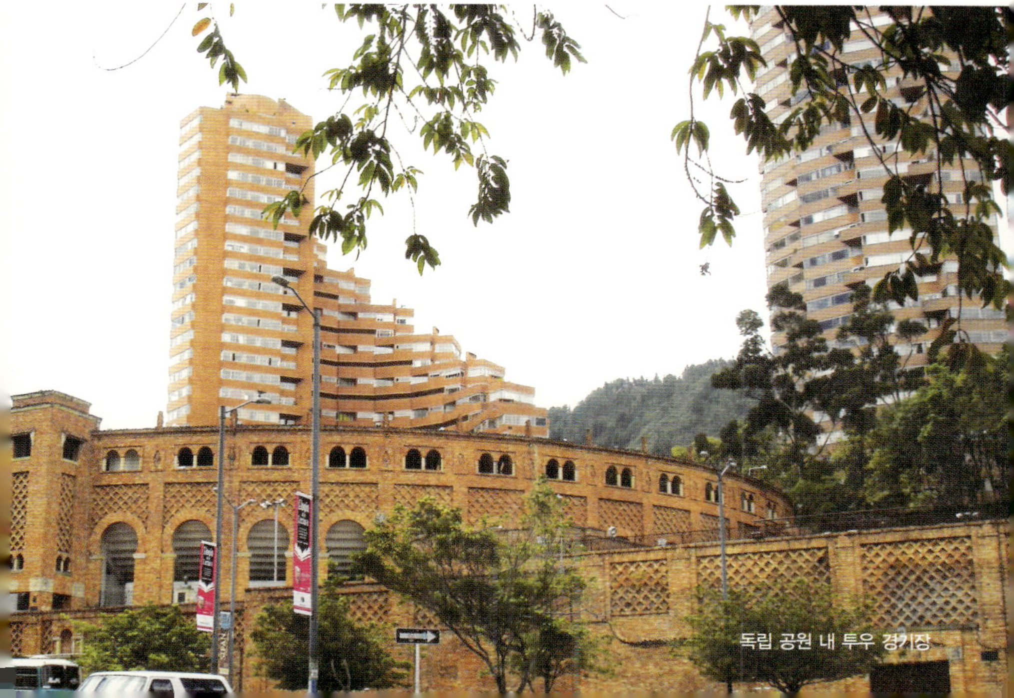

독립 공원 내 투우 경기장

한편으로는 한시름 놓이면서도 한편으로는 여
행하면서 이런 일도 일어날 수 있나 싶어 불쾌
했다. 그런데 대사관이 있는 보고타의 북쪽 신
시가지는 구시가지인 센트로에 비해 아주 고급
스러운 주택과 아파트가 있는 부촌인 것 같다.
빈부 격차가 아주 심한 보고타의 또 다른 새로
운 얼굴이다. 센트로 길거리에는 부랑인이 들
끓는데 여기는 별천지 같다.

마음을 진정시키고 우리나라의 마을버스 격인
콜렉티보를 타고 숙소 근처로 오는데 차를 잘
못 타서 이상한 산동네로 올라갔다. 기사한테
목적지를 얘기하니 내려서 옆의 차를 타라며
차비를 안 받는다. 이곳 사람들은 대체로 친절
한 것 같다. 콜렉티보를 갈아타고 숙소 근처인
산탄델 공원 근처에 내렸다. 산책도 할 겸 7번
도로Carrera 7를 따라 북쪽으로 천천히 걸어 올라
갔다. 가는 도중에 벼룩시장이 서 있는 곳도 둘
러보았다.

또 우리말로 독립 공원이라고 할 만한 인데펜덴
시아 공원Parque de la Independencia과 투우 경기장도
보았다. 이런 시내 중심가에 투우 경기장이 있
는 것을 보면 이곳도 스페인 문화의 영향을 받
아서인지 투우가 인기 있는 것 같다. 인데펜덴
시아 공원은 제법 차분한 분위기에 한적해 보였
다. 잠시 휴식을 취하고 다시 숙소로 돌아와 택

콜롬비아 시내를 활보하는 한국제 택시들

시를 불러 타고 공항으로 갔다. 보고타가 편리한 또 하나의 이유는 바로 택시다. 대부분의 택시에 미터기와 환산표가 설치되어 있어 택시를 탈 때 따로 요금 협상을 안 해도 된다. 거기다가 지나가는 노란 택시들은 대부분 한국의 마티즈나 액센트 등이어서 괜히 기분도 좋아진다.

콜롬비아공화국 Republic of Colombia

★ **위치** 남미 대륙 북서부 ★ **기후** 열대우림 기후 ★ **면적** 114만 1,568km² ★ **인구** 4,280만 명 ★ **수도** 산타페 데 보고타Santa Fe de Bogota ★ **주요 민족** 메스티소(백인·인디오 혼혈) 58%, 백인 20%, 물라토(백인·흑인 혼혈) 14%, 흑인 4%, 삼보(흑인·인디오 혼혈) 3%, 인디오 1% ★ **언어** 스페인어 ★ **종교** 가톨릭 90%, 신교 3% ★ **정체** 입헌공화제 ★ **화폐 단위** (콜롬비아) 페소 Peso 약호 $, 보조통화 센타보Centavo ₵, 1 US$=1,850$ ★ **비자** 관광 목적 90일 무비자

공항에 도착해서 어제 갈라파고스 항공사의 매니저에게 강력하게 항의한 뒤에 비행기에 올랐다. 그런데 이 매니저가 어제와는 달리 그저 'Sorry'밖에 할 줄 모른다. 여행을 하다 보면 별의별 이상한 일을 다 겪게 된다. 그런데 콜롬비아는 마약 문제 때문인지 출국 수속이 상당히 까다롭다. 이제 에콰도르로 넘어간다!

남미 대륙의 북서부에 위치한 콜롬비아는 북쪽으로는 카리브 해, 서쪽으로는 태평양에 면해 있으며 국토의 크기는 한반도의 5배쯤 되는 114만 1,568제곱킬로미터의 국토를 가진 나라이다. 1595년 스페인 이주민의 식민지 지배 이래, 1810년 독립을 선언했고 1819년부터 그란콜롬비아공화국을 이루다가 1830년 해체 후, 콜롬비아와 파나마로 이루어진 누에바그라나다 공화국이 생긴 후 나라 이름이 자주 바뀐 끝에 1886년 콜롬비아공화국으로 개칭되었다.

오늘날 콜롬비아 하면 마약과 게릴라 등의 부정적인 이미지를 떠올리게 되나, 중남미 국가 중 한국전쟁에 참전한 유일한 국가이며, 일찍이 엘도라도(황금의 나라)라고 불리던 곳이다. 요즘은 남아메리카 제2위의 커피 생산량과 세계 시장의 80퍼센트 이상을 차지하고 있는 에메랄드의 나라로 유명하다.

적도의 나라,
에콰도르

버스로 한참을 달려 드디어 인디오 토요 시장으로 유명한 오타발로에 내렸다. 안데스 고지의
순혈 인디오 오타발로족들의 마을에서 시장을 통해 그들의 삶을 간접적으로 체험해 볼 수 있는
기회이다. 오타발로족 여자들은 수가 놓인 흰색 블라우스에 검은색 치마 그리고 여러 개의
목걸이를 목에 감고 어깨를 감싸는 숄 및 다양한 색깔의 천을 뒤집어쓰고 다닌다. 남자들은
푸른색 망토에 큼직한 모자를 쓰고 다녀 나름대로의 전통적인 생활 방식을 고집하고 있다.

에콰도르에 도착하다

여행자들의 천국, 키토 신시가지 _7월 20일

아침에 일어나서 숙소 주변을 돌아보니 왠지 익숙하고 낯익은 듯한 분위기(?)에 마음이 편해진다. 어젯밤 고민 끝에 숙소를 키토 시내 뉴타운 안 번화가에 정한 것이 잘한 것 같다. 주변에 여행자를 위한 편의 시설도 갖춰져 있다. 특히 어젯밤 늦게 도착했는데도 치안이 비교적 좋아 보이는 동네여서 마음에 든다. 숙소는 크로스로드 호텔Crossroads Hostel 로 1인룸이 하루에 17US$로 가격도 적당하다. 가장 좋은 것은 유로피언 여행객들이 많이 머무는 지역이어서 여행자의 편의뿐만 아니라 웬만한 곳은 영어가 통해 언어에 대한 장벽이 없다는 것이다. 남미를 여행하면서 요 근래에는 새로운 국가의 도시에 도착하면 가장 먼저 하는 일이 있다. 바로 다음에 갈 도시나 국가로의 교통편을 예약하는 것이다.

이제 여행 일정이 얼마 남지 않았는데 아직 가야 할 곳은 많아 부득이하게 비행기로 이동하는 경우가 많아졌다. 이번에도 고민 끝에 에콰도르에서 키토와 리오밤바 Riobamba 등을 둘러보고 비행기로 페루 Peru 로 넘어가기로 결정했다.

이러한 코스를 육로로 넘어가려면 너무나 먼 거리에, 시간이 많이 걸리기 때문에 어쩔 수 없다. 숙소 주변인 리오 아마조나스 호텔 Hotel Rio Amazonas 근처에 여행자들을 위해 항공권 등을 판매하는 여행사가 몇 군데 있다. 찾아가 보니 키토-페루 리마 Lima 간 편도 항공권이 상당히 비쌌다. 거의 400US$에 육박하는 가격이다. 몇 군데 둘러봐도 비슷한 수준인데 그중 한군데에서 나에게 정보를 줬다. 키토-리마 구간 항공권은 비싼 데 반해 보고타-리마 구간은 랜 항공이 저렴한 가격으로 운항한다는 것이다. 거의 반 가격인 200US$에 보고타-리마 간 항공권을 살 수 있다고 한다.

이렇게 되면 다시 보고타로 돌아가서 거기서 리마로 가는 것이 훨씬 경제적이겠다고 생각했다. 마침 보고타에서 키토로 올

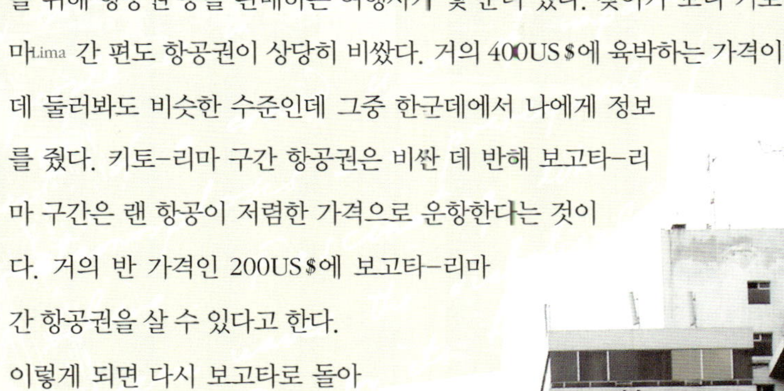

키토 신시가지

때 왕복 항공권을 구매해서 아직 보고타로 돌아가는 항공권이 유효한 것도 한몫했다. 서둘러 여행사에서 나와서 아마조나스 거리Av. Amazonas에서 시내버스를 타고 어젯밤에 내린 공항 근처의 갈라파고스 항공사 사무실로 갔다.

이곳의 버스는 한국의 버스와 구조가 비슷하고 요금은 25센트로 저렴하다. 그리고 다행인 점은 시내에서 공항까지 가는 일반 버스가 있다는 것이다. 항공사 사무실에서 보고타 리턴 일자를 23일(월) 오후 7시에 출발하는 편으로 예약 변경하고 다시 숙소로 왔다.

오는 길에 보니 이 버스가 키토의 상업 금융의 중심지인 메트로폴리탄 지구Metropolitan Quito를 지나가고 있었다. 숙소 근처와는 다른 초현대식 고층 빌딩들이 늘어선 모습이 과연 한 국가의 수도답다는 생각이 들었다(그러나 키토는 이 나라의 제2의 도시이고, 규모 면에서는 과야킬Guayaquil이 제1의 도시라고 한다). 그런데 거리를 보니 재미있는 광경이 보였다. 보고타에서도 보았지만 신호등이 빨간불이 되어 차가 멈춰서면 물건을 어떻게든 팔아보려고 잡상인들이 물건을 들이밀거나, 차 앞에서 서커스 같은 개인기 퍼포먼스를 보여주고 팁을 요구하거나, 승용차 앞 유리를 닦아주고 팁을 요구하는 등 여러 모습이 보였다. 얼핏 보기에는 재미있지만 한편으로는 어렵게 살아가는 낙천적인 남미 사람들의 모습을 보는 것 같아 왠지 씁쓸하다.

모든 나라 사람들이 서로 노력해서 잘살면 좋겠다는 생각을 하는 동안 버스는 숙

키토에서 즐기는
저렴하고 맛있는 바닷가재 정식

소 근처인 아마조나스 거리에 다 왔다. 버스에서 내려서 거리를 산책하는 동안 거리 곳곳에 스페인어 학원이 많이 보였다. 남미를 여행하는 많은 사람들이 여기서 스페인어를 배운다고 한다. 나도 시간이 있어 2주라도 배울 수 있다면 지금보다는 훨씬 편할 텐데.

점심으로 바닷가재 정식을 시켰는데, 생각보다 가격 대비 훌륭한 음식이 나왔다. 9US$에 이 정도이니 오랜만에 포식이다. 에콰도르는 통화를 US$를 사용하니까 값을 지불할 때에 계산이 빨리 되어서 좋다. 과거 IMF 구제 금융 시 미국 등 외국 자본 투자를 유치하기 위해 국가 화폐를 수크레Sucre 대신 US$를 국가 공식 화폐로 사용하게 되었다고 한다.

식사 후 여행사에 들러 내일 오타발로Otavalo, 도타카치Cotacachi로 가는 1일 투어를 신청한 후 근처에 있는 메르카도 데 인디헤나Mercado de Indigena 원주민 시장을 둘러봤다. 이곳 원주민들의 민예품 장인 이곳은 갖가지 특이한 원주민들의 생화·민예품 등을 판매하고 있었다.

🦌 키토

에콰도르의 수도이자 인구 161만 6,000명(2000년)의 대도시로 에콰도르 최대 도시인 과야킬에서 북동쪽 287킬로미터 지점인 적도 바로 아래 해발 고도 2,850미터 고지에 위치해 있다.
잉카 시대 이전에 세워진 오래된 도시이자 한때 북방 잉카제국의 수도였다. 지금도 교회탑·광장·분수 등을 비롯한 옛 식민지 시대의 모습이 많이 남아 있어 라틴 아메리카에서 아주 잘 보존된 유적 도시다. 이러한 'Old City'는 유네스코에 의해 세계유산으로 지정되었으며, 역사와 자연이 내린 남미의 최고 유산으로 손꼽힌다.
퀴테노스Quitenos(키토 사람들을 일컫는 말)는 이 도시를 하루에드 4계절을 모두 경험할 수 있는 도시라고 말한다. 봄 같은 아침, 여름 같은 오후, 가을 같은 저녁 겨울 같은 밤, 이것이 그들이 말하는 키토의 하루이며 그들은 이러한 자연 환경과 문화유산에 대단한 긍지를 가지고 있다.

오타발로 인디오 시장 _7월 21일

아침 일찍 오타발로 투어를 위해 숙소 앞의 리오 아마조나스 호텔로 갔다. 여기서 대기하면 투어 버스가 온다는데, 약속 시간인 7시 30분이 되어도 버스는 오지 않았다. 늦게 도착한 버스를 타고 40여 분을 달려 도착한 곳은 빵인형 마사판 Masapan 제작으로 유명한 칼데론 Calderon 마을이다. 매장에 들어가니 빵으로 만든 몇몇 기념품과 갖가지 제품들이 전시되어 있고 그 자리에서 직접 빵인형을 만드는 제조 과정도 볼 수 있다. 빵으로 만든 작품 치고는 아주 정교하게 만들어진 것들이 꽤 많았다.

다시 버스에 타서 카얌베 Cayambe 산의 멋진 경관이 보이는 전망 포인트로 갔다. 산 정상 부근에 구름을 머금고 있는 높이 5,790미터나 되는 카얌베 산과 그 아래로 펼

빵인형 마사판 제작 과정과 기념품들

쳐져 있는 한적한 카얌베 마을도 멋지고 수려하 보였지만 그 전망대 앞으로 라마 llama 2마리를 끌고 나온 어린 인디헤나가 인상적이다. 흰색 블라우스에 검은색 치마 그리고 여러 개의 목걸이에 머리는 간정히 닿아 내린 원주민 그대로의 모습이어서 많은 사람들이 같이 기념사진을 찍었다.

다시 버스로 한참을 달려 드디어 인디오 토요 시장으로 유명한 오타발로에 내렸다. 안데스 고지의 순혈 인디오 오타발로족들의 마을에서 시장을 통해 그들의 삶을 간접적으로 체험해 볼 수 있는 기회이다. 오타발로족 여자들은 수가 놓인 흰색 블라우스에 검은색 치마 그리고 여러 개의 목걸이를 목에 감고 어깨를 감싸는 숄 및 다양한 색깔의 천을 뒤집어쓰고 다닌다. 남자들은 푸른색 망토에 큼직한 모자를 쓰고 다녀 나름대로의 전통적인 생활 방식을 고집하고 있다.

그들은 매주 토요일 하루 동안 시장을 열어 그들이 직접 짠 직물과 민예품뿐만 아니라 의류, 액세서리, 야채, 과일, 육류, 가축 등 다양한 상품들을 판매하고 있다. 특히 그들이 손수 만든 형형색색의 의류 등 직물을 파는 곳이 많았다. 정교한 그들의 솜씨가 놀라웠다. 좀 지저분해 보이지만 시장 내 먹을거리도 맛있어 보인다. 우리의 수육과 비슷한 돼지고기, 생선 튀김 등이 특히 맛있어 보였다.

시장에서 한동안 시간을 보내고 난 뒤에 이번에는 코타카치 Cotacachi로 갔다. 차를

라마를 몰고 나온 전통 복장의 인디오 소녀

산과 구름이 만나는 카얌베

오타발로 인디오 시장의 모습

타고 20여 분 정도 달리니 시가지가 나왔다. 이곳은 가죽 제품으로 유명한 곳으로 여기 또한 토요 시장이 들어선다. 투어에 참여한 일행과 점심 식사를 하는데 내가 한국에서 왔다고 하니까 같은 테이블에 앉은 페루인 커플이 한국에 대해 관심을 보였다. 점심 식사를 하는 내내 한국산 전자제품부터 자동차, 서울 등 질문이 많다. 관심을 가져주는 것은 무관심보다 훨씬 감사한 일이다.

점심 식사 후 시장과 시가지를 둘러보는데 별로 기대는 많이 하지 않았는데 코타카치에는 의외로 볼 것이 많다. 조그만 소도시인 이곳은 차분하고 조용한 동네 어귀, 특이한 조형물, 중앙 광장과 성당 등 전체적인 느낌이 평화롭다.

마을 어귀의 특이한 조형물, '바이올린 악사와 가죽 공예사 그리고 아이'

투명한 기념비 뒤로 성당이 보인다.

리오밤바 열차를 타고 _7월 22일

어제 오타발로를 다녀와서 고민하다가 리오밤바Riobamba 트레인을 하루 코스로 타고 오기로 했다. 그래서 저녁에 3시간 30분 정도 버스를 타고 리오밤바로 왔다. 너무 밤늦게 도착한 탓인지 새벽에 일어나기가 상당히 힘들었다. 그래도 정신력으로 리오밤바 트레인을 타기 위해 새벽 5시에 기상했다. 강행군이다. 대단히 피로하다.

기차역에 나가니 새벽 6시이다. 시반버Sibanbe 쓰까지 가는 오전 7시 열차가 어제 저녁에 매진되었다고 한다. 매진될 줄 알면서도 어제 오타발로에 다녀오느라고 일찍 리오밤바로 못 왔으니 할 수 없다. 이지 여행 막바지여서 이렇게 무리수를 두는 것 같다. 그래도 혹시 환불되어서 나오는 표가 없나 하고 줄을 서 있다가 같은 목적으로 온 백인 여행객들하고 궁리한 끝에 역무원 달을 믿고 알라우시Alausi로 가기로 했다. 거기서 이 열차의 중간에 내리는 손님들의 남은 자리를 노리기로 했다.

버스를 타고 1시간 30여 분 달리는데 차창 밖으로 보이는 리오밤바의 산세는 얼핏 보기에도 상당히 높아 보였다. 중간중간 인디오 전통 복장을 한 원주민들이 타기도 하고 내리기도 했다. 내 옆자리에도 인디오 아저씨가 그들의 전통 복장인 붉은 망토에 검은 모자를 쓰고 앉았는데, 이유는 알 수 없지만 이상한 냄새가 많이 나는 것을 느꼈다. 하여튼 고산 지대에는 많은 인디오 원주민들이 아직도 그들의 전통을 고집하며 살고 있는 것 같다.

알라우시에 도착해서 조그만 기차역어 가보니 오전에 편성된 열차는 이미 만석에 하필이면 알라우시에서 내리는 손님도 없다고 한다. 그러면서 오후에 또 다른 임

인디오 원주민들의 일요 시장에서 소박한 삶의 향기가 느껴진다.

바나나 등 과일을 좌판에 있는 그대로 펼쳐놓고 판매한다.

쿠이 바비큐

쿠이 Cuy

남아메리카의 페루 원산으로 의학·생물학
실험동물이다. 원주민이 식용으로도 이용하며 오늘
날에는 애완동물로도 많이 이용되는 쥐목 고슴도치
과에 속하는 동물로서 모르모트라고도 한다. 몸길이
약 25센티미터, 몸무게 약 450그램 정도로 몸은 통
통한 편이며 다리가 짧다. 안데스 지방 원주민들이
즐겨 먹는 동물이다.

시 열차가 1대 편성되어 있다고 한다. 그 티켓이라도 사기 위해 1시간여를 기다려 구매했다. 알라우시–시반베 왕복 8US$에.

리오밤바–시반베 열차는 세계에서 유일하게 지붕 위에 사람이 탈 수 있는 협괘열차로 관광객들에게 인기가 높다. 리오밤바를 출발해 알라우시를 거쳐서 여행의 하이라이트인 '악마의 코Nariz del Diablo–시반베' 코스로 왕복된다. 다들 악마의 코 부분을 관광하려고 이 열차를 타는 것이다. 그런데 이 열차를 타려면 1주일에 3번(수, 금, 일)밖에 없는 스케줄을 잘 맞춰야 한다. 당연히 인기가 높으므로 오늘같이 치열한 자리싸움도 전개된다.

그래도 오후 티켓이라도 샀으니 다행이라는 심정으로 역을 나서서 알라우시 시내 구경을 했다. 별 기대를 하지 않은 알라우시는 의외로 볼 것이 많았다. 거리에는 푸른색이나 붉은색 숄을 어깨에 걸치고 검은 모자를 눌러 쓴 인디오들의 모습이 눈에 자주 띄었다. 남는 시간도 때울 겸 동네를 한 바퀴 도는데 마침 버스 터미널 뒤에 이곳 인디오 원주민들의 일요 시장이 들어서 있다. 얼핏 규모로 보니 어제의 오타발로만큼 규모가 큰 시장이다. 양털 깎은 것을 비축하는 사람, 바나나를 널브러지게 펼쳐놓고 파는 상인, 쿠이Cuy 바비큐를 파는 아주머니, 돗자리 같은 직물을 파는 아저씨, 포장마차 같은 데서 식사하고 있는 사람 등 인디오 원주민들의 삶의 현장을 생생히 볼 수 있어서 참 흥미롭다.

다시 시장에서 나와 멋진 주변 산을 바라보며 시내를 한 바퀴 돌았다. 일요일이어서 그런지 시장 외에는 한적해서 전형적인 시골 마을이라는 느낌이 든다. 점심을 먹기 위해 터미널 근처의 조그만 호텔 레스토랑으로 갔다. 메뉴판을 보니 시골이어서 그런지 음식값이 확실히 싸다. 스테이크가 1.5~3US$ 정도이다. 맛도 그런대로 먹을 만하다.

오후 2시가 되어서 열차가 출발했다. 그런데

'왕후의 밥! 걸인의 찬!'이 아닌
'평범한 밥! 기름진 찬!'

이 열차가 일요일 특별 열차여서 그런지 모양새가 좀 이상했다. 여행 관련 TV에서 본 루프탑 열차하고는 조금 차이가 있는 것 같다. 그냥 관광 열차 같은 분위기이다. 드높은 고지를 옆으로 끼고 달리는 열차에서 본 풍경은 자연 그대로의 아름다운 모습과 자연의 웅장함을 동시에 드러내고 있었다. 기차는 중간중간 포인트에서 설명도 곁들이고 잠시 정차해서 사진도 찍을 수 있게끔 배려(?)도 해주었다.

한참을 달린 열차는 안데스 산에서 가장 험난한 경사지인 '악마의 코'로 향했다. 경사가 심한 계곡을 앞으로 갔다 뒤로 갔다 지그재그로 달리는 스위치백Switch-Back으로 내려간다. 옛날 지리 시간에 배운 스위치백 철로 시스템을 직접 타보니 신기했다. 산의 경사면을 스위치백으로 내려가는 등안 아래를 내려다보니 심한 경사에

한적한 알라우시 마을

현기증이 날 정도로 아찔하다.

잠시 후 협곡을 다 내려와 시반베 역을 지나서 열차는 잠시 정차를 하고 승객들은 내려서 사진을 찍으며 대자연을 만끽하는 여유를 보냈다. 다시 열차를 타고 내려온 길을 스위치백으로 올라가는데 차창 밖을 보니 까마득히 아래쪽에 스위치백으로 올라온 철로가 보인다. 열차는 한참을 달려서 올라오다 잠시 정차한다. 선로 뒤쪽으로 양떼를 몰고 오는 어린 목동이 보인다. CF의 한 장면 같다.

안데스 산맥을 타고 올라온 협괘열차

산의 경사면을 스위치백으로 내려가는 동안 아래를 내려다보니
심한 경사에 현기증이 날 정도로 아찔하다.

열차는 한참을 달려서 올라오다
잠시 정차한다.
선로 뒤쪽으로 양떼를 몰고 오는
어린 목동이 보인다.
CF의 한 장면 같다.

다시 열차는 알라우시를 거쳐서 리오밤바로 향하는데 당초에 알라우시–시반베 구간만 표를 끊었기 때문에 약간의 추가 요금만 내고 리오밤바로 향했다. 달리는 열차 안에서 보는 주변의 산은 정상에도 인간의 손길이 닿은 것인지 잘 모르겠으나 밭을 경작한 듯한 계단층이 나 있다.

한참을 달린 열차는 눈 덮인 친보라소Chimborazo 산(6,310미터)이 잘 보이는 곳에서 잠시 정차했다가 다시 리오밤바로 갔다. 그런데 이 열차는 심하게 덜컹거리고 먼지가 엄청 많이 들어온다. 만약에 루프라이딩 했으면 엉덩이가 성하질 않았겠다는 생각이 들었다.

리오밤바에 도착하니 어느덧 어둠이 내리고 있었다. 서둘러 터미널로 가서 버스를 타고 키토로 돌아갔다. 새벽부터 부지런히 움직인 덕에 목적한 전 구간을 다 돌아본 것 같다.

Trip Latin America 63th Day

유네스코 세계유산의 평온함, 키토 구시가지 _7월 23일

트롤리Trole 버스를 타고 구시가지인 센트로로 가서 산토도밍고 광장Plaza Santo Domingo 어귀에 내렸다. 1978년 유네스코 세계유산으로 등록된 센트로는 그다지 넓지 않아 걸어서 돌아볼 수 있을 정도인 것 같다. 한적한 광장 옆에는 산토도밍고 교회와 수도원이 보였다. 거기서 조금 걸어가니 수크레의 저택이 보였다. 안토니오 호세 데 수크레Antonio Jose de Sucre는 남미 독립의 영웅 시몬 볼리바르의 부하로서 에콰도르에서는 빼놓을 수 없는 독립 영웅이다. 문 앞에 가보니 오늘은 월요일이어서 휴관이라고 한다.

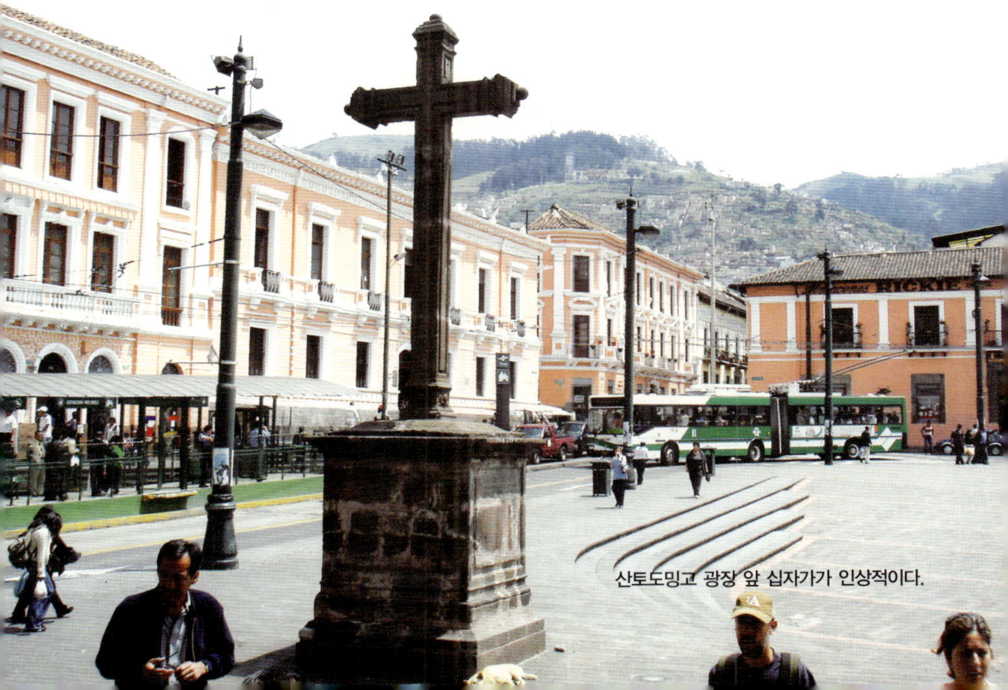

산토도밍고 광장 앞 십자가가 인상적이다.

발걸음을 돌려 라콤파니아 교회Iglesia La Compania로 갔다. 바로크식 외관 양식과 돔형 지붕이 눈길을 끄는 교회인데, 입장료 2달러를 내고 들어갔다. 영어 가이드가 안내를 하고 있었는데 소문대로 황금 도금 제단은 대단히 기품이 있어 보였다.

다음에 찾아간 곳은 독립 광장Plaza de Independencia이다. 역사적 유적지가 이렇게 가까이 있으니 좋긴 하다. 이곳 센트로의 심장부에 해당하는 이 독

평온한 느낌의 독립 광장 근처에는 행인들이 많다.

립 광장은 1830년 8월 독립을 기념하는 기념비가 있으며 대통령 관저도 바로 옆에 있다. 대통령 관저를 지나서 대성당으로 갔다. 독립 영웅 수크레 장군이 매장되어 있다는 대성당 외벽에는 키토 창립을 위해 노력한 사람들의 이름이 새겨져 있다.

안토니오 호세 데 수크레

볼리비아에서 태어난 남아메리카의 독립 운동 지도자로 일찍이 독립 운동에 참가하여 독립 영웅 시몬 볼리바르의 부하로 활약했다. 1822년 키토 부근의 피친차에서 스페인군을 격파하고 에콰도르를 해방시켰다. 이어 시몬 볼리바르와 함께 1825년 2월 아루토 페루(현재의 볼리비아)를 독립시키고 볼리비아공화국의 종신 대통령에 선임되었다. 그러나 볼리비아인들의 반감과 페루와의 대립 때문에 1828년 사임하고 에콰도르로 돌아갔다.

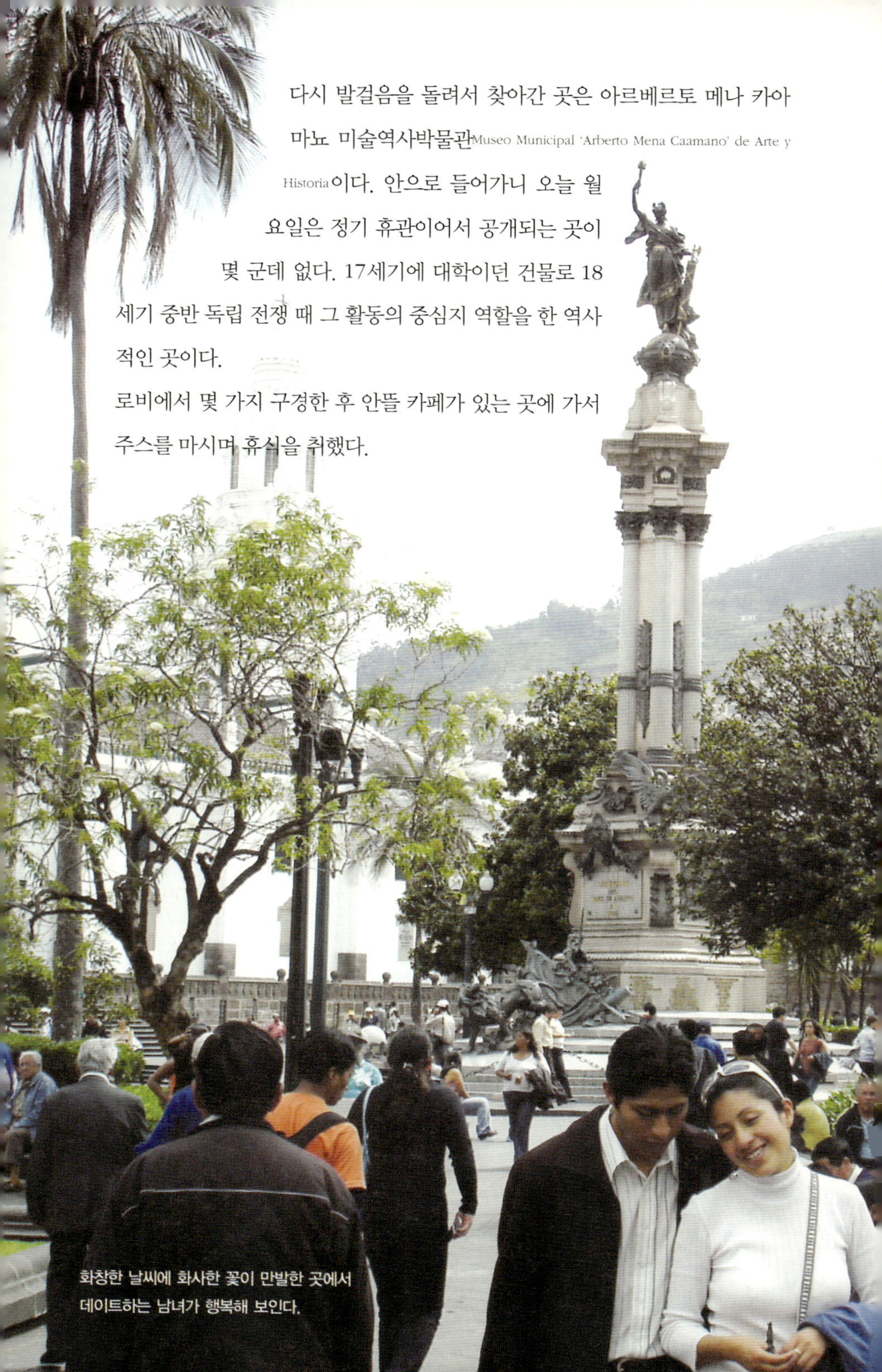

다시 발걸음을 돌려서 찾아간 곳은 아르베르토 메나 카아
마뇨 미술역사박물관Museo Municipal 'Arberto Mena Caamano' de Arte y
Historia 이다. 안으로 들어가니 오늘 월
요일은 정기 휴관이어서 공개되는 곳이
몇 군데 없다. 17세기에 대학이던 건물로 18
세기 중반 독립 전쟁 때 그 활동의 중심지 역할을 한 역사
적인 곳이다.
로비에서 몇 가지 구경한 후 안뜰 카페가 있는 곳에 가서
주스를 마시며 휴식을 취했다.

박물관 안뜰의 한적한 모습

저 멀리 산 정상에 성모상이 보이는 곳이 유명한 파네시조 언덕Cerro de Panecillo이다.

키토에서 제일 높은 곳에 있어서 구시가지 어느 곳에서도 잘 보인다.

다시 찾아간 곳은 산프란시스코 교회 및 수도원이 있는 산프란시스코 광장이다.

키토의 구시가지는 스페인 문화의 영향을 받아서 그런지 광장이 많은 것 같다. 불

과 몇백 미터도 되지 않는 거리를 두고 광장이 벌써 세 군데나 된다.

박물관 옥상에서 찍은 키토 시내의 모습

다시 보고타로 _7월 24일

어젯밤 비행기를 타고 다시 콜롬비아 보고타로 왔다. 벌써 이 호텔에서 큰 짐을 메고 나갔다가 들어온 게 3번째이다. 프런트 직원이 다시 온 것을 환영한단다. 그러고 보니 보고타와의 인연은 대단한 것 같다. 첫 번째 쿠쿠타에서 다음 여행지로 방문했고, 두 번째는 에콰도르로 떠나려고 했을 때 공항 항공사 직원의 실수로 방문했으며, 세 번째는 항공권이 싸다는 이유로 방문했다. 이 정도면 대단한 인연 아닌가?

오전에 보고타 신시가지에 있는 랜 항공사 사무실에 가서 오늘 오후 8시 30분에 출발하는 란페루Lan Peru 항공편도 220US＄에 예매했다. 그래도 키토에서 가는 것보다는 훨씬 저렴하다. 그런데 페루 리마에 밤 12시가 넘어서야 도착한다고 한다. 너무 늦은 시간이어서 예약해 놓은 한국인 민박집에 전화해서 양해를 구했다. 페루 리마에서는 한국인 민박집에 머물 예정이다. 이제 좀 편하게 다니고 싶은 것일까?

사무실을 나와서 보고타 신시가지를 걷는데 거리의 청결함이나 빌딩의 규모 등이 서울의 강남 못지않은 것 같다. 센트로에 비하면 너무 극과 극이다. 심한 빈부차를

에콰도르공화국Republica del Ecuador

★ **위치** 남아메리카 대륙 북서부 ★ **기후** 태평양 연안 : 열대 기후 | 시에라Sierra(산악 지역) : 항시 상춘기후 | 안데스 동쪽 : 고온 다습 ★ **면적** 27만 2,045km² ★ **인구** 1,300만 3,000명 (2003년) ★ **수도** 키토Quito ★ **주요 민족** 메스티소 55%, 인디오 25%, 백인 10%, 흑인 9%, 소수계 1% ★ **언어** 스페인어 ★ **종교** 로마가톨릭교 95% ★ **정체** 입헌공화제 ★ **화폐 단위** 통화 US달러($) 사용(동전만 에콰도르 자체 발행 사용) ★ **비자** 관광 목적 무비자

느낄 수 있다.

베네수엘라부터 콜롬비아, 에콰도르 다시 여기 콜롬비아까지 오는 동안 각 나라의 국기를 보니 3개국의 국기의 색상이나 배열 자체가 상당히 비슷한 것 같다. 그 이유는 지금의 콜롬비아 · 에콰도르 · 베네수엘라가 1822년에는 같은 국가인 그란콜롬비아공화국Great Colombia Republic이었고 국기도 그 당시에 사용하던 국기에서 분리 독립되면서 그란콜롬비아공화국의 국기는 오늘날 콜롬비아 국기로 그대로 계승되었고, 다른 2개 국가인 베네수엘라와 에콰도르는 몇 가지 상징 효과를 첨가해서 오늘날의 국기가 되다 보니 당연히 비슷할 수밖에 없다.

콜롬비아 국기에서의 노랑은 부富 · 주권 · 정의를, 파랑은 부귀 · 충성 · 경계警戒를, 빨강은 용기 · 관용 · 희생을 통한 승리를 나타낸다고 한다.

베네수엘라, 콜롬비아, 에콰도르 국기. 색감 배열 등이 서로 비슷하다.

남아메리카 대륙에서 면적이 그리 크지 않은 나라(한국의 약 1.5배 정도?)로서 1533년 스페인의 식민지를 시작으로 페루 부왕령, 1717년 누에바 그라나다 부왕령을 거쳐 1819년 그란콜롬비아공화국의 일원이 되었다가 1830년 분리 독립했다. 스페인어로 적도Ecuador를 의미하는 국명에서도 볼 수 있듯이 적도상에 위치하고 있으며 수도인 키토를 비롯한 대도시가 고원 분지에 위치하고 있어서 저온 과우의 기후를 보이며 연교차가 적은 상춘의 기후로 인간이 활동하기에 최적의 날씨를 보이는 곳이기도 하다. 수도인 키토는 오랜 역사와 풍부한 유산으로 유네스코 세계유산으로 지정되었다. 동식물의 낙원 갈라파고스 제도Islas de Galapagos 등이 주요 관광지이다.

잉카 제국의 숨결,

페루

버스는 중간중간 소도시에서 잠시 정차 그리고 출발을 거듭한다. 그러다 휴게소 같은 곳에서 저녁을 먹기 위해 내렸다. 그런데 메뉴가 너무 간단하다. 닭고기 수프 한 가지. 닭고기를 먹지 못하는 나는 오늘 저녁 식사도 맨 빵과 음료수로 때워야 할 것 같다.

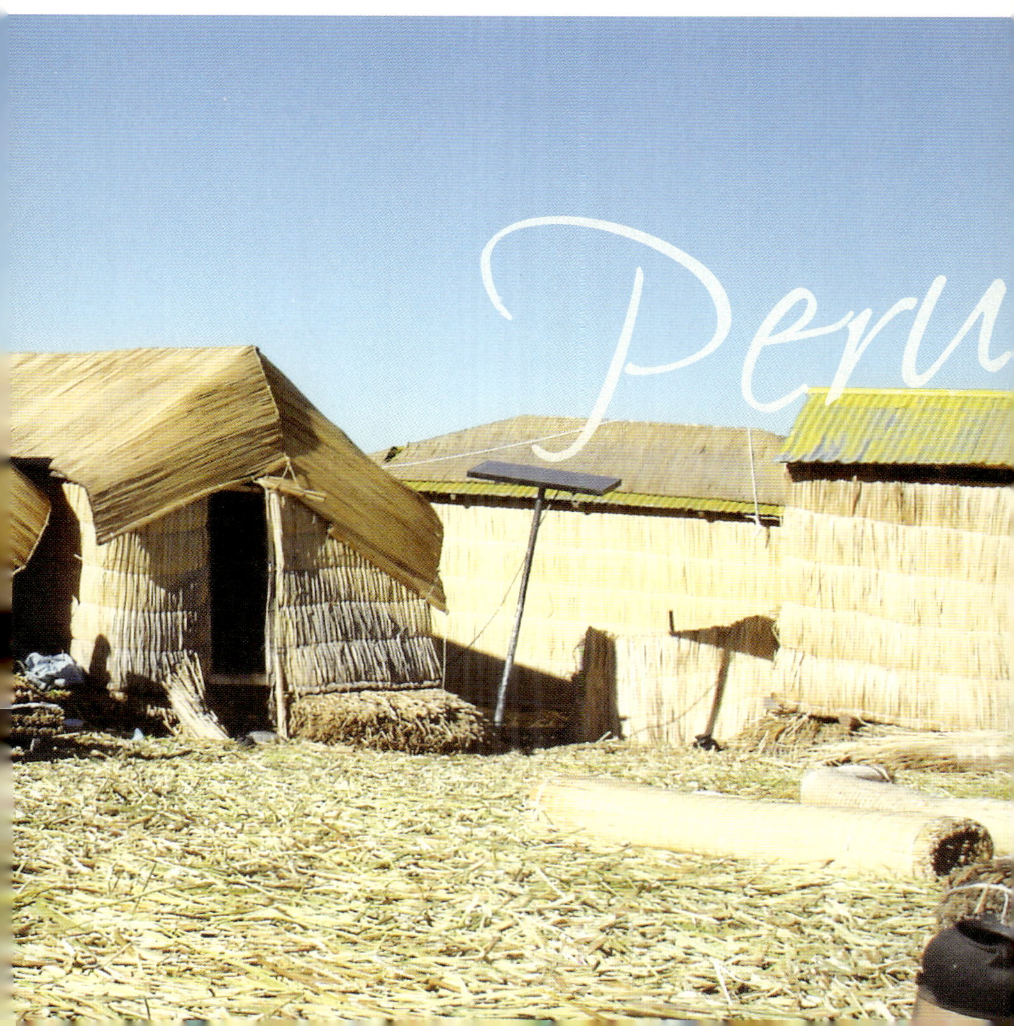

페루에 도착하다

대통령부 위병 교대식 _7월 25일

어젯밤 그러니까 오늘 새벽 0시가 넘어서 페루 리마 호루헤 차베스 공항 Aeropuerto Jorge Chavez에 도착했다. 공항은 생각보다 크고 늦은 시간인데도 관광대국답게 사람들이 많았다. 30솔(10US$)을 주고 택시 타고 예약해 놓은 민박집에 왔다. 오랜만에 한국인 민박집에 와서 그런지 긴장이 풀리고 마음도 편하다. 이제부터 페루이다. 이제 여행의 8부 능선을 넘었다. 등산도 아니고 탐험도 아닌데 왜 이렇게 힘겹게 느껴지는지……

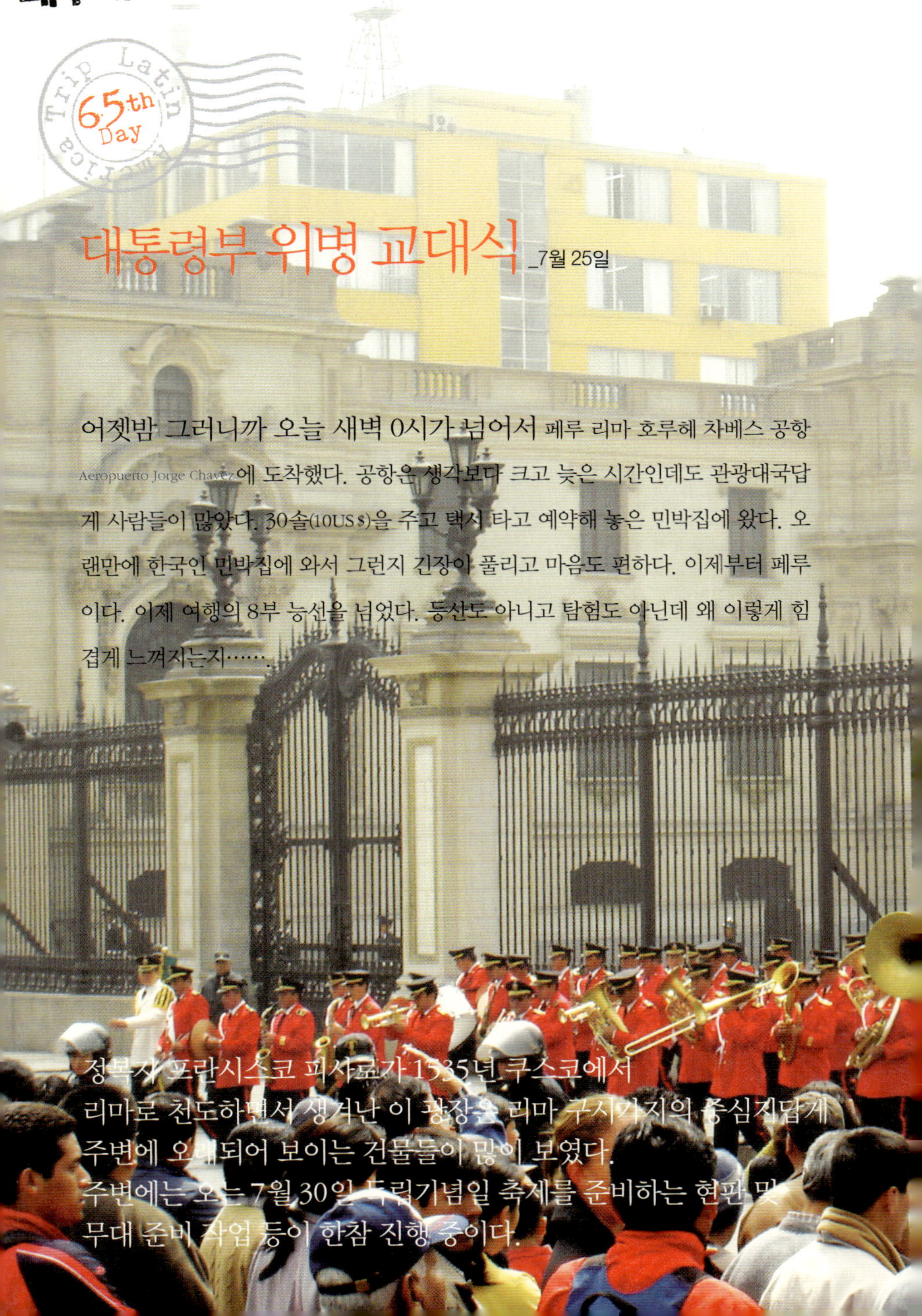

정복자 프란시스코 피사로가 1535년 쿠스코에서 리마로 천도하면서 생겨난 이 광장은 리마 구시가지의 중심지답게 주변에 오래되어 보이는 건물들이 많이 보였다. 주변에는 오는 7월 30일 독립기념일 축제를 준비하는 현판 및 무대 준비 작업 등이 한참 진행 중이다.

아침을 한식으로 먹으니 뭐라고 표현할 수 없을 정도로 좋다. 민박집이 있는 신이시드로San Isidro는 미라플로레스Miraflores와 인접해 있는 신시가지로서 주변에 고급 주택가와 고급 레스토랑 및 쇼핑센터 등이 있어서 주변 환경은 좋은 것 같다.

12시에 거행하는 대통령부Palacio de Gobiemo 위병 교대식을 보기 위해 아르마스 광장Plaza de Armas으로 갔다.

사실 위병 교대식도 보지만 지난 6월 초 아르헨티나 칼라파테에서 같이 있던 한국인 부부가 지금 리마Lima에 있다고 해서 만나기로 했다. 시간을 딱 맞춰서 광장으로 가니 위병 교대식이 한참 진행되고 있었다. 정복자 프란시스코 피사로가 1535년 쿠스코Cuzco에서 리마로 천도하면서 성겨난 이 광장은 리마 구시가지의 중심지답게 주변에 오래되어 보이는 건물들이 많이 보였다. 주변에는 오는 7월 30일 독립기념일 축제를 준비하는 현판 및 무대 준비 작업 등이 한참 진행 중이다.

위병 교대식 마치와 행진

오랜만에 만나서 반가운 한국인 부부와 점심 식사를 하기 위해 택시를 타고 미라플로레스 지구로 갔다. 아침에 민박집에서 알려준 세비체Cebiche(신선한 어패류를 야채와 향신료로 버무린 페루 대표 요리)로 유명한 '푼토 아줄Punto Azul'이라는 레스토랑이 목적지였다. 세비체와 볶음밥Arroz con mariso, 그리고 해물튀김Chicharon mixto과 음료로 치차(보라색 옥수수를 으깨어 발효시킨 음료수)를 주문하고 보니 너무 푸짐했다. 세비체는 우리나라 음식으로 치자면 회무침 정도 될까? 하여튼 세비체는 맛이 달콤 쌉싸름한 것이 입맛에 딱 맞는 것 같다.

식사 후 걸어서 라르코마르Larco Mar로 갔다. 미라플로레스의 해안을 끼고 있는 대형 복합 오락 쇼핑센터인데 영화관 및 전망 좋은 카페, 식당 등이 입점해 있는 장소로서 태평양 바닷가를 한눈에 볼 수 있다.

 **리마**

    페루의 수도 및 리마 주의 주도로서 F. 피사로에 의해 1535년 1월 18일에 건설된 도시이다. 페루 전체 인구의 30퍼센트 정도가 거주하고 있으며, 브라질의 리우데자네이루나 상파울루와 어깨를 나란히 하는 남미의 관문으로 1년에 수천만 명의 관광객이 방문하고 있다.

시내에는 1551년에 설립된 남아메리카 최고最古의 산마르코스대학, 1563년에 건설된, 역시 남아메리카에서 가장 오래된 극장도 있고 옛 식민지 시대의 건물들이 근더적 고층 건물 속에 남아 있다.

리마의 여름(12월에서 3월) 평균 기온은 25도 정도이고, 고지대에 위치하고 있어 겨울(6월에서 9월)에도 11도에서 15도 정도의 따뜻한 기온을 보이며 4월에서 12월은 매일 한류의 영향으로 도시 위로 안개가 깔려 리마를 꿈속의 도시처럼 느끼게 한다.

태평양 바닷가를 한눈에 볼 수 있는 라르코마르. 혼자 가면 무척 외롭다.

페루 여행의 시작, 나스카를 향해 _7월 26일

한국인 민박집에 있으면 한식을 먹는다는 것과 한국말로 도움을 받는 것 외에 또 한 가지 좋은 점이 있다. 그것은 이 집처럼 배낭여행객에게 인기 있는 민박집은 다른 한국인 관광객이 많이 오기 때문에 서로 여행 정보를 공유하기 쉽다는 것이다. 어제는 여행 온 모녀간과 저녁 식사를 했는데 아침 식사는 간밤에 한국에서 온 오누이와 같이했다. 이제 남미 여행을 처음 시작한다고 한다. 페루—볼리비아 구간은 여행 일정이 나와 비슷한 것 같다.

오늘부터 다시 페루 여행을 시작한다. 오후에 배낭 안의 불필요한 무거운 짐을 빼서 민박집에 맡겨 두고 시내버스 터미널 오르메뇨Ormeno로 가서 나스카Nazca 행 버스를 탔다. 리마는 버스 터미널이 회사별로 따로 있어서 여기저기 다니면서 시간과 가격을 확인해야 한다. 버스는 중간중간 소도시에서 잠시 정차 그리고 출발을 거듭한다. 그러다 휴게소 같은 곳에서 저녁을 먹기 위해 내렸다. 그런데 메뉴가 너무 간단하다. 닭고기 수프 한 가지. 닭고기를 먹지 못하는 나는 오늘 저녁도 맨 빵과 음료수로 때워야 할 것 같다. 이윽고 7시간이 걸린 끝에 밤 12시가 되어서야 나스카에 도착했다. 그런데 내려주는 곳이 어떠한 건물이 있는 터미널도 아니고 이 밤중에 그냥 길거리에 내려주는 것이다. 황당함 그 자체다. 그래도 다행이라면 관광지라서 길바닥에 내려도 택시 운전사들이 호객 행위를 하고 있다는 것이다.

리마 오르메뇨 버스 터미널

영원한 수수께끼
나스카 지상화 _7월 27일

나스카 지상화를 보러 공항으로 갔다. 긴 활주로에 아에로 콘도르Aero Condor 사를 비롯하여 7개 사 정도가 각 사무실을 운영하고 있었다. 나스카 시내에서도 예약할 수 있었으나 아무래도 직접 와서 선택하는 것이 좋을 것 같아서였다. 바가지도 안 쓰고. 나스카 지상화 라인을 30분 정도 비행하면서 보는 코스의 가격이 대부분 50US＄＋세금TAX 정도였다. 몇 군데 둘러봤는데 오후 3시까지는 자리가 없다고 한다. 5달러 깎아서 45달러＋세금으로 오후 3시 30분 출발하는 편으로 예약했다. 항공사 사무실에서 기다리는 동안 지상화 관련 비디오를 보여준다. 이것을 보고 미리 그림의 종류와 윤곽을 파악하라는 의미인 것 같다.

오후 3시 30분이 되어서 비행이 시작되었다. 다른 사람들은 미리 멀미약 같은 것을 먹는 것 같은데 나는 어릴 적부터 멀미를 모르고 자라 따로 어떠한 약도 복용치 않고 그냥 탔다. 6인승 세스나기에 조종사를 빼면 5명의 관광객이 탈 수 있다. 요란한 엔진 굉음을 내며 이륙한 세스나기는 금방 사막 한가운데로 가서 여러 가지 문양의 지상화를 보여주었다. 동시에 조종사가 지상화가 나타날 때마다 제목을 말해주면서 좌우 자리에서 골고루 볼 수 있도록 양쪽으로 경사지게 비행한다. 그런데 실제로 TV에서 볼 때만큼 잘 보이지는 않는다. 그나마 미리 책이나 TV에서 보아서 잘 알고 있는 지상화 그림들은 많이 보였다.

이 나스카 지상화는 광활한 대평원에 거미, 콘도르, 원숭이, 앵무새, 펠리컨 등 작게는 10미터에서 큰 것은 300미터에 이르는 30여 개의 그림이 그려져 오늘날까지 남아 있다고 한다. 그런데 오늘날까지 이 나스카 지상화는 누가, 언제, 왜, 어떻게 만들었으며 또 그려진 그림들은 무엇을 의미하는지에 대해 명확하게 밝혀진 것이 없는 영원한 수수께끼로 남아 있다. 다만 추측하는 것은 12세기에 번영했던 잉카 문명 발생 이전에 그려졌을 것이라는 것, 그 해석에 있어서 농경에 관련된 특정 시기를 나타낸다는 설, 잉카 이전 시대의 주술적인 문양의 일종이라는 가설 외에도 기타 다양한 추측들이 있다고 한다. 하여튼 그 기원과 의미 등 그려진 모양 외에는 어떠한 사실도 알 수 없지만, 확실한 것은 이곳의 매우 건조한 기후 덕분에 오늘날까지 잘 잔존되어서 많은 관광객들의 호기심을 유발하고 있다는 것이다.

광활한 대평원에 거미, 콘도르, 원숭이, 앵무새, 펠리컨 등 작게는 10미터에서 큰 것은 300미터에 이르는 30여 개의 그림이 그려져 오늘날까지 남아 있다고 한다. 그런데 오늘날까지 이 나스카 지상화는 누가, 언제, 왜, 어떻게 만들었으며 또 그려진 그림들은 과연 무엇을 의미하는지에 대해 명확하게 밝혀진 것이 없는 영원한 수수께끼로 남아 있다.

시간조차 멈춰가는 곳,
산타카탈리나 수도원 _7월 28일

간밤에 나스카에서 야간 버스를 타고 9시간을 달려 아침에 아레키파Arequipa에 도착해 아르마스 광장에서 가까운 곳에 숙소를 정했다. 아침이지만 날씨가 쾌청해서 그런지 거리에는 사람들이 꽤 많았다. 간단한 아침 식사 후 숙소에서 잠시 휴식을 청했다. 밤새도록 버스에서 자는 둥 마는 둥해서 많이 피곤하다. 점심때쯤 다시 아르마스 광장으로 갔다.

여기도 도시의 중심은 아르마스 광장이다. 남미를 여행하면서 자주 등장하는 이름이다. 남미 대부분의 국가의 도시 중심은 아르마스 광장이었던 것 같고 그리고 그때그때 각 도시들의 아르마스 광장의 주변과 구조도 식민지풍의 건물과 대성당 등으로 비슷했던 것 같다.

대성당과 식민지풍의 건물로 둘러싸인 광장은 중앙에 분수대가 있고 그 주변으로 시원스럽게 야자수가 서 있는 구조 덕분에 많은 사람들이 사진을 찍고 있었다. 주변의 식민지풍의 건물에 대부분 레스토랑과 여행사 등이 들어와 있는 것도 이곳이 이 도시를 찾는 관광객이 가장 먼저 찾는 곳이라는 것을 입증하는 것 같았다.

다시 발걸음을 돌려서 산타카탈리나 수도원Monasterio de Santa Catalina

으로 갔다. 페루 교회 건물의 백미로 손꼽히는 이 수도원은 1579년에 세워져서 1970년까지 실제로 수도 생활이 이루어졌다고 한다. 밖에서 볼 때에는 몰랐는데 내부에 들어가니 규모가 상당히 커 보였다. 안내 표지판을 보지 않고는 동선을 정하지 못할 정도로 복잡한 미로 구조로 되어 있는 것 같다. 일단 사람들이 걸어가는 방향으로 발걸음을 옮겼다. 우선 내부의 작은 정원과 아치문으로 들어서면 흰색, 붉은색 등의 교회 집들이 이어지고 각 집 안에는 지난 400여 년간 수도사들이 사용한 부엌의 화덕이나 주방용품 등 생활용품들이 그대로 남아 있다.

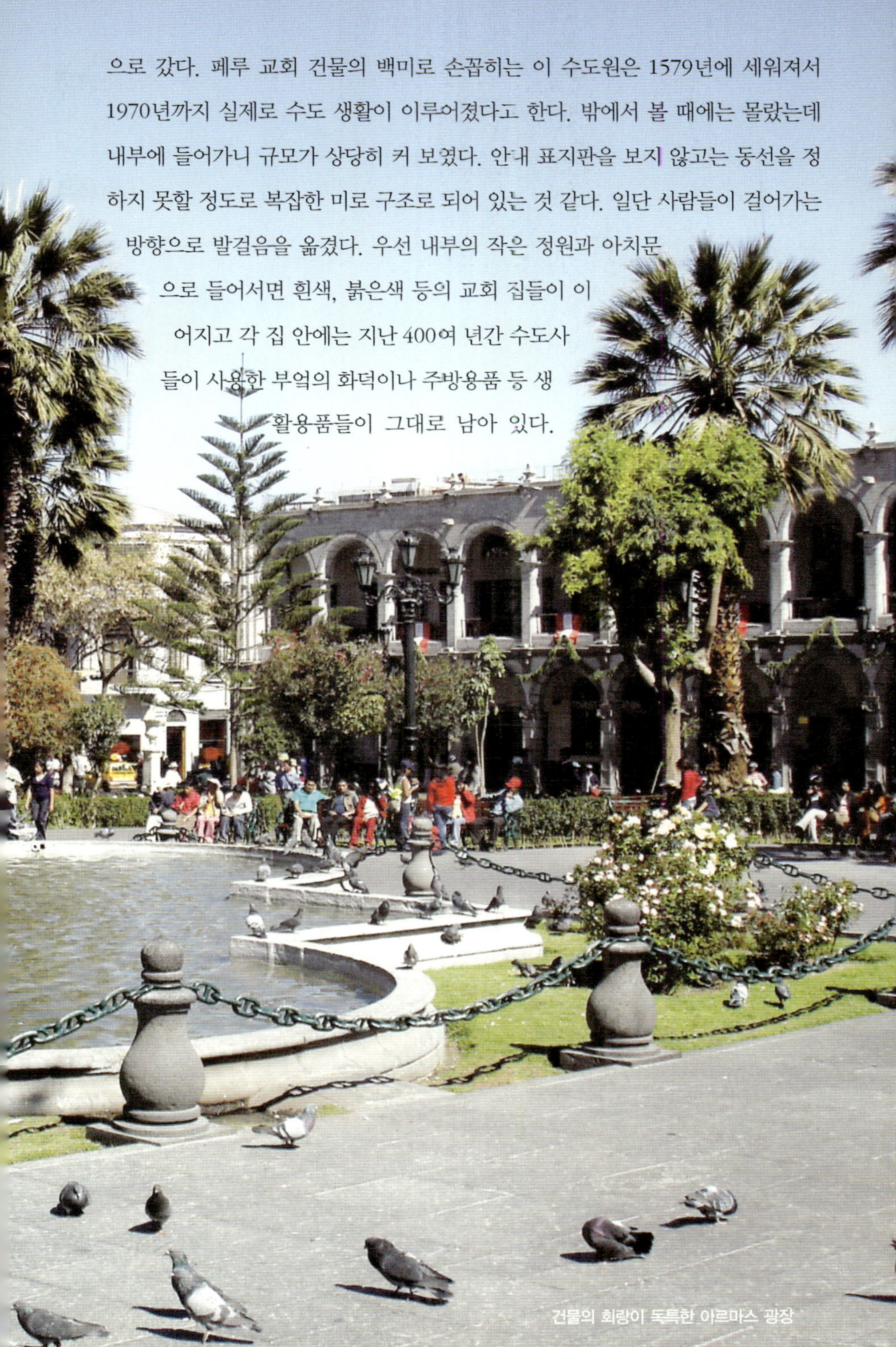

이러한 갖가지 생활 도구를 보면서 그 당시의 성직자와 수녀들의 힘들었던(?) 생활이 상상되었다. 이러한 공간에서 외부와 철저하게 격리된 생활을 하는 수도사들은 도대체 무엇을 위해 인고의 생활을 이 밀폐된 공간에서 보냈을까? 구원을 위해서일까 성직자로서의 명예를 위해서일까. 이렇게 외부와 차단된 공간의 생활상을 보면서 종교에는 문외한인 나는 '감옥이 따로 없구나' 라는 생각이 들었다. 이렇게 생각하는 사람은 오늘 관광 온 사람들 중 나뿐일까? 붉고 좁은 벽을 따라간 곳에 있는 물을 받기 위해 수로로 낸 물 저장 단지, 중앙 광장의 시원스러운 분수 그리고 성스러움이 묻어나는 회랑과 차분한 안뜰 등 수도원을 돌아보면서 마치 이곳은 400여 년 전부터 시간이 정지해 있는 듯한 느낌이 들었다.

성스러움이 묻어나는 회랑

수도원을 나와서 바로 옆에 있는 산프란시스코 사원과 민예품점, 시립역사박물관Museo Municipal을 둘러본 후 숙소로 오는 길에 여행사에 들러 내일 새벽에 떠나는 콜카 캐니언Canon del Colca 투어를 신청했다. 25US$에. 내일 새벽 아니 오늘 심야에 치바이Chivay로 떠나서 아침에 합류하는 투어라고 한다. 왠지 고생이 좀 될 것 같은 투어이다.

엄숙한 분위기의 고해성사(?)

독특한 회랑이 돋보이는 수도원 내부

외부와 철저하게 격리된 생활을 하는 수도사들은 도대체 무엇을 위해 인고의 생활을 이 밀폐된 공간에서 보냈을까? 구원을 위해서일까 성직자로서의 명예를 위해서일까.

붉고 좁은 벽을 따라간 곳에 있는 물을 받기 위해 수로로 낸 물 저장 단지, 중앙 광장의 시원스러운 분수 그리고 성스러움이 묻어나는 회랑과 차분한 안뜰 등 수도원을 돌아보면서 마치 이곳은 400여 년 전부터 시간이 정지해 있는 듯한 느낌이 들었다.

엘 콘도르 파사
콜카 캐니언 _7월 29일

숙소에서 자는 둥 마는 둥 대기하는데 새벽 1시에 여행사에서 픽업을 하러 직원인 듯한 사람이 왔다. 이 사람은 우선 택시를 타고 버스 터미널로 가서는 치바이 행 버스표를 끊어주었다. 그러고는 치바이에 도착해서 누구를 찾으라는 말만 하고 사라지려고 했다. 이 한밤중에 관광객이라곤 나 1명뿐인데 여기에다 대충 떨어뜨려주고 가는 상황이 기가 막혀서 그 직원에게 클레임을 강하게 걸었다. 그는 할 수 없이 나와 같은 버스를 타는 사람 중에서 말이 통하는 사람에게 나의 에스코트를 부탁하고 나서 겨우 나에게서 벗어날 수 있었다. 남미에서 투어를 하면 가끔 이런 황당하고 무성의한 안내를 받는 경우가 있는데 그때에 확실히 확인을 하지 않으면 국제 미아가 되기 십상이다.

전통 의상을 입고 군무를 추는 여인들

콜카 캐니언

미국의 그랜드 캐니언보다 깊은 페루의 아레키파 주 북쪽에 있는 협곡으로 세계에서 가장 깊은 협곡이다. 협곡 아래로 450킬로미터를 굽이돌아 아마존 강을 거쳐 태평양으로 흘러드는 콜카 강의 상류가 해발 고도 3,800미터의 고지대에 펼쳐지고, 강의 양옆으로는 1,000미터가 넘는 깎아지른 듯한 절벽이 치솟아 협곡의 절경을 이룬다. 뒤로는 해발 고도 5,825미터의 미스미 산이 있고, 협곡 가운데 가장 높은 고원 지대

조그마하고 낡은 버스에 올라타서 흙먼지가 자욱한 길을 털털거리며 달려 새벽 4시 30분에야 치바이에 도착했다. 바깥은 아직 깜깜하고 조금 추웠다. 현지 여행 담당인 듯한 사람이 터미널에서 나의 이름을 부르기에 그를 따라 숙소로 갔다. 1층 간이의자에서 1시간 정도 휴식을 취한 다음 식사를 하고 오늘 투어를 떠났다.

버스로 이동한 후 계곡 근처 마을에 정차해서 바깥으로 나가니 안데스 원시 부족 여성들이 형형색색의 화려한 그들의 전통 의상을 입고 군무를 하는 모습이 보였다. 또 한편에서는 이곳의 상징새인 콘도르Con ior를 머리 위에 얹고 기념품을 팔고 있는 상인 등 다양한 모습을 볼 수 있었다. 다시 차를 타고 가장 높은 고지인 듯한 '크루즈 델 콘도르'에 가서 고지 위를 거닐며 콘도르가 날아다니는 모습도 보았다.

인 '크루즈 델 콘도르'에서는 페루를 대표하는 새 안데스 콘도르가 바람을 타고 협곡 아래로 유유히 날아오르는 모습도 볼 수 있다.

협곡 주변의 작은 마을 주민들은 잉카의 후예들로서 선조들의 언어와 관습을 지키면서 농사와 라마·알파카 사육 등으로 생계를 유지하며, 색색으로 치장한 화려한 옷을 즐겨 입는다. 페루의 대표적인 관광지이기도 하다.

콘도르

안데스 산맥의 바위산에 서식하는 아메리카 대륙 특산종으로 5속 7종이 알려져 있다. 머리의 피부가 드러나 있으며 종류에 따라 붉은색·검은색·오렌지색·파란색 등 색이 다양하다. 콘도르 가운데 안데스대머리수리Vulture gryphus는 맹금류 가운데 가장 큰 종으로서 몸길이 1.3미터 이상, 몸무게 10킬로그램에 이른다. 안데스 원주민인 잉카인들 사이에서는 '콘도르'란 "어떤 것에도 얽매이지 않는 자유"라는 의미를 가지고 있으며, 잉카인들은 그들의 영웅이 죽으면 콘도르로 부활한다고 믿고 있기에 콘도르는 잉카인들에게 삶과 종교적인 상징성을 가진 새이기도 하다.

콘도르를 보다가 안데스 지방의 민요이기도 한 '엘 콘도르 파사El Condor Pasa'라는 곡이 떠올랐다. 안데스 잉카 하면 가장 먼저 떠오르는 이 노래, 제목에 콘도르가 들어가서 연관성 있게 생각났지만 실제로 이 지역을 돌아다니면 거리 이곳저곳에서 이 음악이 참 많이 흘러나온다. 1970년대 사이먼과 가펑클Simon & Garfunkel이 '철새는 날아가고'라는 번안 제목으로 불러 우리에게도 친숙한 음악이다.

엘 콘도르 파사

원곡은 스페인의 폭정에 분노하여 페루에서 1780년에 일어난 대규모 농민 반란의 중심 인물인 호세 가브리엘 콘도르칸키Jose Gabriel Condorcanqui(1738~1781)의 기야기를 테마로, 클래식 음악 작곡가인 다니엘 알로미아스 로블레스Daniel Alomias Robles가 1913년에 작곡한 오페레타 '콘도르칸키'의 테마 음악이다. 마추픽추를 떠날 수밖에 없던 잉카인들의 슬픔과 콘도르칸키의 처지를 빗대어 표현한 노래이다. 그런데 훗날 이를 노래한 사이먼과 가펑클의 가사는 '철새는 떠나고~'로 콘도르를 철새로 해석하여 계절과 자연의 이치를 받아들여 보금자리를 떠나는 슬픔을 노래하였다. 그러나 실제로는 안데스 산맥의 사계절 텃새인 콘도르가 살고 있던 터전의 보금자리를 빼앗겨 기약 없이 쫓겨난다는 것을 의미한다. 즉, 고향을 떠나는 아픔과 한을 담고 있는 뜻으로 서로 차이가 있다.

계곡 마을의 알파카

알파카

페루 등 안데스 산간 지방의 중요 동물로, 몸길이 1.2~2.3미터, 어깨 높이 94~104센티미터, 몸무게 55~65킬로그램 정도의 소목 낙타과 동물이다. 털 빛깔은 검은색 갈색·흰색 등이며 무늬가 있는 것도 있다. 보통은 하발 고도 4,200~4,800미터의 산악 지대에서 서식하며 연중 방목을 하는데, 털을 깎을 때에는 주택 근처로 옮겨진다고 한다. 라마와 비슷하지만 라마보다는 조금 작고 목에 털이 더 많다. 알파카 털로 스웨터도 만들고, 모자, 사진의 융단 등 많은 것을 만든다. 그리고 고기르는 스테이크를 만들어 먹는 등 이 지역에서는 아주 중요한 동물의 하나이다.

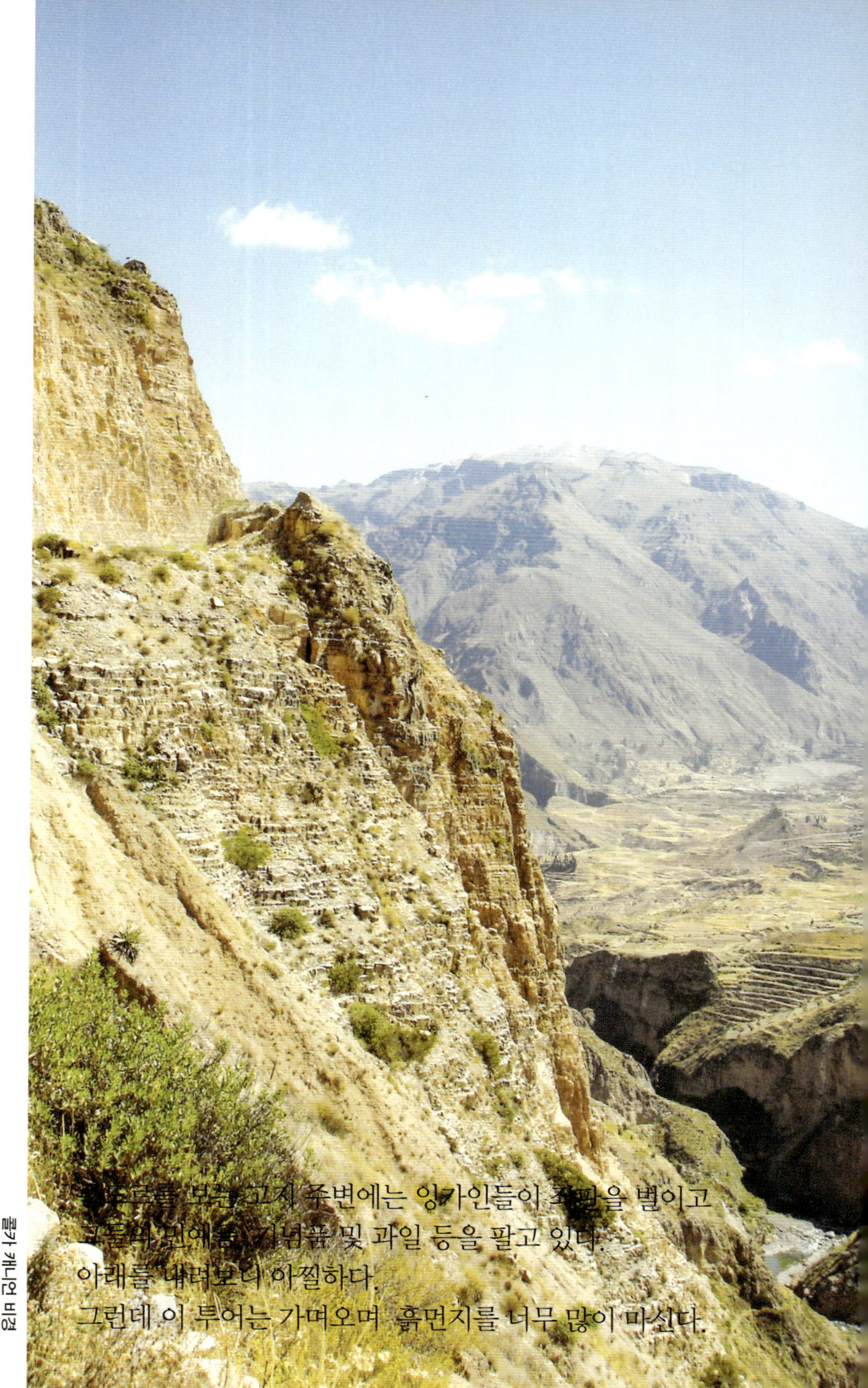
잉카유적을 보면 고지 주변에는 잉카인들이 좌판을 벌이고
그들의 뭐예품, 기념품 및 과일 등을 팔고 있다.
아래를 내려보니 아찔하다.
그런데 이 투어는 가며오며 흙먼지를 너무 많이 마신다.

고상하고 위대한 도시,
잉카의 수도 쿠스코 _7월 30일

어젯밤 버스로 이동하여 아침 7시에 쿠스코에 도착했다. 벌써 3일째 밤을 거의 새우다시피 바쁜 일정을 소화했다. 여행 막바지가 되니 일정이 아주 빡빡하다.

쿠스코 터미널에 도착해서 택시를 타고 미리 알아둔 숙소로 왔다. 파이티티Paititi 호스텔이란 곳인데 유대인들이 많이 찾는 아주 저렴한 숙소이다. 사실 여러 나라를 여행하면서 느낀 점인데 유대인들은 세계 어느 도시에서나 가장 저렴한 숙소와 식당을 잘 찾는 것 같다. 경비를 절감하려면 유대인을 따라가면 확실하다. 물론 저렴한 만큼 시설은 엉망이지만, 조식 포함해서 15솔(5US$) 정도이니 훌륭하다.

이른 아침이어서 마당 의자에서 햇볕을 쬐며 졸고 있다가 눈을 뜨니 아는 사람이 보인다. 칼라파테와 리마에서 만난 한국인 부부 여행객이다. 남미 여행하면서 벌써 3번째 만나는 것이니 대단한 인연이다.

드디어 쿠스코에 왔다. 남미 여행하면 가장 먼저 떠올리는 것이 잉카 유적, 그중에서도 마추픽추 등 주변 유적지를 가기 위해 으레 들르는 곳이 쿠스코이지만 사실 이러한 주변 관광지 말고도 쿠스코란 도시 자체가 잉카 제국의 수도로서 볼거리가

근교 유적지의 입장권

상당히 많다. 오늘이 그 잉카의 숨결이 살아 있는 도시를 느끼는 첫날이다. 쿠스코도 시내 중심은 아르마스 광장이다. 광장 앞에는 대성당과 라콤파니아 데 헤수스 교회Iglesia La Compania de Jesus 등이 있고 주변 상가에는 관광객들을 위한 레스토랑, 여행사, 기념품점, 호텔 등이 모여 있다.

우선 여행사에 들러 내일 떠나는 성스러운 계곡 투어Valle Sagrado de Los Incas를 신청했다. 쿠스코 주변의 유적지를 개별적으로 돌아봐도 되지만 투어로 가는 것이 편리하다. 그리고 쿠스코 시내의 유적지 16곳을 입장할 수 있는 세트 입장권도 70솔(22US $)에 구매했다.

다시 광장으로 나와서 대성당으로 갔다. 대성당 앞 광장에는 역시 세계적인 관광도시답게 외국인들이 많았다. 1550년 잉카 시대의 비라코차Viracocha(잉카 신화에 나오는 세계의 창조자이며 태양신 또는 뇌성·번개의 신으로 숭앙받는다) 신전 자리에 건축이 시작되어 1654년 완성되어진 성당으로 내부의 중앙 제단은 은을 300톤 사용하여 만

들었다고 한다. 그리고 지붕에는 1659년에 설치된 남미에서 가장 큰 종이 있는데 그 울림이 반경 40킬로미터 떨어진 곳까지 울려 퍼진다고 한다. 비록 스페인 정복자들이 세운 대성당이지만 오늘날에는 가톨릭 신자가 늘어나면서 쿠스코 시민들의 정신적 안식처가 되었다고 한다.

쿠스코의 아르마스 광장 주변을 걷다 보면 정교하게 쌓인 석벽을 흔히 볼 수 있다. 매우 규칙적이고 한 치의 오차도 없이 정교하게 쌓인 돌담을 보면서 새삼 잉카인들의 범상치 않은 솜씨에 놀라게 된다. 그중에서도 아툰 루미요크 Hatun Rumiyok 거리에 있는 '12각돌'은 '종이 한 장 끼울 수 없다'는 평판으로 유명한 명성만큼이나 그 정확한 축조술에 놀라움을 감출 수가 없다. 그것의 의미가 왕의 일복(12가족)이라는 설과 1년의 12개월을 나타낸다는 설 등 오늘날까지 다양한 학설이 있으나 하여튼 이렇게 정교하게 쌓여서 몇백 년을 지탱해온 덕분에 오늘날 쿠스코를 찾는 관광객들은 으레 한 번씩 들러보는 것 같다.

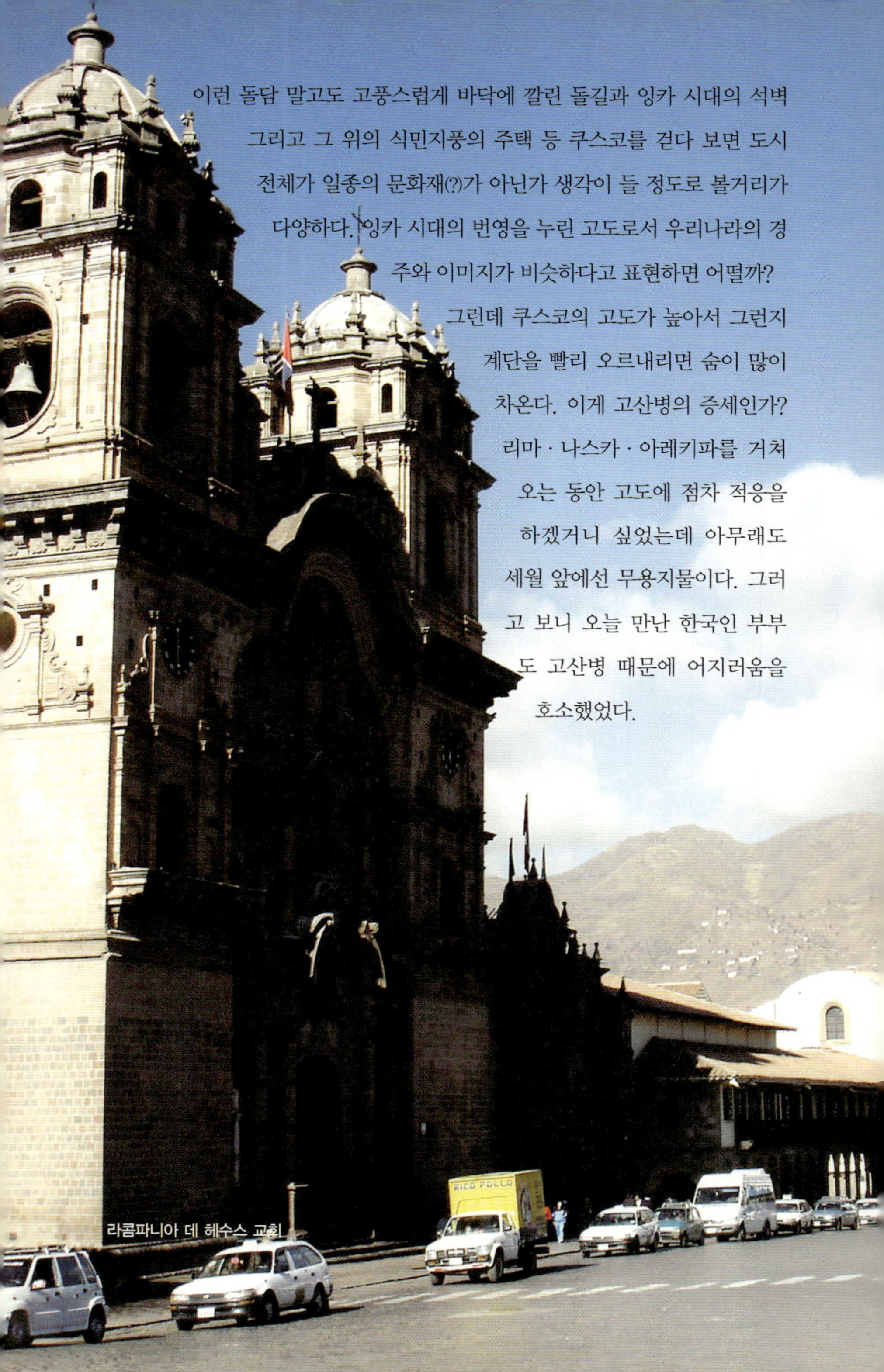

이런 돌담 말고도 고풍스럽게 바닥에 깔린 돌길과 잉카 시대의 석벽 그리고 그 위의 식민지풍의 주택 등 쿠스코를 걷다 보면 도시 전체가 일종의 문화재(?)가 아닌가 생각이 들 정도로 볼거리가 다양하다. 잉카 시대의 번영을 누린 고도로서 우리나라의 경주와 이미지가 비슷하다고 표현하면 어떨까?

그런데 쿠스코의 고도가 높아서 그런지 계단을 빨리 오르내리면 숨이 많이 차온다. 이게 고산병의 증세인가? 리마·나스카·아레키파를 거쳐 오는 동안 고도에 점차 적응을 하겠거니 싶었는데 아무래도 세월 앞에선 무용지물이다. 그러고 보니 오늘 만난 한국인 부부도 고산병 때문에 어지러움을 호소했었다.

쿠스코

페루 남부 쿠스코 주의 주도로서 3,360미터의 안데스 분지에 자리 잡고 있는 인구 26만 명의 도시이다. 옛 잉카 제국의 수도로 유적이 곳곳에 남아 있어 남미 여행의 백미로 꼽히는 세계적인 관광 도시이다.

쿠스코는 케추아어로 '세계의 배꼽'이라는 뜻이다. 잉카인들은 하늘은 독수리, 땅은 퓨마, 땅속은 뱀이 지배한다고 믿었는데, 이러한 세계관에 따라 쿠스코는 도시 전체가 퓨마 모양을 하고 있다.

시가지는 잉카 시대 건물의 토대 위에 스페인 양식의 건물이 세워진 절충된 건축 양식으로 되어 있다. 납작돌을 깐 거리가 꼬불꼬불 이어지고, 붉은색이 도는 연한 갈색 지붕 및 흰색 등 다양한 빛깔의 회반죽 벽으로 둘러싸인 집 등 운치 있는 시가지가 이어진다. 잉카 제국 시더 태양의 신전인 코리칸차Qorikancha 자리에 세워진 산토도밍고 교회 및 대성당 등 30여 개의 가톨릭 성당·수도원이 있다. 해마다 6월 하순에 열리는 잉카 제국 부활의 날 격인 인티라이미Inti Raimi(태양의 축제)에는 세겨 각지로부터 많은 관광객이 찾아온다.

대성당

피사크 유적지

오늘은 성스러운 계곡 투어를 하는 날이다. 아르마스 광장 대성당 앞에서 버스를 기다리는데 아무리 기다려도 투어를 주관하는 버스가 오지 않는다. 여행사에 가서 문의하니 버스가 벌써 떠났다는 변명을 해대며 다른 버스에 태워주는 것이 아닌가. 이 사람들의 낙천성이란.

성스러운 계곡 투어는 우루밤바Urubamba 강이 흐르는 주변 6,000미터급 산들로 둘러싸인 우루밤바 계곡 주변의 잉카 유적지를 둘러보는 것으로 피사크Pisaq, 우루밤바, 오얀타이탐보Ollantaytambo, 친체로Chinchero 등을 하르 코스로 둘러보는 일정이다.

먼저 버스를 타고 찾아간 곳은 피사크 마을 인디오 원주민 시장이다. 매주 화, 목, 일요일에만 들어선다는 이곳 원주민들의 전통 시장인데 원주민들이 과일, 야채 등 식료품에서부터 그들이 직접 만든 라마나 알파카의 털옷, 민예품까지 다양한 상품들을 판다. 오전이어서 그런지 활기를 띠고 있다. 알파카 스웨터를 구경하다 옥수수 찐 것을 사먹었는데 알이 무척 굵고 한국과는 맛이 조금 다른 듯하다.

다시 버스에 올타 피사크 유적지로 갔다. 입구에서 내려 유적지가 있는 곳까지 1킬로미터 정도를 걸어갔다. 이미 다른 시내 여행사에서 온 버스들도 많아서인지 관광객들이 많았다. 내가 타고 온 버스를 기억해두지 않으면 나중에 못 찾을 것 같았다. 한낮의 햇살을 받으며 산허리를 걸어 올라갔다 내려갔다를

산 아래의 피사크 마을

피사크 유적지 앞의 계단식 농경지

반복하니 등에서 땀이 났다. 먼저 산 아래로 보이는 신전과 묘지가 잘 보존되어 있었고 주변에 펼쳐져 있는 계단식 농경지 또한 범상치 않아 보였다. 가이드 말로는 피사크 유적지는 작은 마추픽추라고 불릴 정도로 유적지 보존 상태가 좋다고 한다.

우루밤바 마을 뷔페식당에서 점심을 먹고 난 뒤에 다시 버스는 오얀타이탐보로 향했다. 버스 안에서 가이드가 스페인어와 영어로 우루밤바 마을에 대해 설명했다. 정확하게 듣지는 못했지만 쿠스코보다 표고가 낮아서 기후도 온난하고 위락 시설이 잘 갖춰진 휴양지라는 말 같았다.

우루밤바에 대한 설명은 마을에서 식사하고 버스 안에서 대충 설명하는 것으로 때우는 듯하다. 한참을 달린 버스 안에서 창밖으로 가파른 경사지에 형성된 계단식 밭이 보이는 것을 발견하고 오얀타이탐보 마을에 도착한 것을 알았다.

마을에 내려서 45도쯤 되어 보이는 가파른 계단식 밭 옆의 계단을 올라가니 조그만 광장이 나왔다. 광장에는 6개의 거석을 세워 놓은 듯한 건조물이 보였다. 우리가 보기에는 그냥 바위 덩어리에 지나지 않지만 태양의 신전을 만들다가 만 것이라는 설이 있다고 한다. 그런데 바위 하나에 족히 몇십 톤 정도는 되어 보이는 이렇게 큰 바위를 어떻게 이렇게 경사진 언덕까지 들어 옮길 수 있었을까? 이것은 아직도 수수께끼라고 한다. 그리고 산언덕 한곳을 가리키며 태양의 신 비라코차의 얼굴과 닮은 형상을 하고 있다고 해서 자세히 보니 과연 인간 또는 신의 형상과 비슷한 것 같다. 그 옆으로 정체불명의 건물이 보이는데 이는 마을의 식량들을 저장하는 창고였을 것이라고 한다.

언덕에서 마을로 내려오다 보면 오른쪽에는 잉카 시대부터 관개용 수로로 사용되

잉카 시대부터 사용한 관개용 수로

었다는 시설이 보였다. 가이드 말로는 지금도 그대로 사용된다고 한다. 그리고 오얀타이탐보는 잉카 문명의 유적이 잘 보존되어 있고 마을 형태도 지금까지 변치 않고 남아 있다고 한다. 잉카 전사들의 숙소로 사용되었다고 하여서 그런지 지금도 마을을 보면 인디오들의 생활을 잘 알 수 있을 것 같다. 스페인군이 쿠스코를 점

마을에서 본 오얀타이탐보 유적 전경

령할 당시의 마지막 항전지 중의 하나이기도 해서 그런지 흙과 돌담으로 형성된 마을의 분위기에서 왠지 유서 깊은 느낌을 받을 수 있었다.

오얀타이탐보는 마추픽추로 가는 기차를 타는 곳이기도 하다. 그래서 버스에서 몇 명은 내리고 다시 버스는 달려서 이번에는 친체로에 도착했다. 이미 해가 저물어

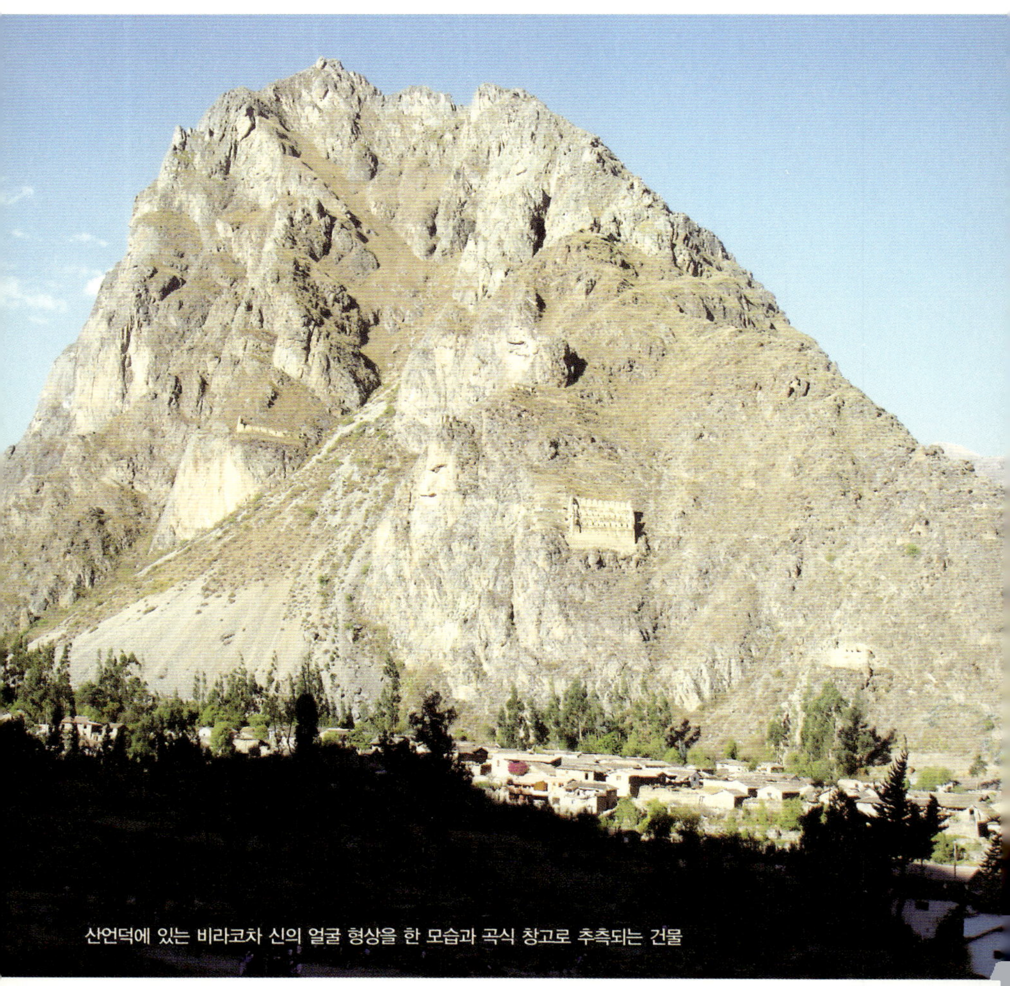

산언덕에 있는 비라코차 신의 얼굴 형상을 한 모습과 곡식 창고로 추측되는 건물

가는 시간이지만 조그만 마을에는 원주민들의 민예품을 파는 상점들이 많이 있었
고 그 길을 따라 올라간 곳에는 조그마한 교회가 있었다. 교회 앞 조그마한 광장에
는 원주민 인디오들이 관광객들을 상대로 그들의 기념품을 팔러 나와 있었는데,
어린 꼬마들이 그들의 생업을 위해 기념품을 판매하려 애쓰고 있었다. 어디서나

언덕에서 본 오얀타이탐보 마을

겪는 일이지만 그런 아이들을 보면 안쓰럽다.

옛 잉카 제국의 성터에 지어진 교회 안에서 가이드의 설명을 듣고 교회 밖 주변을 둘러보니 이미 어둠이 내렸다. 차분해진 앞 광장에는 몇 명 남지 않은 관광객을 상대로 아직도 원주민들이 좌판을 벌이고 있었다. 특별히 호객 행위도 하지 않는 너무나 차분하고 묘한 분위기다.

라마를 몰고 나온 원주민 일가족

친체로 교회와 원주민들의 노점상

잃어버린 공중 도시,
마추픽추 _8월 1일

아침 일찍 짐을 챙겨서 산프란시스코 광장Plaza de San Francisco 근처에서 같
은 숙소에 묵고 있는 한국인 부부와 같이 버스를 타고 오얀타이탐보로 갔다. 마추
픽추로 가기 위해 오얀타이탐보에서 마추픽추 근교 마을인 아구아스 칼리엔테스
Aguas Calientes로 가기 위함이다. 쿠스코에 온 첫날 우안차크 역Estacion Huanchac에 가서
기차표를 구하려고 했는데 쿠스코에서 직접 가는 기차편이 매진되어 오얀타이탐
보에서 가는 편으로밖에 구할 수가 없었다. 그것도 천장이 유리로 되어서 멋진 풍

잃어버린 잉카 문명을 고스란히 간직한 도시, 마추픽추

경을 즐길 수 있는 비스타돔Vistadome은 없고 백 패커Back Packer 편으로. 가격은 57US$에. 시간 없는 나 같은 배낭여행객에게는 이것도 감지덕지이다.

어제에 이어 오얀타이탐보에 또 왔다. 기차역에 도착하니 열차를 기다리는 관광객들이 상당히 많았다. 아침 식사로 요기할 수 있는 옥수수와 빵을 사들고 열차에 올랐다. 달리는 열차에서 창밖을 보니 잉카 트레킹을 하는 백인들과 포터porter들이 보였다. 며칠씩 걸어서 잉카의 대자연을 만끽하며 마추픽추까지 올라가는 잉카 트레킹은 이미 8월 말까지의 예약이 끝났다고 한다. 시간이 되면 한 번쯤 도전해 보고픈 코스인데, 아쉽다. 아구아스 칼리엔테스 역에 도착해서 마을에 숙소를 정하고 나서 마추픽추 행 버스에 올랐다. 마을에서 공중 도시인 마추픽추로 가기 위해선 버스가 산등성이를 S자 횡으로 가로저으며 올라간다. 창밖으로 올라온 저 아래 길을 보니 까마득해 보였다.

입장하는데도 줄을 서서 기다렸다 겨우 들어갈 수 있을 정도로 입구에는 사람들이 많았다. 너무나 유명한 관광지여서 그런지 찾는 사람이 많은 것 같다. '나이 든 봉우리'라는 뜻의 마추픽추는 누가 언제 세웠는지에 관한 정확한 정보는 없지만 잉카인들이 스페인 정복자들에게서 도망치기 위해 또는 복수의 칼날을 갈기 위해 세운 비밀 도시라고 추정되고 있다. 표고 2,280미터 산 정상에 위치하는데 도시가 산 아래에서는 보이질 않고 공중에서밖에 볼 수가 없어서 '공중 도시'라고 한다. 그래서 그런지 버스 타고 산으로 올라오면서도 전혀 도시의 흔적을 볼 수 없었다. 그리고 또 한 가지. 16세기 후반, 잉카인들은 무슨 이유에서인지 훌륭한 문명을 꽃피운 마추픽추를 버리고 더 깊숙한 오지로 떠났다고 한다. 그 뒤 약 400년 동안 사람들 눈에 띄지 않다가 1911년 미국의 역사학자 하이램 빙엄Hiram Bingham에 의해 발견되어 '잃어버린 도시'라고도 불리기도 한다.

하여튼 스페인 식민 지배로 인해 쿠스코 등 잉카 문명의 유산이 거의 파괴된 오늘날에 아직까지 순수한 잉카 문명의 유적이 대규모로 남아 있는 곳이어서 이곳의 가치는 더욱더 대단한 것 같다. 더욱이 이렇게 높은 산 정상에. 과연 눈앞에 펼쳐지는 마추픽추의 웅대함에 입을 다물 수 없는 감탄을 연발하며 주위를 둘러봤다.

이 비밀의 공중 도시는 총 면적 5제곱킬로미터에 1만 명 이상이 거주했다고 오늘 날 추정된다. 신전과 궁전, 그리고 주민의 거주 구역 및 성벽이 있으며 옆으로는 잉카인들이 경작했을 것으로 짐작되는 계단식 밭이 비탈면에 자리 잡고 있다(잉카인들은 계단식 경작의 달인인가 보다. 피사크, 으얀타이탐보 등 여기저기가 모두 계단식 경작지이다). 모든 건물은 돌을 다듬어 쌓아 올렸는데 그 기술의 정교함이 참 놀랍다. 그 옛날에 이곳 산 정상까지 돌을 어떻게 운반했을까 하는 궁금증과 함께, 그 시대 사람들은 고생을 많이 했겠다는 생각도 했다.

하여튼 여러 가지로 신비로운 수수께끼를 남기고 있는 마추픽추. 보면 볼수록 신비롭다. 도시 전체가 한눈에 들어와서 작은 줄 알았는데 전체를 둘러보는 데는 시간이 상당히 걸렸다. 거기다 한낮의 따가운 햇살을 맞으며 걸으니 후텁지근하기도 했다. 이곳저곳을 둘러보다가 신전 주변에서 가장 높은 곳에 있는 인티우아타나 Intihuatana라는 곳에 멈춰 섰다. 인티우아타나는 '태양을 잇는 기둥'이라는 뜻으로 높이 1.8미터의 석조물에 36센티미터의 각기둥의 모습을 띠고 있다. 잉카인들은 천

해시계였을 거라고 추측되는 각기둥

체의 궤도가 바뀌면 커다란 재앙이 생긴다고 믿고, 매년 동지 때 이 돌기둥 바로 위에 뜬 태양을 붙잡아 매려고 돌기둥에 끈을 매는 의식을 치렀다고 한다. 그리고 높이 36센티미터의 각기둥이 튀어나온 것을 오늘날 해시계로 추측하는데 신전을 모시는 농경 사회에서 당연히 사용되었을 것 같은 유적이다.

그리고 발걸음을 옮겨서 능묘La Tumba Real와 태양의 신전Templo del Sol을 둘러본 뒤에 다시 오던 방향으로 가서 '젊은 봉우리'를 의미하는 와이나피추Waynapicchu 입구까지 갔다. 등반은 오후 1시까지라고 한다. 이미 입장 시간이 지났다. 하기야 어차피 올라갈 생각도 없었는데⋯⋯. 이윽고 찾아간 거주지에는 라마들이 한가롭게 풀을 뜯고 있었다.

라마와 같이 따뜻한 햇살을 받으며 한가로이 쉬다가 오후 늦게야 버스를 타고 굿

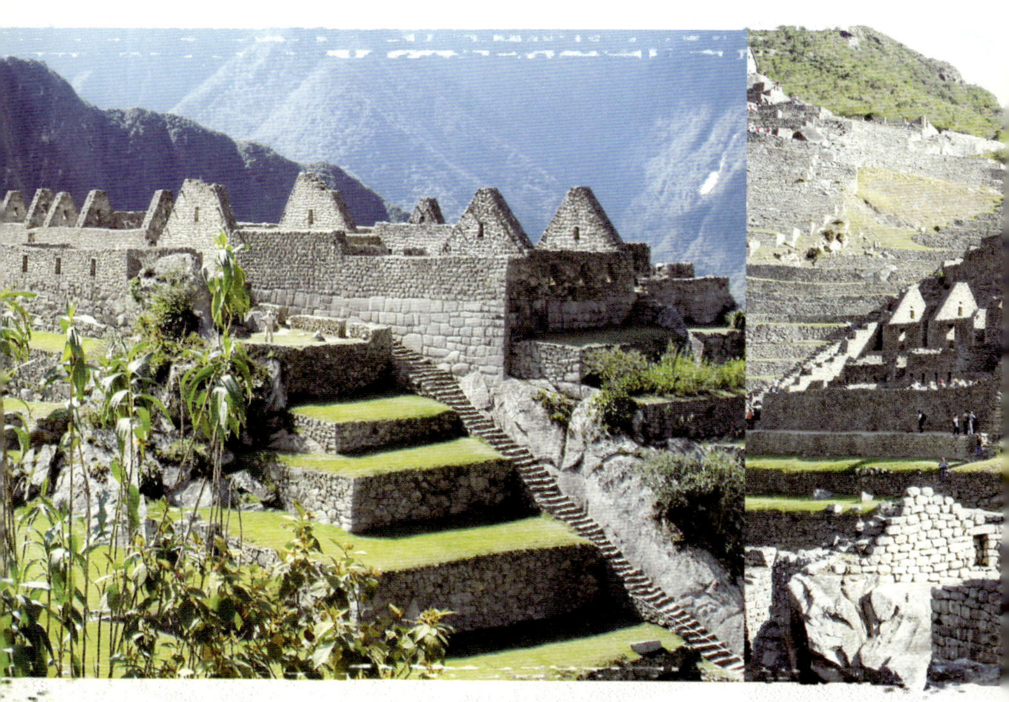

다양한 형태의 마추픽추 유적

바이 보이의 열렬한 환송(?)을 받으며 다시 아구아스 칼리엔테스 마을로 내려왔다.
이곳 여행의 또 다른 독특한 볼거리인 굿바이 보이는 버스가 꼬불꼬불한 길을 타
고 내려오는 동안 재빨리 직선 돌계단을 내려와서 버스를 향해 굿바이하고 소리를
지른다. 이런 과정을 몇 번 반복한 다음 버스가 마을에 다 내려올 때쯤 마지막으로
버스에 올라타서 버스에 탄 손님들에게 팁을 받는 것이다. 어린애들이 너무 고생
하는 것 같아서 측은했다.

오늘은 이곳 마을에서 1박을 해야 한다. 우루밤바 강이 보이는 레스토랑에서 저녁
식사 후 주변 산책 겸 조그만 시가지를 구경했다.

쿠스코는
정복자들의 파괴로 변조된 도시인가? _8월 2일

오전 일찍 다시 쿠스코로 돌아왔다.

아르마스 광장 부근 여행사에서 오늘 오후에 떠나는 쿠스코 근교 유적지 투어를 신청했다. 오후 한나절 쿠스코 시내 외의 유적지 5곳을 단돈 15솔로 한 번에 둘러보는 투어로 삭사이와만Sacsayhuaman, 켄코Qenko, 푸카푸카라PukaPukara, 탐보 마차이Tambo Machay, 산토도밍고 교회(코리칸차＝태양의 신전)Iglesia de Santo Domingo 등을 둘러본다.

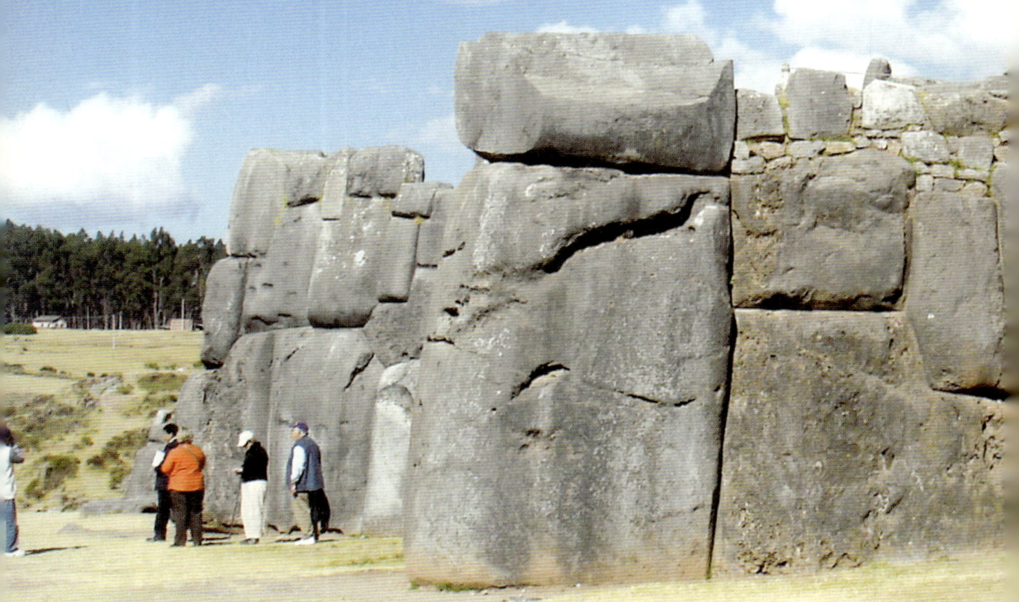

잉카 시대의 대표적 석조 건축물이 있는 삭사이와만

작은 버스를 타고 먼저 찾아간 곳은 삭사이와만이다. 시내를 조금 벗어나자마자 언덕을 올라간 곳에 위치한 이 삭사이와만은 잉카 제국의 수도 쿠스코를 방어하는 요새였다고 한다. 잉카 제국 제9대 황제 파차쿠텍Pachacutec 시대에 시작해서 80여 년에 걸쳐 완성되었다는 이 삭사이와만은 잉카 시대의 대표적인 석조 건축물이다. 이 유적은 3층의 거석이 22회의 지그재그를 그리며 360미터에 걸쳐서 있고 특히 안쪽에는 높이 5미터에 360톤이나 되는 거석을 사용한 곳도 있다고 한다.

그리고 쿠스코는 도시 전체가 잉카족이 신성시했던 동물 퓨마의 형상을 따랐다. 퓨마의 머리 부분은 종교의 중심으로 필요할 따 요새로 사용했던 삭사이와만이고, 퓨마의 꼬리는 인공 수로가 끝나고 두 강이 만나는 지점인 푸마추판이며, 태양의

신전 코리칸차는 퓨마의 허리이고, 제사를 지내던 무언카파타 대광장은 퓨마의 심장 위치라고 한다. 실제로 병참 요새로서 500여 년 전 잉카군과 스페인군의 치열한 전투가 벌어졌던 곳이기도 하다. 거석 위를 거닐면서 그날의 전투 장면을 상상해 보았다. 치열하고 처절한 전투 속에서 장렬히 전사하는 잉카인들을 떠올려 보며 한때 지금의 에콰도르에서 칠레, 아르헨티나에 이를 정도로 대제국을 형성한 잉카 제국이 불과 200명도 되지 않는 스페인 정복자들에게 왜 무너졌을까를 생각해 보았다. 만약 그 당시에 무너지지 않았다면 오늘날 역사는 어떻게 바뀌어 있을까도 생각해 보았다.

이런 유서 깊은 곳이기에 매년 6월 하순에 잉카 제국이 부활한 것과 같은 잉카식 의식을 치르는 태양의 축제 인티라이미가 삭사이와만에서 열린다. 이 축제는 브라질의 리우 카니발, 볼리비아의 오루로 카니발과 더불어 남미 3대 축제의 하나로 불린다. 이 축제는 상당히 규모가 큰 행사로 잉카 제국의 의식을 보기 위해 많은 관광객들이 찾아온다고 한다.

유적지 석벽 위에서 쿠스코 시내의 멋진 전망을 바라보고 난 뒤, 이동하여 켄코에 도착했다. 케추아어로 지그재그 즉, '미로'라는 뜻의 이 켄코는 잉카 제국의 제례장이었다고 한다. 살아 있는 제물을 바치고 제단 위에서 흘러내리는 피의 모양으로 점을 쳤다고 한다. 사람을 제물로 바쳤다고도 하는데, 언젠가 잉카 부족 관련 영화에서도 본 것 같다.

다시 푸카푸카라로 갔다. '푸카Puka'는 케추아어로 '빨갛다'라는 의미의 붉은 요새인데 쿠스코 북쪽을 지키기 위해 세워졌다고 한다. 돌로 쌓은 제법 그럴듯해 보이는 석벽에 여러 갈래의 문 등의 보존 상태가 좋아 보였다. 그리고 성스러운 샘이라고 불리는 탐보 마차이Tambo Machay로 갔다. 잉카 시대 목욕탕으로 추정되는 이 탐보 마차이는 우기나 건기에도 항상 일정하게 같은 양의 물이 샘솟고 있다고 하는데 그 물이 어디에서 흘러나

쿠스코 북쪽을 지키기 위해 세워진 푸카푸카라 석벽

성스러운 샘이라 불리는 탐보마차이 유적

오는지 그 수원을 아직도 못 찾고 있다고 한다. 샘 주변은 얼핏 보기에도 물을 신성시한다는 느낌이 들었다.

다시 버스를 타고 쿠스코 시내로 들어오는데 차량이 한 번에 많이 몰려서 교통이 많이 혼잡했다. 쿠스코도 출퇴근 시간 러시아워가 있나 보다. 시내의 산토도밍고 교회에 도착하니 해는 이미 저물어서 어둠이 내리고 있었다.

잉카를 정복한 스페인군이 코리칸차라는 태양의 신전의 상부를 부수고 그 위에 그들의 산토도밍고 교회를 지었다고 한다. 이후 1650년, 1950년, 1986년에 쿠스코에 대지진이 일어났을 때에 산토도밍고 교회는 무너졌지만 그 토대를 지키고 있는 신전 터는 멀쩡하게 건재했다고 한다. 이는 견고하게 쌓아 올린 잉카 석벽의 정교함을 나타내는 증거로 그 옛날 어떻게 이렇게 완벽한 건축술을 보일 수 있었나 하는 놀라움을 감출 수 없다. 잉카 제국 시대에는 이 신전의 외부 석벽에 폭 20센티

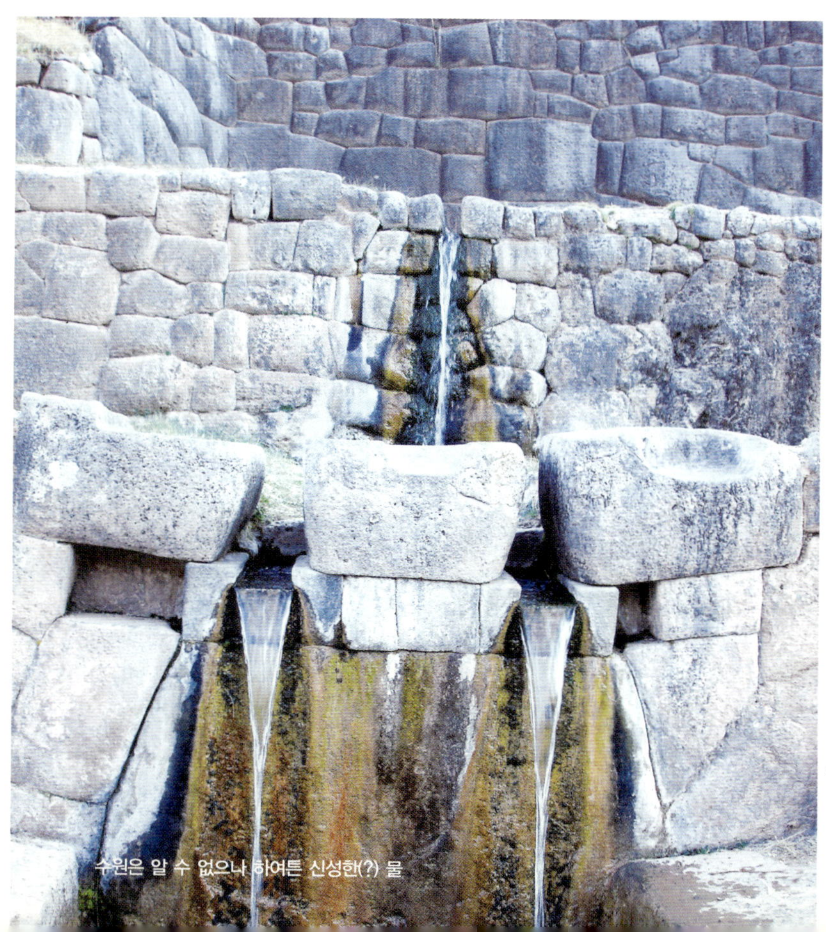
수원은 알 수 없으나 하여튼 신성한(?) 물

미터 이상의 금띠가 둘러져 있고 내부 문과 지붕에도 상당량의 순금이 뒤덮여 있었다. 그런데 이 신전의 금을 16세기에 침략한 스페인군이 닥치는 대로 약탈한 뒤 전부 녹여서 막대 형태의 금으로 만들어 자국에 가져갔다고 한다. 어떻게 보면 쿠스코는 잉카의 고도 위에 정복자들의 파괴로 변조되어진 도시 같다. 잉카 제국은 그 전성

잉카 석벽의 정교함을 증명하는 태양의 신전 코리칸차

기에는 지금의 에콰도르에서 칠레, 아르헨티나에 이를 정도로 대제국을 이루었다고 하지만, 그런 대제국이 1532년 스페인의 프란시스코 피사로가 이끄는 200명도 채 되지 않는 정복자에 의해 어이없이 무너지고 만다. 잉카의 수도 쿠스코는 스페인의 손에 넘어가고 왕은 체포되고 난 뒤 처형되고 도시는 파괴되었다.

그 후 수차례에 걸쳐 잉카인들의 저항이 있었지간 결국 실패로 돌아가고 식민 통치자들은 잉카 제국의 궁전과 신전 자리에 유럽풍의 궁전과 종교 건축물을 세우면서 역사적 유적이 바뀌는 운명에 처해졌다. 지금 보고 있는 태양의 신전 코리칸차 터에는 산토도밍고 교회를, 와이나 카파쿠 궁전 터에는 라콤파냐 헤수스 교회를, 태양 처녀의 집 터에는 산타 카타리나 수도원을 지었다. 그 결과 쿠스코는 바로크 양식의 수려한 건축물들로 가득 차게 되었다. 잉카의 역사 고도에 이게 무슨 일인가.

투어를 마치고 숙소로 돌아와 잉카 유적 투어를 하면서 지친 피로를 풀기 위해 페루의 유명한 맥주 쿠스케냐CUSQENA를 마셨다. 그런데 이 맥주 맛이 조금 독특하다.

푸노를 향해 _8월 3일

며칠 열심히 강행군을 했더니 신발 밑창이 갈라졌다. 여기서 적당한 신발을 구하는 것도 쉽지 않을 것 같아 시내 아르마스 광장 근처에서 수리를 맡겼다. 오늘은 푸노Puno로 가는 날이다. 버스는 오후 3시 출발이어서 남는 오전 시간에 중앙 시장Mercado Central과 산프란시스코 광장 주변을 둘러봤다. 별로 살 것은 없지만 알파카 스웨터 정도는 하나 마련하고 싶은 마음에 둘러보았으나 마땅한 게 없었다.

한낮의 강한 햇살을 맞으며 돌아다녔더니 목이 말라서 페루만의 독특한 잉카 콜라INCA COLA를 마셨는데 박카스와 맛이 비슷한 게 꽤 괜찮았다. 어제 마신 쿠스케냐와 더불어 이곳에 오는 여행자들은 꼭 한 번씩 마셔보는 특산물이다.

점심 식사를 하기 위해 택시를 타고 한인이 운영하는 '아리랑 식당'으로 갔다. 오랜만에 맛보는 한식이어서 그런지 힘이 절로 나는 것 같다. 쿠스코 시내는 택시비가 아주 싼 편(대략적으로 2~3솔 정도)이어서 택시를 많이 타고 다니는데 택시들의 대부분은 한국산 자동차들이다. 그러다 보니 택시 운전사와 말도 안 되는 스페인어와 영어를 섞어서 한국 자동차에 관한 이야기기를 할 때가 많다.

오후 3시가 넘어서 푸노 행 버스에 올랐다. 밤 11시가 넘어야 푸노에 도착한다고 한다. 페루 버스들은 칠레나 아르헨티나 버스에 비해 시설이 노후화되고 좋지 않다. 그나마 8시간 가기에 망정이지.

밤 11시 30분이 되어서야 푸노 터미널에 도착했다. 터미널 대합실에서 두케인Duque

Inn이라는 숙소를 호객꾼을 따라가서 숙박했는데 1박 조식 포함 15솔 가격 대비 시설도 좋은 편이다. 특히 호객꾼은 사장님이었다. 그런데 내가 이제는 긴장이 풀린 것일까? 이렇게 밤늦은 시간에 아무것도 모르는 이곳에서 호객꾼을 그냥 따라가다니…….

쿠스코 시내에는 한국의 티코 택시가 많다.

바다 같은 호수,
티티카카 호 _8월 4일

어젯밤에 숙소에 도착하자마자 티티카카 호수Lago Titikaka 우로스 섬Ialas Los Uros과 타킬레 섬Isla Taquile을 하루에 둘러보는 투어를 25솔(8US$)에 예약한 덕분에 아침에 일찍 일어나서 투어 차량을 타고 티티카카 호수로 향했다.

한참을 달려 선착장에 도착한 후 우로스 섬으로 가는 보트에 올랐다. 티티카카 호수는 페루와 볼리비아 국경 지대에 접해 있는 호수로서 해발 고도 3,810미터로 배가 다닐 수 있는 세계에서 가장 높은 곳에 위치한 호수이다. 그 면적이 8,135제곱킬로미터로 보트에서 얼핏 보기에도 호수의 끝이 보이지 않는다. 호수보다는 오히려 바다에 가깝다. 이곳의 최대 수심은 281미터이며 수온은 11도로 거의 일정하다고 한다. 옛날 잉카의 초대 황제

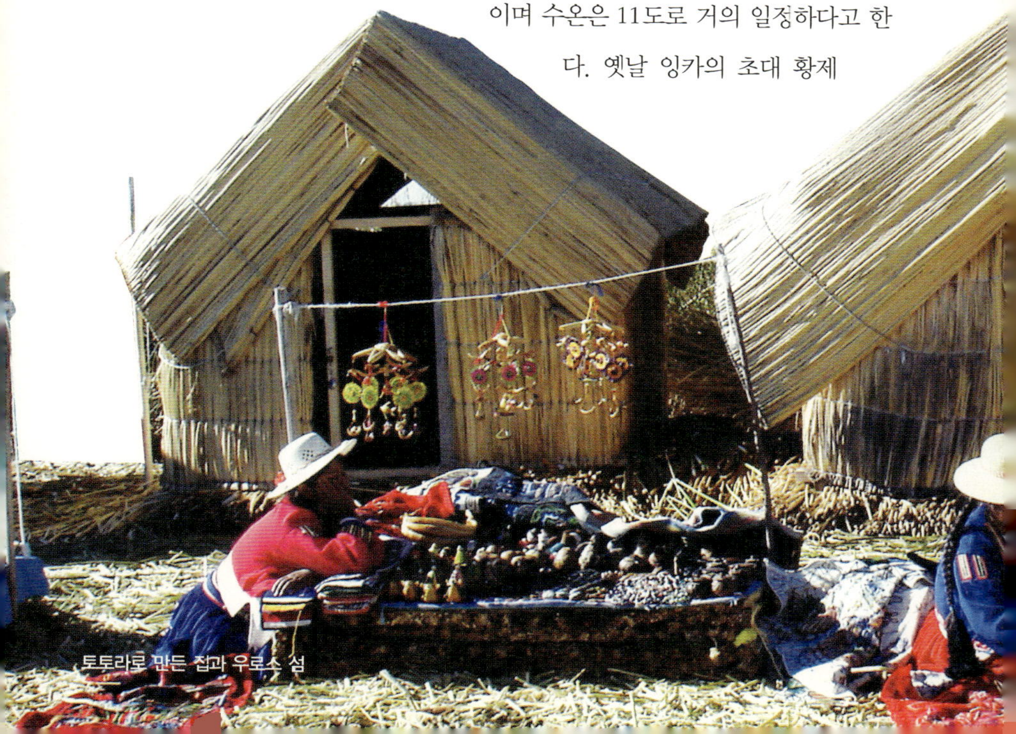

토토라로 만든 집과 우로스 섬

망코 카파크^{Manco Capac}가 그의 여동생 마마 오루료와 함께 이 호수에 강림했다는 전설이 남아 있는 신비스러운 호수이다. 보트 안에서 한국말 소리가 들려서 돌아보니 나이 드신 한국 단체 관광객이었다. 미국 애틀랜타에 사는 교포들이라고 한다. 반가웠다.

한참을 보트가 달려서 우로스 섬에 도착했다. 갈대의 일종인 토토라^{totora}로 만들어진 호수 위에 항상 떠 있는 인공섬으로 섬의 구모는 크지 않으나 섬에는 토토라로 만들어진 집과 가구들이 눈에 띄었다. 호수 위에 떠 있는 섬이라서 그런지 섬에 발걸음을 내디디는 순간 왠지 물컹하고 흔들리는 느낌이 들면서 이러다가 섬이 가라앉지나 않을까 걱정되었지만, 몇백 명이 들어와도 끄떡없다고 한다.

우로스 섬에는 이러한 섬들이 크고 작은 것들을 합쳐 40여 개 정도 떠 있다고 한다. 섬 만들기는 매우 간단하여 토토라를 잘라서 3미터 정도 쌓고 그 밑부분이 물에 썩으면 다시 또 위로 토토라를 쌓고 하는 방식으로 섬이 유지된다고 한다. 이곳에 사는 사람들을 우루족이라고 하는데 이들은 호수에서 어로와 밭으로 나가 야채를 길러서 생활한다고 한다.

최근에는 관광객들을 상대로 민예품을 판매해서 생활하는

원주민인 우루족 여인들은 뚱뚱한 체형에
붉은색 통치마와 흰색 블라우스 위에
초록색 카디건 같은 옷과 모자를 쓰고 다니는데
대부분 전통 복장을 유지하고 있다.

사람들도 많다고 한다. 원주민인 우루족 여인들은 뚱뚱한 체형에 붉은색 통치마를 입고 흰색 블라우스 위에 초록색 카디건 같은 옷과 모자를 쓰고 다니는데 대부분 전통 복장을 유지하고 있다.

호수 위에 토토라로 만든 멋진 배가 눈에 들어온다. 이 배는 우루족들의 교통수단 인 '바루사'라는 배로 토토라로 만들어졌어도 아주 견고하다고 한다. 다시 보트를 타고 타킬레 섬으로 갔다. 보트에서 내려서 급경사의 계단을 30분 정도 등에 땀나 도록 올라가니 마을 회관 같은 건물 앞에 광장이 나왔다. 광장에서는 페루 독립 기 념일 축제 중이었다. 화려한 케추아족 고유 전통 축제 의상을 입고 많은 남녀들이 음악에 맞춰서 춤을 추는데 일종의 군무 같은 축제 안무였다. 남자들은 검은색 바 지, 흰색 셔츠 위에 핑크색 조끼와 망토를 두트고 화려한 꽃술의 모자를 쓰고 삼포 냐를 불면서 춤을 추었다. 여자들은 비슷한 도자에 검은색 드레스를 입고 남자와 같이 율동을 맞춰서 춤에 한창 열을 올리고 있었다. 원주민들의 전통춤인가 보다.

제법 많은 사람들이 배(바루사)예 탔지만 끄떡없다.

타킬레 섬의 독립 기념일 축제 전경

티티카카 호에서 만난 빨간색 두건의 소년들

그들은 한참을 추다가 서로 술 한 잔씩 주고받고 다시 추고를 반복한다. 내가 시기를 잘 맞춰왔나 보다, 이런 구경도 하고.

점심 식사로 광장 근처 식당에서 송어 트루차Trucha 요리를 먹었는데 맛이 좋았다. 식사 후 광장의 흥겨운 축제 분위기를 뒤로하고 마을 구경에 나섰다. 축제 기간이어서 그런지 주변에는 민예품을 파는 원주민 노점상이 많이 보였다. 섬사람들이 직접 짜는 직물이 유명하다고 해서 둘러보고 나왔다. 티티카카 호수 주변의 다른 섬에 비해 제법 규모가 있는 섬으로 길 곳곳에 돌을 쌓은 담장이 꼭 우리나라의 제주도 같다. 바다 쪽으로 경사진 지대에 계단식 밭을 일구고 있는 모습도 비슷해 보였다. 이곳 소년들은 머리에 빨간색 두건을 쓰고 다니는데 독특해 보인다.

저녁 무렵 다시 푸노로 돌아왔다. 시내 중국 음식점에서 저녁 식사를 하고 숙소로 돌아오는데, 그동안 무리한 일정을 강행해서 그런지 아니면 진짜 고산병인지 몸이 많이 안 좋았다. 생각해 보니 푸노는 표고가 3,855미터로 쿠스코보다 더 높다. 그

래도 어지럽거나 그렇지는 않은 것을 봐서는 고산병이 아니라 몸살인 것 같다.

숙소 주인은 무척 호의적인 사람이다. 내가 몸이 안 좋은 것을 알고는 손수 고산병

에 좋다는 코카잎 차를 한 잔 준다. 그러면서 나에게 블루스 리(이소룡)라고 자꾸 부

페루공화국Republica del Peru

★ **위치** 남아메리카 중서부 ★ **기후** 열대성 기후 | 코스타(해안 사막 지역) : 해안 사막 기후 |
시에라Sierra(산악 지역) : 큰 일교차 | 셀바Selva(열대우림 지역) : 열대 고온다습 ★ **면적** 128만
5,216Km²(한국의 13배) ★ **인구** 2,714만 8천 명(2003년) ★ **수도** 리마Lima ★ **주요 민족** 인디
오 원주민 54%, 메스티소 32%, 백인 12%, 흑인 및 소수계 2% ★ **주요 언어** 스페인어, 케
추아어(산악 지역 인디오), 아이마라어(티티카카 호 주변) ★ **종교** 로마가톨릭교 95%, 토착종교
★ **정체** 입헌공화제 ★ **화폐 단위** 누에보 솔(Nuevo Soles : 약호 S/.) 1US$=3.15 S/. ★ **비자**
관광 목적 90일 무비자

른다. 내가 생각할 때에는 별로 닮지도 않았는데. 이소룡, 도대체 언제 때의 인물인데……. 이 주인의 눈에는 동양 사람은 다 똑같아 보이나 보다. 하여튼 재미있다. 인심도 넉넉하고.

남아메리카 중부 태평양 연안에 있는 남미에서 3번째로 큰 면적을 차지 하고 있는 국가이다. 11세기 말 중부 안데스 지역에서 나타난 잉카족은 12세기 초반에는 수도 쿠스코를 중심으로 에콰도르, 볼리비아, 칠레를 아우르는 약 5,000평방미터에 달하는 대제국을 건설하여 찬란한 잉카 문명을 꽃피웠다. 그러나 1532년 스페인의 프란시스코 피사로에게 정복된 후 300년 동안 스페인의 지배를 받았다. 1821년 독립 선언 후 1824년 완전한 독립을 달성했다.

수준 높은 문명을 영위한 잉카 제국의 숨결과 아마존의 비경 그리고 화려한 민족 의상을 입은 원주민 등 페루를 생각하면 떠오르는 단어가 너무나 많은 남미의 축소판이라는 매력을 가진 나라로서 관광객들에게 인기가 높은 관광대국이다.

고원 위 인디오의 나라,

볼리비아

계속된 이웃 국가와의 전쟁에서 모두 패하면서 국가의 영토 및 이권을 빼앗겨 국가 살림은
피폐해질 대로 피폐해져 오늘날 남미에서 최대 빈국이 되어 있는 볼리비아. 그들의 현실을 보니
약소국이었던 우리의 역사가 떠올라 더욱 측은하다.

76th Day

뜻밖의 행운,
코파카바나 독립 기념일 축제 _8월 5일

간밤에 휴식을 취한 덕에 몸이 많이 좋아졌다. 숙소에서 주는 간단한 아침 식사 후 1층 프런트에서 오후에 떠나는 볼리비아 라파스La Paz 행 버스를 예약했다. 그런데 조금 있다가 숙소 주인이 "블루스 리, 블루스 리"라고 호들갑을 떨면서 나를 찾았다. 오늘 볼리비아 측 코파카바나Copacabana에서 열리는 독립 기념일 축제 때문에 버스가 라파스까지는 안 가고 코파카바나까지만 간다고 한다. 사실 푸노에서 티티카카 호수 건너편 볼리비아 측 도시인 코파카바나에는 시간 관계상 그냥 건너뛰고 바로 라파스로 가려고 했다. 그러나 이런 변수가 생기면 할 수 없이 1박을 묵으면서 태양의 섬Isla del Sol도 둘러보고 라파스로 가는 것으로 계획을 수정하는 수밖에 없다.

오후 3시에 버스에 올라 코파카바나로 향했다. 왼편으로 아름다운 티티카카 호수를 끼고 달리는 버스에는 유럽에서 온 백인 배낭여행객들이 많았다. 옆자리의 일본계 미국인 여자가 나의 여권을 보더니 한국인이냐고 물어본다. 아주 반갑게. 반가운 마음으로 얘기를 나누는 동안 페루-볼리비아 간 국경에 도착했다. 페루의 국경 도시인 융구요Yunguyo를 지나 승객 모두가 내려서 페루 측 출국 수속을 마친

후 볼리비아 입국장으로 걸어가는데 국경 분위기가 많이 너저분하고 조금 정신이 없다.

미리 비자를 받지 못해서(사실 아르헨티나에서 한 번 시도했지만) 국경 비자피로 40US$을 내고 입국 수속을 마쳤다. 원래 국경이 아닌 대사관이나 영사관에서 비자를 받으면 30US$에 황열병, 소아마비, 홍역 등에 관한 주사 접종 증명을 제출하면 되는데 여기는 국경이어서 40달러를 받는 것이다. 물론 접종 증명은 다 챙겨왔다.

이제부터 이번 여행의 마지막 국가인 볼리비아이다. 입국장 주변은 남미에서 제일 가난한 나라라는 얘기처럼 아주 남루한 옷차림의 인디오들과 지저분한 거리, 흙먼지 등이 이번 여행의 마지막 국가에서 아주 고성할 것이라는 것을 암시해 주는 듯했다. 다시 버스를 타고 코파카바나로 왔다.

코파카바나에 도착하니 넓은 중앙 광장은 독립 기념일 축제로 흥청거리고 있었다. 술과 음악, 춤을 추는 사람들, 그 주변의 노점상, 많은 사람들 그리고 마스크가 있어야 돌아다닐 수 있을 정도로 좁은 길을 뚫고 흙먼지와 매캐한 매연을 내뿜으며 지나가는 낡은 자동차 등 정신이 하나도 없다. 이미 거리에는 어둠이 내렸는데도 이러한 분위기는 수그러들지 않을 것 같다. 이러한 상황에서 숙소라도 좋은 데서 묵어야 될 것 같아 그나마 이 마을에서 제일 좋은 미라도르 호텔Hotel Mirador에 20US$를 주고 숙박하기로 결정했다.

Trip Latin America 77th Day

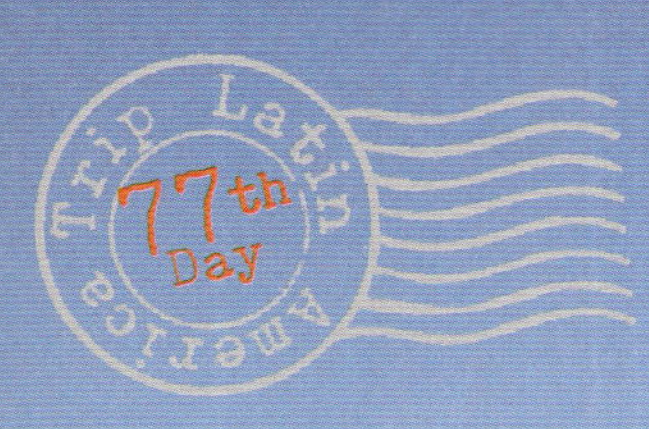

성스러운 땅 태양의 섬 _8월 6일

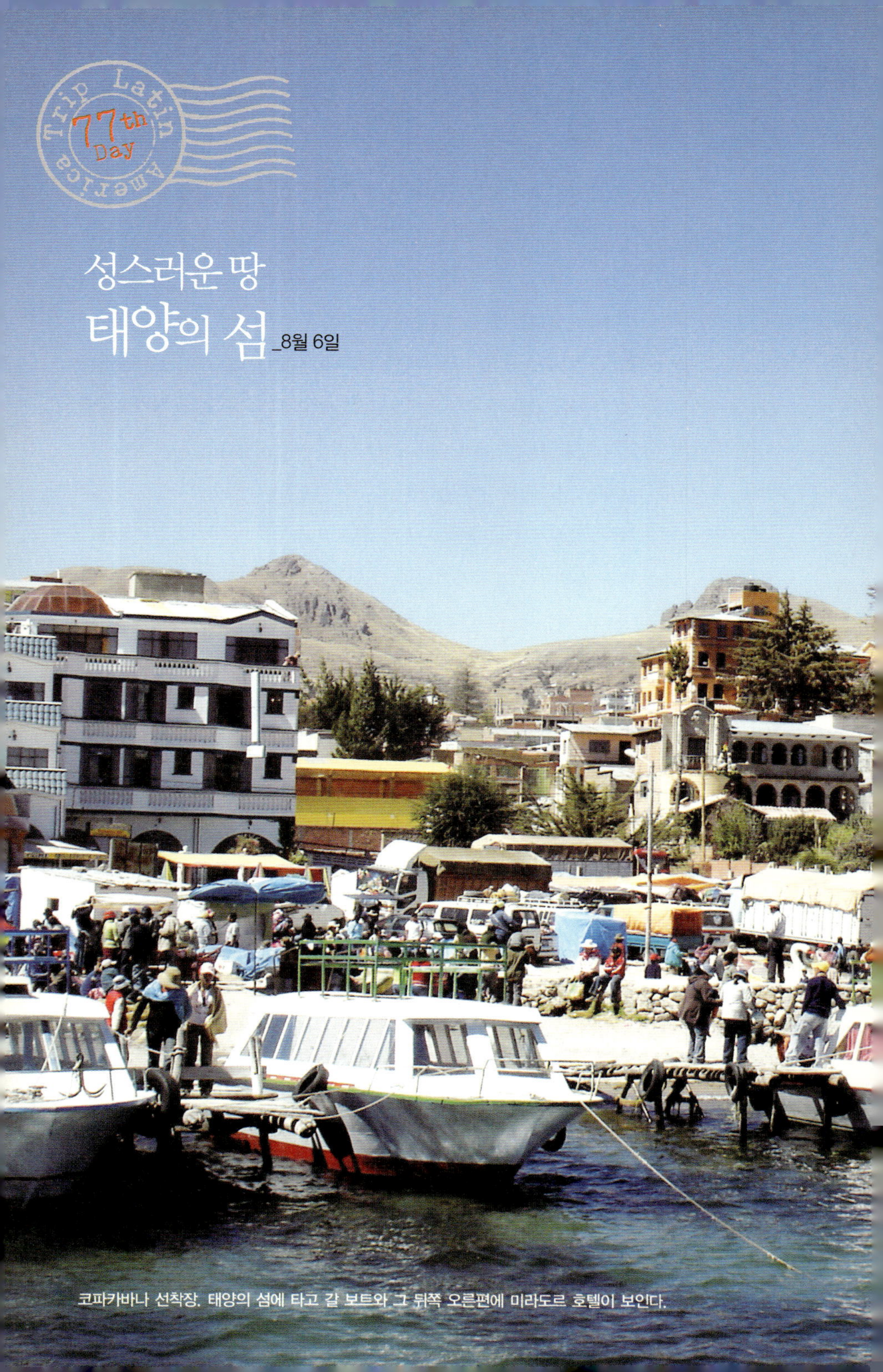

코파카바나 선착장. 태양의 섬에 타고 갈 보트와 그 뒤쪽 오른편에 미라도르 호텔이 보인다.

아침에 일찍 일어나서 태양의 섬에 가기 위해 선착장으로 갔다. 보트에 오르니 8시 15분이었다. 위층에 자리를 잡고 승객 정보를 적는데 동양인은 나밖에 없는 것 같다. 대부분이 유럽인과 페루인이었고 볼리비아노도 있다. 티티카카 호수는 현지 볼리비아인에게도 인기 있는 관광지인가 보다. 그런데 이 명부는 왜 적는 건지 괜히 겁이 났다. 그렇지 않아도 배가 불안해 보이는데.

보트로 1시간 30여 분을 달려서 태양의 섬 선착장에 도착했다. 잉카의 초대 황제 망코 카파크와 여동생 마마 오쿠료가 내려온 성스러운 땅이라고 전해지는 섬이다. 보트에서 내려서 가파른 언덕길에 놓인 가파른 잉카의 계단을 올라가는데 주변에 원주민 인디오의 민예품 노점상, 사진 촬영용 라마를 끌고 온 어린 소녀들 그리고 당나귀를 몰고 가는 원주민 등 다양한 풍경이 자연스럽게 보인다. 주변에는 최근 지은 듯한 조그만 레스토랑과 숙소도 보인다.

가축들의 배설물들이 많아서 가파른 언덕길을 조심조심 걸어 올라갔다(사실 해발 3,800미터 정도의 고지여서 안 그래도 산소 부족인데 게다가 가파른 계단을 걸어 올라가려니 진짜 땀난다). 물 한 모금 마시면서 주위에서 풀을 뜯고 있는 라마의 얼굴에 손을 갖다 대니 겁을 먹은 듯 화들짝 놀란다. 섬 안에는 수원이 밝혀지지 않은 샘물이 흐르는데 이곳 사람들은 '젊음을 되돌리는 샘'이라고 한다. 주위의 가파른 계단식 밭을 거슬러서 초기 잉카 시대의 태양의 신전 유적인 필코 카이나Pilko Kaina로 갔다. 자그마한 유적 터에는 이제껏 보아온 잉카의 대부분 건물이 그렇듯 돌을 쌓아 만든 석벽이 있었는데, 초기의 작품이어서 그런지 왠지 투박해 보이고 정교함이 조금 떨어지는 것 같았다.

다시 코파카바나로 돌아오는 보트에서 문득 이런 생각이 들었다. 국토에 바다가 없는 볼리비아의 해군은 티티카카 호수만 지키는 군인인가? 물론 농담이지만 과연 해군이 있나 궁금했다. 그런데 처음부터 볼리비아 국토에 바다가 없었던 것은 아니다. 지금은 남미 중부 내륙에 위치한 볼리비아는 한반도 면적

원주민 여인이 당나귀에 짐을 싣고 힘겹게 언덕길을 오르고 있다.

한가로운 섬의 전경

의 11배 크기로, 북쪽과 동쪽은 브라질, 남동쪽은 파라과이, 남쪽은 아르헨티나, 서쪽은 페루 · 칠레와 국경을 이루는 내륙국이다. 그러나 과거의 영토였던 태평양 연안 지역인 안토파가스타와 이키케Iquique를 페루-볼리비아 연합군과 칠레와의 전쟁인 남미판 태평양 전쟁(1879~1883년)에서 칠레에 패하면서 유일하게 태평양에 면한 해안 지역인 이키케 지역을 칠레에게 빼앗기고 내륙 국가로 전락하게 되었다. 그 전쟁에서 승리한 칠레는 이키케 지역뿐단 아니라 페루에게는 아리카Arica 지역을 병합하여 오늘날 북부 아타카마Atacama 사막 지역으로 관광 상품화까지 한다고 하니 볼리비아나 페루 입장에서는 전쟁에서 패전을 안겨주고 영토까지 빼앗아간 칠레가 좋게 보일 리가 없겠다. 그래서 페루와 볼리비아 그리고 칠레는 앙숙 관계라고 한다(그리고 보니 칠레는 아르헨티나와도 앙숙인 관계인데, 사이좋은 나라가 없다).

그 결과 볼리비아 정부에게도 유리한 프로젝트였던, 칠레 해안까지 매설하기로 했던 가스 배관 공사를 최근에 무산시켜 버리고 대신 그보다 훨씬 먼 거리인 페루로 돌아서 가스 배관 공사를 시행한다고 한다. 이와 같이 볼리비아는 이미 20세기가 시작되기 훨씬 전에 자국의 풍부한 지상 또는 지하자원 때문에 이웃 나라들과 전쟁을 여러 번 치러야 했다. 불행하게도 그때마다 볼리비아는 패하였다.

1세기 전에는 브라질과 고무 산지를 두고 전쟁을 벌였고, 심지어 1935년에는 유전 매장 추정지를 놓고 내륙국이자 극빈국이던 파라과이Paraguay와 3년간에 걸쳐 전쟁을 치르다가 패배하여 미국 유타Utah 주만 한 넓이의 차코Chaco 지역의 땅을 빼앗겼다. 전체적으로 텍사스 주 크기의 세 배보다 넓은 지역에 해당하는, 한때 가지고 있던 면적의 2분의 1을 태평양에 면한 땅과 함께 이웃 나라들에게 빼앗긴 것이다.

그 당시에는 제1차 세계대전에 참전하여 전쟁 경험이 풍부한 독일 출신 한스 쿤트 Hans Kundt 장군이 볼리비아군을 이끌었을 뿐 아니라, 군 장비도 파라과이보다는 훨씬 앞서 있었음에도 불구하고, 그때의 패배로 인하여 볼리비아는 현 파라과이 국토의 절반에 해당되는 땅을 파라과이에게 떼어주었다. 계속된 이웃 국가와의 전쟁에서 모두 패하면서 국가의 영토 및 이권을 빼앗겨 국가 살림은 피폐해질 대로 피폐해져 오늘날 남미에서 최대 빈국이 되어 있는 볼리비아의 현실을 보니 약소국이 었던 우리의 역사가 떠올라 더욱 측은하다.

외국 기업들은 국내에 들어와 국부를 착취하여 갔기 때문에, 볼리비아인들의 잠재 의식에는 외국인들에 대하여 아물지 않은 깊은 피해 의식이 깔려 있다고 한다. 이 나라에 유일한 호수 국경을 지키는 해군을 생각하다가 이런 역사적 사실을 설명하게 되었는데, 이 나라 정말 지독히도 운도 없고 불쌍해 보이는 것은 사실이다. 그렇게 봐서 그런지 이웃 나라 페루에 비해 이 나라 사람들은 어딘지 모르게 생기가 없어 보이고 어깨가 처져 보인다. 이러한 불행한 역사가 되풀이되지 않도록 하루 빨리 부강한 나라로 발전되기를 진심으로 기원한다.

돌아오는 보트에서 한국에서 가져온 책을 읽고 있는데 옆자리에 앉아 있던 흑인이 나보고 한국인이냐고 물어본다. 어떻게 한국

인인지 알았냐고 물어보니 옛날에 시카-고에서 한국인과 많이 어울려서 한글 정도는 구별할 수 있다고 한다. 샤비체라는 미국 흑인인데, 재미있는 사람인 것 같다.

보트에서 내려서 흙먼지를 마시며 숙소에 돌아-오니 벌써 오후 1시가 넘었다. 점심 식사도 할 겨를 없이 라파스 행 1시 30분 버스를 타기 위해 짐을 챙겨서 숙소를 나섰다. 언덕길을 한참 올라가서 버스를 타는데, 허름한 버스에 큰 짐은 버스 루프에 얹고 작은 짐만 가지고 버스에 올랐다. 버스는 한참을 달려서 티키나 호 협만에서 다시 내려서 호수를 건너기 위해 보트에 올랐다. 사람과 버스가 각각 다른 보트를 타고 호수를 건넜다.

호수를 건너서 한참을 기다린 끝에 다시 버스에 올랐다. 그런데 볼리비아의 버스 상태가 말이 아니다. 너무 노후화되고 매연도 심한 걸로 봐도 현재 볼리비아의 경제 실정을 보여주는 것 같다. 달리는 버스 창밖으로 그림 같은 목초 지대와 이 나라 원주민 인디오들의 축제 현장 등 볼거리가 다양해서 좋다.

오후 5시쯤 되어서 라파스가 가까워지는데 거리 곳곳의 상점들 문이 굳게 닫혀 있다. 오늘이 볼리비아의 독립 기념일로 휴일이다. 예상치 못한 독립 기념일 때문에 여러 가지 변수가 생기는 것 같다. 6시가 다 되어서야 라파스 이럄푸 거리^{Av. Illampu}에 내렸다. 이럄푸 거리와 마주한 사가르나 거리^{Av. Sagarna}까지는 거리 곳곳에 호텔 및 호스텔, 식당, PC방, 여행사 등 배낭여행객들을 위한 위락 시설이 밀집되어 있어 여행자 마을 같다.

몇 군데 숙소를 알아보다가 조금 급이 높은 호텔에 여장을 풀었다. 표고 3,650미터 라파스의 밤 기온이 상당히 낮다고 들었고 이제 여행 막바지여서 그런지 조금 편하게 있고 싶어서 28US$에 별 4개짜리 호텔에 숙박하기로 했다. 그런데 여기 호텔들은 별을 자기네들이 갖다 붙이는 것 같다. 좋다고 해봐야 내외부 시설이 별 4개 정도는 아닌 것 같은데…….

카페리라고 하기에는 좀 뭣하다.

세계에서 제일 높은 수도, 라파스 _8월 7일

오전에 우유니Uyuni 소금 호수 투어와 리마 가는 항공권을 알아보기 위해 론리플래닛에 나온 '아메리카스 투어스Americas Tours'라는 시내 여행사로 갔다. 라파스의 시내 다운타운인 7월 16일 거리Av. 16 de Julio의 남동쪽에 위치하고 있는데 이곳에서 학생 광장Plaza del Estudiante까지는 근대적이고 깨끗한 거리에 고층 빌딩들이 들어서 있는 등 번화가가 형성되어 있다. 숙소가 있는 구시가지와는 다른 것 같다. 하기야 한 나라의 수도인데, 당연히 번화가가 있겠지라는 생각을 했다.

라파스는 지대의 높낮이에 따라 빈부가 나뉘는데, 도시의 아래쪽은 신시가지와 부촌으로 형성되어 있고 높은 지대로 올라갈수록 가난한 사람들이 살고 있으며 나날이 그 범위가 넓어지고 있다고 한다. 식사를 하러 중국 식당에 들어갔는데 식당 안에는 마침 점심시간이어서 근처의 회사원들로 북새통을 이루고 있었다. 그만큼 유명한 식당이기도 하고. 점심 메뉴가 1인분에 대부분 우리나라 돈으로 1,500원 정도 되었다.

식사 후 여행사에 가니 리마 가는 항공권은 할인 티켓이 없고, 우유니 가는 투어도 3박 4일 이하 일정은 없는 것 같다. 다시 숙소 근처의 토도 여행사 버스Todo Turismo, TODO Bus(라파스에서 우유니로 직접 가는 관광객용 고급 버스로 25US$) 사무실로 갔으나 금주 금요일 스케줄까지는 예약이 꽉 찼다고 한다. 이런 낭패가 있나. 그러면서 대

안으로 로컬 버스를 타고 가라고 한다. 코파카바나에서 이곳으로 올 때 로컬 버스 경험을 한지라 벌써부터 걱정되고 두려워진다. 할 수 없이 버스 터미널까지 가서 오늘 오후 7시 로컬 버스를 예약하고 우유니 투어는 도착하는 내일 아침 현지에서 트라이해 보기로 했다.

오후 7시까지는 아직 시간이 많이 남아 있어서 라파스 시내 구시가지 구경에 나섰다. 숙소에서 얼마 멀지 않은 곳에 있는 산프란시스코 사원Basilica de San Francisco으로 갔다. 1549년에 지어졌다는 교회 건물은 꽤 멋지고 웅장해 보였다. 교회 앞으로 광장이 형성되어 있는데 광장에는 거리 예술가, 부랑인 등 꽤 사람들이 많았다. 그리고 그 앞으로 차도까지 유동인구가 상당히 많은 듯했다.

길을 건너서 북동쪽으로 조금 걸어 올라가니 무리요 광장Plaza Murillo이 나왔다. 광장은 다른 남미 국가들의 중심 광장과 다르지 않게 전형적인 모습을 갖추고 있었다. 대통령 관저와 대성당 그리고 국회의사당으로 둘러싸인 광장에는 볼리비아의 독립 전쟁 때 활약한 무리요 장군 동상이 서 있다. 그리고 많은 비둘기와 비둘기 몰이를 하고 있는 어린이, 거리 상인들 등이 보여 이제까지 남미 여행하면서 많이 보아왔던 모습과 비슷했다. 얼핏 한눈으로 보기에도 중심가다운 면모가 보였다.

독특하고 멋진 건물이 눈에 들어와서 발걸음을 옮겼다. 그곳은 국립예술박물관 Museo Nacional de Arte으로 대성당 건너편에 있는 이 박물관은 1775년에 세워진 바로크 양식의 건축물로 내부에는 식민지 시대 종교화부터 오늘날의 예술품까지 다양하게 전시되어 있다.

시간이 많이 흘러서 다시 숙소로 돌아왔다. 어차피 우유니 갔다가 다시 라파스로 돌아와야 하므로 큰 짐은 호텔 프런트에 맡기고 작은 짐만 가볍게 들고 버스 터미널로 갔다. 7시 버스를 기다리는데 낯익은 사람들이 보였다. 지난번 리마 민박집에서 만난 한국인 오누이 여행객이다. 반가웠다. 같은 버스를 타고 가는 것 같다. 앞으로의 여정이 내일 우유니 투어를 한 뒤 아르헨티나 살타로 넘어갈 계획이라고 했다.

터미널에서 간단한 저녁거리를 사면서 느낀 점인데 남미 화폐는 위폐가 많아서인 지 상인들이 물건값을 받으면 그 자리에서 지폐를 하늘에 대고 비춰본다. 이제까 지 남미 거의 모든 국가에서 그랬던 것 같다. 볼리비아 터미널에서는 두 번 세 번 비춰본다. 도대체 위조지폐가 얼마나 많기에 그러는지 여기서만 볼 수 있는 독특 한 모습이다.

라파스

볼리비아 서부 라파스 주의 주도로서 인구 110만 명의 대도시로서, 티티카카 호 동쪽 80킬로미터 지 점에 표고 3,650미터의 세계에서 제일 높은 곳에 위치해 있는 수도(헌법상의 수도는 수크레)이자 최대의 도시 이다. 1548년 라파스 강江 연변 알티플라노 고원 고지에 건설된 도시로, 볼리비아의 정치·문화·경제의 중 심지를 이루고 있다. 전체 인구 중 순수한 인디오가 주민의 반을 차지한다. 시내 무리요 광장이 시의 중심 이며, 부근에 대통령 관저를 비롯하여 정부 청사·국회 의사당 등의 건물과 로마 가톨릭 대성당, 1830년에 창립된 대학, 박물관·호텔·극장 등이 있으며, 고원 도시임에도 근대적인 고층 건물을 볼 수 있다.

사막 위 하늘과 호수가 하나되는 곳,
우유니 소금 사막 _8월 8일

간밤에는 최악의 버스를 타고 탔다. 우려했던 대로 덜컹거리는 낡은 버스에, 불편한 의자, 비포장도로를 달리는 동안 창문 틈 사이로 들어오는 흙먼지 등을 견디기 어려웠다.

14시간을 밤새 달려 드디어 아침 9시에 우유니에 도착했다. 버스가 내린 곳 주변에는 우유니 소금 사막 투어를 주관하는 몇몇 투어 회사에서 나와서 호객 행위를 하고 있었다. 그중 한곳과 1인당 30US$에 협상을 했다. 터미널에서 만나 같이 온 한국인 오누이 여행객과 같이. 그런데 그들은 오늘 여기서 1박을 한다고 한다. 그래서 그들과 함께 맞은편에 있는 '하이 살라르 드 우유니Hi?Salar de Uyuni'에 여장을 풀고 약속 시간인 11시에 여행사로 가니 갑자기 투어가 취소되었다고 한다. 이런 무경우가 있나? 무책임. 황당…….

할 수 없이 수소문 끝에 다른 여행사에서 같은 가격으로 오늘 투어를 하기로 하고 투어 떠나기 전에 오늘밤 라파스로 가는 토도 여행사 버스를 예약했다. 라파스에서 문의할 때는 금요일까지 만석이라고 하더니, 리턴 편은 있었나 보다. 다행이다. 여기 오는 것만큼 고생스럽게 안 가도 되니.

드디어 출발. 지프를 타고 조금 달리니 끝없는 순백의 지평선이 시야로 들어왔다. 세상이 온통 하얀색과 하늘색 2가지뿐 아무것도 보이지 않는다. 이게 그 유명한 우유니 소금 사막이라는 곳이다. 한참을 달려서 소금 호텔에 도착했다. 호텔의 건물 벽, 의자, 테이블, 침대와 기타 인테리어까지 모두 소금으로 만들어진 곳으로 보는 순간순간마다 놀라움을 감출 수가 없다.
호텔 밖 작은 언덕에는 몇 나라의 국기
가 꽂혀 있다. 물론 태극기도 게양되어
있는 감개무량함을 느낄 수 있다. 다시
차는 달리는데 바닥이 온통 소금이어서
얼핏 보기에는 설원을 달리는 것 같다.
이 우유니 소금 사막은 우기인 12~3월
에 오면 20~30센티미터의 물이
고여 얕은 호수가 만들어지는데,
낮에는 강렬한 햇살과 푸른 하늘,
구름이 마치 거울처럼 투명하게 반
사되어 절경을 이루고, 밤이면 하늘
의 별이 모두 호수 속에 들어 있는
듯 하늘과 땅이 일체를 이루어 장관
을 연출한다고 한다.

그러나 지금은 8월이어서 그런지 바닥
이 많이 굳어 있어 보였다. 그래도 달리는
길(사실 그냥 새하얀 소금 바닥을 달리므로 드대
체 어디가 길인지 분간은 할 수 없다. 모두 소금 땅
이니) 여기저기에서 강한 햇살을 받아서 그
런지 얕은 소금물이 고여 있고 푸른 햇살
이 투명하게 반사된 모습을 찾을 수 있다.
한참 후 도착한 곳은 소금 사막 중간에
선인장으로 가득 찬 '물고기의 섬'이라
불리는 '이슬라데페스카 Isla del pescador' 였

호텔 밖 언덕에는 태극기도 게양되어 있다.

다. 조그만 동산 위에 옛날 잉카 사람들이 심어 놓았다는 선인장이 가득하다. 마치 선인장 섬 같아 보였다. 소금으로 가득한 소금 사막 위에 선인장. 보고 있노라니 오묘한 조화를 느끼게 되는 것이 상당히 독특하다. 주위도 둘러보고 사진도 찍는 등 시간을 한참 보내고 난 뒤 차를 타고 다시 출발했다.

끝없는 소금 지평선에서 다시 내려 바닥을 보니 건기여서 소금 입자들이 뭉쳐 있는데 대부분 오각형 내지 육각형의 모양새를 하고 있다. 소금 사막의 소금들은 예전에는 이 지역 주민들이 채취해서 생필품과 교환하는 등 중요한 교역 수단으로 사용되었으나 최근에는 정부의 인가를 받은 회사에서 관리한다고 한다. 그래도 맛은 볼 수 있는 법. 손으로 입자를 조금 집어 맛을 보니 정말 짜다. 소금은 맞는 것 같다. 해가 지고 어둠이 내리는 시간, 돌아오는 길에 소금 사막 안의 온천수가 흐르는 곳도 지나갔다.

다시 우유니 마을에 도착하니 어둠이 완전히 내려 시내가 조용하고 어둡다. 시내

선인장으로 가득 찬 '물고기의 섬'이라고 불리는 이슬라데페스카 아래 소금 사막을 달려온 지프가 보인다.

가 어두워도 너무 어둡다고 생각하는데, 지금 정전 중이라고 한다. 그래서 그런지 동네가 칠흑같이 어둡다. 그래도 저녁 식사는 해야 할 것 같아 식당을 찾아보았다. 전기가 안 들어와서 대부분의 식당이 문을 닫았는데 한 군데 이탈리아 레스토랑 문이 열려 있었다. 문을 열고 들어가니 역시 예상대로 식당에는 손님들로 북새통이었다. 이 레스토랑 주인은 비즈니스 개념이 있는 사람 같다. 남들이 정전이라고 영업을 하지 않을 때 램프불과 촛불을 밝히면서 레스토랑 영업을 하며 대목을 보는 것을 보면 말이다. 마치 한국 사람 같은 마인드를 갖고 있다고 해야 할까? 치열한 경쟁을 뚫고 피자를 먹고 난 뒤 칠흑같이 어두운 거리를 걸어서 라파스 행 토도 여행사 버스에 올랐다.

빈 생수통으로
이런 장난도 쳐 봤다.

우유니 소금 사막

볼리비아 포토시 주의 우유니 서쪽 끝 해발 고도 3,653미터의 고지대에 위치한 소금으로 뒤덮인 사막으로 '우유니 소금 호수'로도 불린다. 면적은 1만 200제곱킬로미터다. 라파스로부터 남쪽으로 200킬로미터 떨어져 있고, 칠레와 국경을 이룬다. 수만 년 전 지각 변동으로 솟아올랐던 바다가 빙하기를 거쳐 2만 년 전 녹기 시작하면서 이 지역에 거대한 호수가 만들어졌는데, 비가 적고 건조한 기후로 인해 오랜 세월이 흐르는 동안 물은 모두 증발하고 소금 결정만 남아 형성되었다. 소금 총량은 최소 100억 톤으로 추산되며 볼리비아 국민이 수천 년을 먹고도 남을 만큼 막대한 양이라고 한다. 두께는 1미터에서 최대 120미터까지 층이 다양하다.

소금으로 가득한 소금 사막을 둘러보고 사진도 찍고
그렇게 한참을 무아지경에 빠져 있었다.
그리고 다시 차를 타고 출발했다.
끝없는 소금 지평선에서 다시 내려 바닥을 보니
건기여서 소금 입자들이 뭉쳐 있는데
대부분 오각형 내지 육각형의 모양새를 하고 있다.

사진 찍히는 것을 유난히 싫어하는
인디오 원주민들 _8월 9일

여행 80일째. 어제까지 우유니 투어를 마치고 오늘은 라파스로 이동해서 잠시 쉬고 다시 리마 행에 오른다. 라파스에서 리마 가는 항공권을 미처 예약하지 못해 버스편으로 또 끝없는 드라이브(?)를 해야 한다.

아침 6시에 라파스 버스 터미널에 도착했다. 리마 가는 버스편을 확인하니 오늘 오후 2시에 있다고 한다. 일단 이람푸 거리에 있는 호텔로 갔다. 이른 아침이어서 호텔 문이 굳게 잠겨 있는 것을 노크해서 들어갔다. 프런트에서 사정을 얘기하고 오전 몇 시간만 객실을 사용하겠다는 양해를 구했다. 객실에서 샤워 및 정리를 하고

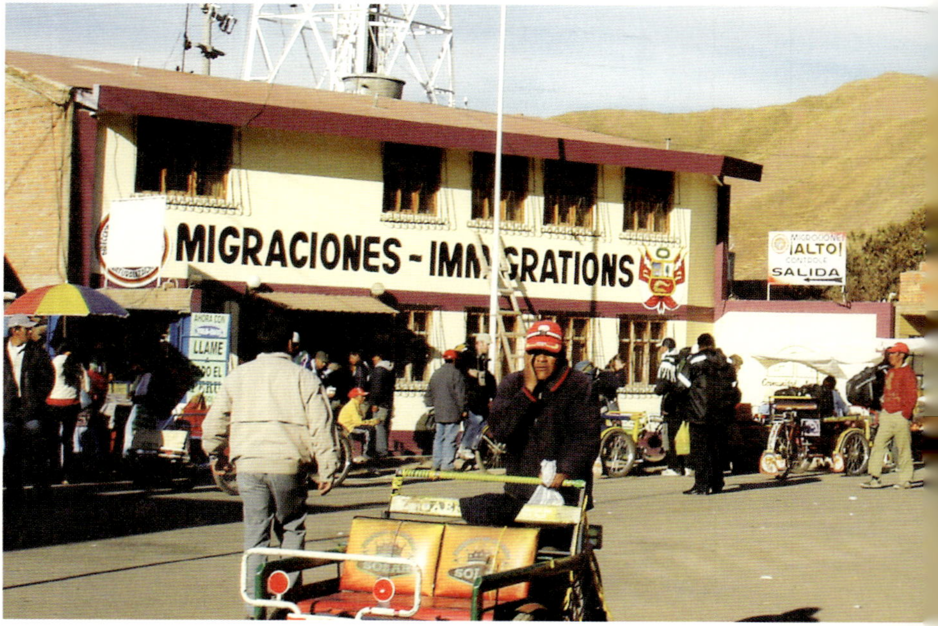

나와서 짐을 프런트에 맡기고 숙소 근처 유대인들이 많이 가는 레스토랑에 가서 식사를 했다.

그리고 숙소 근처 재래시장인 메르카도 네그로Mercado Negro로 갔다. 라파스의 서민 생활을 볼 수 있는 시장은 여러 갈래 좁은 언덕길 양옆으로 상점들이 많이 형성되어 있다. 특히 사가르나 거리와 교차되는 티나레스 거리Calle Linares는 '마녀의 거리'라 불리는 곳이다. 그곳에는 원주민들이 주술 약초, 부적, 동물 가죽 등의 희한한 상품부터 알파카나 라마 털로 만든 각종 의류까지 다양한 제품들을 내놓고 팔고 있었다.

알파카 스웨터나 하나 살까 하고 여기저기 둘러보는데 거리 곳곳에 인디오 원주민 할머니(?)들이 노점에서 알파카 스웨터를 팔고 있다. 그중에 눈에 들어오는 스웨터 가격이 85Bs(11US$)하는 것을 55Bs(7.5US$) 정도로 깎았다. 정말 싸긴 싸다. 그런데 문제는 현지 화폐인 볼리비아노(Bs)가 모자란다. US$를 안 받는다고 캄비오(교환)해서 오라고 한다. 환전소를 찾으려고 주변을 수스문해서 갔는데 문이 잠겨 있다. 할 수 없이 다시 돌아와서 가지고 있던 볼리비아노와 달러를 섞어서 주고 알파카 스웨터를 샀다. 그런데 디자인이 약간 촌스럽다. 이거 한국 가서 입고 다닐 수 있을까?

그런데 여기 원주민 인디오들은 사진 찍히는 것을 아주 싫어한다. 카메라가 자기

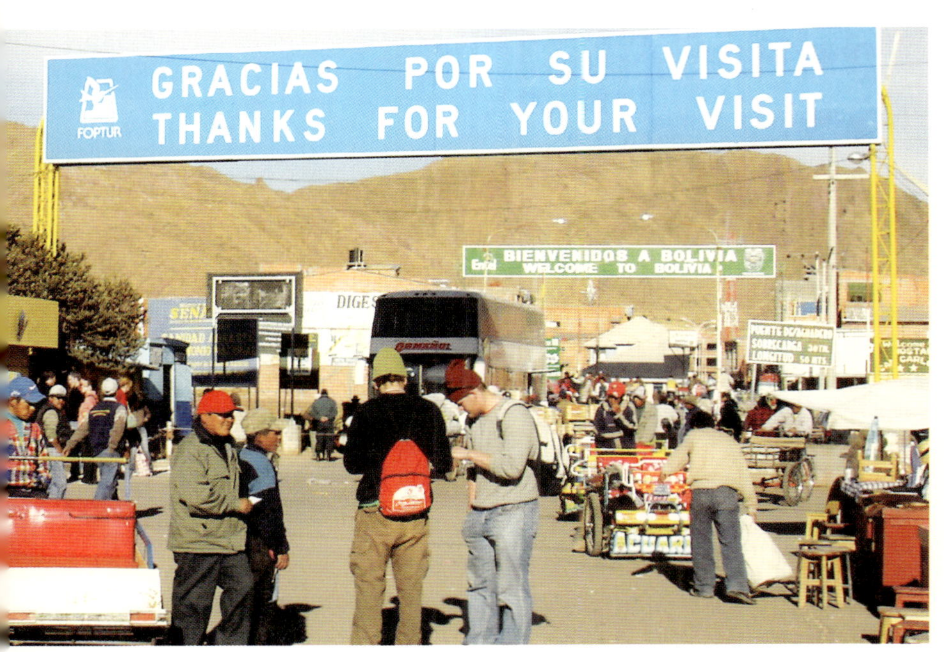

쪽을 향하는 것을 느끼면 바로 고개를 돌린다. 멀리 숨어서 찍는데도 눈치를 빨리 챈다. 사실 에콰도르부터 페루, 볼리비아까지 다 그랬던 것 같다. 숙소로 돌아오면서 알파카 값을 깎은 것이 후회되었다. 한국 돈으로 3,000원 정도면 나한테는 얼마 되지도 않는 금액이지만 그들에게는 큰 금액인데…….

다시 호텔로 와서 짐을 챙겨들고 버스 터미널로 갔다. 이번 라파스에서의 호텔은 아주 잘 정한 것 같다. 1박 숙박에 이틀간 큰 짐을 맡기고 거기다가 오늘 오전 잠시 사용까지 했으니. 버스 터미널에 내려서 오르메뇨Ormeno 사로 걸어가는데 어제 우유니 레스토랑에서 우연히 만난 한국인 부부 여행객을 또 만났다. 그들은 어제 우유니에서 여기 라파스로 올 때 로컬 버스를 타고 오느라고 죽는 줄 알았다고 한다. 우유니 갈 때 나도 그랬는데……. 그들은 다음 코스로 쿠스코로 간다고 한다.

오르메뇨 사의 로열 클래스 버스 라파스-리마 간 27시간, 77US$에 사서 탔는데, 버스 시설은 말이 로열 클래스이지 세미 카마급 버스 정도밖에 안 되는 것 같다. 그런데 이 버스 시설이 특이하다. 2층 버스의 2층 앞자리에는 둥근 테이블과 원형 의자가 있다. 마치 휴게실처럼. 각자의 자리에 있다가 허리를 펴고 움직이기에 딱 좋은 곳 같다. 그나마 다행이다. 그래도 이 좌석에 앉아서 어떻게 27시간을 달려갈지 난감하다. 남미 여행하면서 볼리비아, 페루 버스가 최악인 것 같다. 버스 옆자리에는 페루 아저씨가 탔는데 상당히 우호적인 사람같이 느껴진다.

오후 늦게 페루-볼리비아 국경 마을에 도착했다. 육로로 국경을 건널 때에는 언제나 느끼는 것이지만, 국경 마을은 너저분하고 복잡하기 그지없는 것 같다. 물론 여기도 마찬가지이다. 출입국 수속을 밟고 페루 쪽으로 넘어오니 마을이 활기에 넘친다. 아니 내 마음이 다시 활기를 띠고 있는 것인가.

볼리비아공화국

★ **위치** 남아메리카 중앙부 ★ **기후** 열대성, 고산 기후 ★ **면적** 109만 8,581km²(한국의 11배) ★ **인구** 827만 명(2001년) ★ **수도** 수크레Sucre ★ **주요 민족** 케추아족 · 아이마라족 인디오 55%, 메스티소 32%, 백인 12%, 기타 1% ★ **주요 언어** 스페인어, 케추아어, 아이마라어 ★ **종교** 가톨릭교 95% ★ **정체** 입헌공화제 ★ **화폐 단위** 볼리비아노(Boliviano, 약호 Bs) US$ 1=Bs 7.8(2007) ★ **비자** 입국 시 비자 필요, 1회 30일 체제 가능, 30US$(황열병, 홍역, 소아마비 주사 접종 증명 필요)

하루 종일 버스 그리고 또 버스 _8월 10일

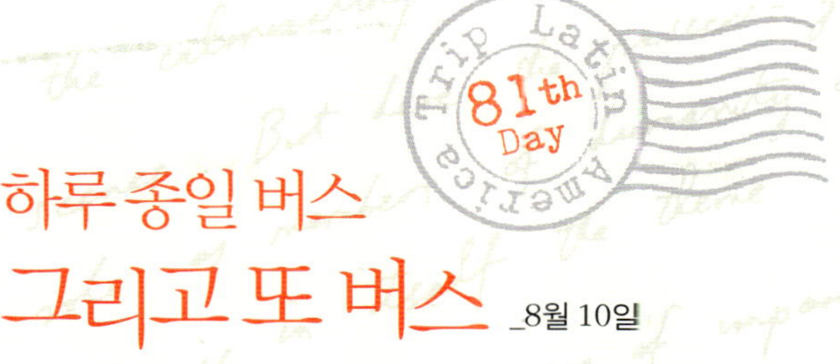

아침에 눈을 뜨니 그때까지도 버스는 계속 달리고 있다. 페루의 척박한 사막을 지나고 있었다. 이동 중에 간단히 세면을 할 수 있는 휴게소 같은 곳에 잠시 정차했다. 여기서 모두 내려서 이를 닦고 세면을 하는 등 많은 사람들이 분주히 움직인다. 버스가 다시 달리면서 조식으로 간단한 샌드위치와 커피가 나왔다. 달리는 차에서 보니 나스카 비행장 등 눈에 익은 장소들이 보인다. 오후 6시가 넘어서야 페루 리마 오르메뇨 버스 터미널에 내렸다. 터미널 앞에서 택시를 집어타고 전에 숙박했던 한국인 민박집으로 왔다.

이제 마음이 편하다. 거의 모든 일정이 끝나고 내일 하루 리마에서 시내 구경과 쇼핑을 한 뒤에 모레 오전 비행기로 미극 마이아미로 돌아간다. 불편한 버스에서 27시간이나 버티며 와서 그런지 허리가 쑤시는 이런 고생스러운 추억도 지나고 나면 즐거운 추억이 될 것이라는 생각이 든다.

남아메리카 중앙부 브라질 남서부에 있는 나라로서 안데스 지역 최고의 문명지인 잉카 제국의 영토였으나 1535년부터 스페인의 지배를 받기 시작해 1825년 A. J. 수크레Sucre가 이끄는 볼리바트Bolivar 군대에 의해 독립되었다. 볼리비아라는 국명은 '볼리바르의 나라' 라는 뜻으로, 독립 운동의 영웅 시몬 볼리바르Simon Bolivar의 이름을 딴 것이다.

국토의 3분의 1 정도가 안데스 산맥 고지대에 위치하고 있으며 6,000미터급 고봉이 14좌나 되는 '고원의 나라' 이며 주요 도시들도 대부분 고원에 위치하고 있다. 다른 남미 국가들에 비해 전체 국민 중 순수한 원주민 인디오 비율이 상당히 높은 국가로 곳곳에 민족 의상을 걸치고 다니는 사람들의 모습을 많이 볼 수 있다. 헌법상의 수도는 인구 15만 명의 수크레이고, 정부와 국회가 있는 행정 수도는 인구 130만 명의 라파스로 3,600미터 고지에 위치해 있다. 주요 관광지로는 1991년 도시 전체가 유네스코 세계유산으로 등록된 수크레와 세계 최대 소금 호수인 우유니 호 등이 유명하다.

Adios _8월 11일

오전에 홀가분한 마음으로 숙소를 나서 구시가지 중심가인 아르마스 광장
으로 갔다. 이번 여행에서 리마의 아르마스 광장은 두 번째 방문이다. 1535년 스페
인 정복자 피사로에 의해서 '제왕의 도읍'으로 건설되어, 19세기 초 남아메리카 각
국이 스페인으로부터 독립할 때까지 남아메리카에 있는 스페인 영토 전체의 주도
가 되었던 곳으로 지금도 리마 구시가지의 중심을 이루고 있다.

오늘도 변함없이 12시에 대통령부 앞에서 위병 교대식을 하고 있었다. 교대식을
뒤로하고 아르마스 광장 바로 앞에 있는 대성당으로 갔다. 정복자 프란시스코 피
사로가 손수 초석을 놓았다는 페루에서도 가장 오래된 대성당으로 초석이 놓인
1535년 1월 18일이 리마 천도의 날이라고 한다. 대성당 내부에 멋진 금은박
조각 제단이 있다고 해서 둘러볼 겸 들어갔는데
마침 페루인의 결혼식이 진행되고 있었다. 페

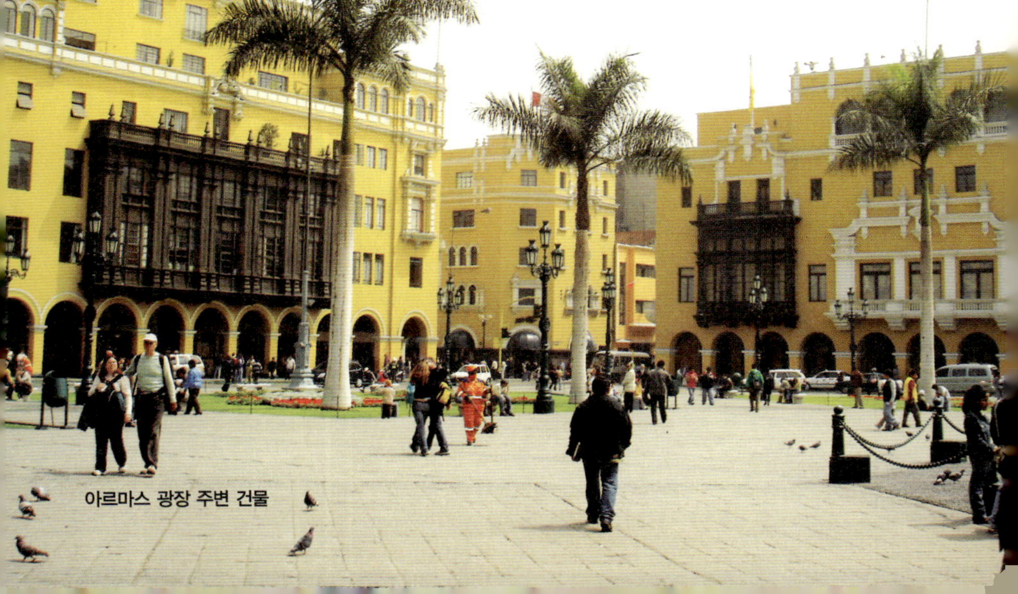

아르마스 광장 주변 건물

루인의 결혼식 모습은 한국의 결혼식 모습과 별로 다르지 않는 듯했다.

대성당에서 나와서 2블록을 걸어서 산프란시스코 교회·수도원으로 갔다. 바로크와 안달루시아 양식으로 1546년부터 100년 이상 걸려서 지어졌다는 이 교회와 수도원의 외부 앞뜰에는 많은 비둘기떼들이 날아다니고 있었다. 입장료를 내고 들어가니 수도원 내부는 영어와 스페인어로 하는 가이드 투어가 있었다. 내부에는 종교화들이 많이 보였다. 이윽고 지하로 내려가서 어둡고 낮은 천장에 미로 같은 길을 따라가서 본 것은 갑 속에 담긴 해골과 뼈들이다. 일행 중 백인이 이것들이 정말 사람의 그것이냐고 물으니 가이드가 식민 시대 때 일반 시민의 것이라고 한다. 도대체 왜 이곳 지하에 뼈와 해골을 수집(?)해 놓았을까?

수도원에서 나와 다시 아르마스 광장 쪽으로 가서 라우니온 거리*Jiron de la Union*를 걸었다. 이곳은 구시가지의 중심이 되는 길로 아르마스 광장에서 산마르틴 광장 사이를 중심 상점가로 해서 식민지 시대의 건물 사이로 차 없는 거리가 기다랗게 이어진다. 거리 양옆으로 카페, 부티크, 식당 및 각종 오락 시설이 밀집해 있어 우리나라의 명동 거리 같다(물론 규모는 엄청 차이가 나지만).

주위를 둘러보며 지나가다가 점심 식사를 하러 중국 식당에 들어갔다. 음식을 먹다가 문득 이런 생각이 든다. 이제까지 남미 여행하면서 식사를 주문할 때 언어(스페인어 또는 포르투갈어) 때문에 커뮤니케이션이 되지 않아서 불편함을 느낀 적이 한

두 번이 아니었는데, 유독 중국 음식점은 항상 영어 메뉴판을 준비하고 있었다는. 그래서 무슨 음식이든 고생하지 않고 다 주문해 먹을 수 있었구나 하고. 게다가 음식도 한국인의 입맛에 가장 잘 맞았다. 하여튼 중국인의 상술은 대단하다는 생각이 들었다. 또 한편으로는 현지인들도 조금만 발상의 전환을 해서 영어 메뉴판을 준비한다면 여행객들이 아주 편리하게 음식을 주문할 수 있을 것 같다는 생각도 했다. 미국, 유럽 등 영어권 나라에서 관광을 많이 오는 것은 알면서 그렇게 하는 게 뭐가 힘들다고 안 할까? 여행이 다 끝나가니까 별의별 아이디어가 샘솟는다. 진작 이런 사실을 알았으면 고생을 좀 덜했을 텐데.

식사 후 다시 산마르틴 광장으로 갔다. 이곳 시민의 휴식처이기도 한 산마르틴 광장에는 남미 해방의 영웅 산마르틴 장군의 기마상 앞에서 각종 퍼포먼스를 보이는 사람들이 있었다. 주위를 둘러보고 조금 쉰 다음 다시 아르마스 광장으로 갔는데, 때마침 이름은 알 수 없으나 잉카를 연상시키는 원주민들의 거리 축제가 열리고 있었다. 아마도 독립 기념일 즈음 되어서 열리는 독립 기념 잉카 축제 같아 보였다. 다양한 타악기 반주에 맞춰 화려한 색상의 잉카 의상을 입은 사람들의 각종 퍼포먼스와 춤이 돋보였다. 마지막 날 매우 특이한 거리 퍼포먼스를 보는 행운을 얻었다.

내일 오전 비행기로 미국 마이애미로 간다. 이제까지 80여 일 동안 남미 대륙을 한 바퀴 돌면서 참으로 많은 일이 있었다. 처음 남미 땅을 밟아서 어리둥절했던 칠레 산티아고, 아르헨티나 칼라파테에서 다쳐서 병원까지 갔던 일 그리고 빙하 체험, 탱고의 나날을 보낸 부에노

산프란시스코 교회

스아이레스, 이과수 폭포의 웅장함, 현기증이 날 정도로 너무 더웠던 아마존 트로피컬 마나우스, 상식이 통하지 않는 베네수엘라, 생각보다 훌륭한 콜롬비아 그래서 세 번이나 다시 방문하게 된 악연 보고타, 에콰도르 리오밤바의 등산 열차와 잉카의 옛 숨결이 아직도 남아 있는 듯한 페루 쿠스코, 마추픽추 그리고 설원 같은 우유니 소금 사막 등 이루 헤아릴 수 없을 만큼 다양하고 소중한 추억들이 파노라마처럼 머릿속에 지나간다.

영원히 잊을 수 없는 나의 남미여, Adios!

잉카 원주민을 연상시키는 산마르틴 광장의 잉카 퍼포먼스

국경 통과 시 체크 리스트 6

1 육로로 국경을 넘을 때는 어느 곳이나 국경 마을 주변은 치안 등 주변 분위기가 좋지 않으므로 각별히 조심하며 통과 시간을 낮 시간대로 미리 스케줄을 조율한다. 간혹 야간에는 문을 열지 않는 국경도 있다.

2 대부분의 국경 주변에서는 환율이 좋지 못하므로 꼭 필요한 금액만 소액 환전을 하도록 한다 (ex. 출국세, 택시비, 유료 화장실 사용료, 음료 등). 그리고 출국할 때 되도록이면 동전은 남기지 않도록 한다. 다음 국가에서 환전할 때 동전은 환전이 안 되는 경우가 많다.

3 입국 신고서를 작성할 때 비자 체제 가능일 내에서 여행일수를 넉넉히 기재한다.

4 간혹 국경에서 입국관이 한국인이 비자 면제 대상인지 잘 모르는 경우도 있다. 이럴 경우 당황하지 말고 정확하게 얘기해 준다. 한국은 비자 면제 국가라고.

5 여행자용 직행 버스를 타고 갈 경우에 버스가 기다려 준다. 출국장에서 내려서 출국 심사를 받고 입국장까지는 걸어서 간다. 입국 심사 후 다시 그 버스에 탈 때까지 내가 타고 온 버스를 잘 기억해 둔다. 이왕이면 같은 버스에 탄 다른 일행을 기억해 두는 것도 한 방법이다.

6 장거리 직행 버스를 타고 갈 때에는 미리 간단한 먹을거리와 음료, 물 등을 준비하는 것이 좋다. 버스에 따라 식사를 제공해 주는 곳도 있으나, 제공해 주지 않는 버스도 있고 정차 시에도 음식을 사먹기가 쉽지 않은 경우가 많다.

칠레 푸에르토몬트 – 아르헨티나 바릴로체

아르헨티나 : 관광 목적 90일 비자 면제

푸에르토몬트 버스 터미널에서 장거리 버스로 운행한다. 먼저 칠레 국경에서 출국 확인을 한 후 10여 분을 버스로 달려야 아르헨티나 입국장이 나온다(양국의 출입국장의 거리가 상당히 멀다). 입국장에서는 모든 승객이 내려서 다시 입국 확인을 받는데 이때 버스 짐칸에 있는 큰 짐들도 보안 검사를 받는다.

양국 사이를 운행하는 버스 차창 밖으로 보이는 안데스 산맥의 비경이 정말 아름답다.

★ 단, 아르헨티나 측 입국장의 입국 담당 군인들은 한국에 대해서 잘 모르는 관계로 노비자 유무를 확인하는 데 시간이 좀 걸린다(남들 입국 도장 받을 때 그냥 머쓱하게 옆에 서 있는 상황이 발생할 수 있다).

♧ 7시간 소요, 요금 1만 2,000 C페소(20US$), 세미 카마, 안데스마르Andes Mar 매일 아침 9시 30분 출발, 이 버스를 이용하면 친절하게도 차내 차장이 출입국 카드를 대신 작성해 주며 간단한 식사도 나온다.
♧ 환전 : 바릴로체 버스 터미널에 내려서 우선 필요한 소액 환전만 터미널 내에서 하고, 나머지는 시내 은행에서 한다.

아르헨티나 푸에르토 이과수 – 브라질 포스도 이과수

브라질 : 관광 목적 90일 비자 면제

푸에르토 이과수 시내 버스 터미널에서 일반 버스가 출발하며 먼저 아르헨티나 출국 사무소에 하차하여 출국 확인 후 걸어서 브라질 측 입국장에 가서 간단한 입국카드 작성으로 입국 심사를 받는다. 이때에 버스는 기다려 주기도 하지만 대부분의 버스는 다음에 오는 버스를 타라고 하고 그냥 떠나 버린다. 그러나 이 구간을 지나는 여행객들이 많은 관계로 버스가 자주 오니 걱정은 안 해도 된다. 떠날 때에 산 티켓만 가지고 있으면 다시 보여주고 탈 수 있다. 포스도 이과수 근거리 버스 터미널에 하차한다.

♧ 수시 출발, 1~2시간 소요, 요금 3 A페소(1US$), 일반 버스
♧ 환전 : 포스도 이과수 근거리 버스 터미널 근처 환전소에서 한다.

브라질 마나우스, 보아비스타 – 베네수엘라 산타엘레나 데 우아이렌

베네수엘라 : 관광 목적 비자 면제

브라질 마나우스에서 국제 장거리 버스를 운행한다. 마나우스에서 12시간을 달려서 브라질 북부 도시 보아비스타 버스 터미널에 도착한다. 여기서 다시 버스를 갈아타고 이동한 후 브라질 출국장에서 하차 출국 확인 후 다시 버스 타고 베네수엘라 입국장에 하차해 입국 확인 받고 다시 버스를 타고 간다. 국제 장거리 버스이므로 당연히 차내 손님들의 출입국 을 확인하는 동안 기다려 준다.

♧ 마나우스 출발(저녁 7시) 보아비스타 도착(다음날 아침 7시) → 20분 후 다시 출발 산타엘레나 데우아이렌 도착(낮 12시 30분) → 총 17시간 30분 소요, 요금 100헤알(53US$), 카마(세미 카마)

★ 버스 등급이 '카마'라고 기재되어 있지만 실제 타보면 '세미 카마' 수준이다. 남미에서도 대 륙 북쪽의 국가들의 버스 등급은 실제 기재된 등급보다 대체로 한 등급 아래인 경우가 많다.

★ 버스에 타기 전에 미리 터미널에서 먹을거리를 사가지고 타는 것이 좋다. 장거리를 운행함에 도 버스 내에서 식사를 제공해 주지 않을뿐더러 중간중간 정차하는 곳에서도 실제로 음식을 사먹기가 쉽지 않다.

♧ 환전 : 산타엘레나데우아이렌 버스 터미널에서 시내까지 들어갈 택시비 정도만 환전하고 나머지 는 시내 환전소(암환전상)에서 한다. 단, 국경 도시여서 환율이 좋은 편이 못되므로 이 도시에서 사용할 돈만 환전한다. 베네수엘라는 암환전상인 블랙마켓의 환율이 차이가 크므로 주의한다.

베네수엘라 산 크리스토발 – 콜롬비아 쿠쿠타

콜롬비아 : 90일 비자 면제

생각보다 출입국 절차가 까다롭고 복잡하다.

1. 산 크리스토발 버스 터미널에서 국경 접경지인 샌 안토니오 델 타치라SanAntonio del Tachira까지 가는 버스를 타고 출국 사무실 근처에서 하차한다(이곳 출국 사무실은 국경 접 경지가 아닌 샌 안토니오 델 타치라 시내 골목에 있으니 유의하며 사전에 버스 기사에게 국경 출국 사무소 근처에 세워 달라고 말해 둔다. 물론 스페인어 사전에서 몇 단어 찾아서 더듬더듬 말해도 버스 기사는 다 이해하고 알아듣는다. 이런 사람들이 많으므로. 기사가 아니면 같은 버

스에 탄 현지인에게라도 부탁한다). 버스비 4,000볼리바르(1US$), 1시간 20분 소요.

2. 걸어서 출국 사무실에 도착하면 사무소 길 건너편에서 출국세 16US$를 지불한 후에 증
   지를 받아서 다시 출국 사무소로 들어와 출국 확인(스탬프)을 받는다.

3. 출국 사무소에서 나와서 국경까지 이동(15분 정도 걷거나 택시를 탄다).

4. 베네수엘라 국경 통과(군인들의 경비가 삼엄하다).

5. 국경 통과 후 다시 걸어서(멀지 않은 곳에 있다) 콜롬비아 입국장으로 간다.

6. 입국 확인 스탬프를 찍는다.

7. 나와서 합승 택시를 타고 쿠쿠타 시내로 간다(합승 택시 5,000 C페소(2.7US$)).

★ 대략 3시간 내외 소요, 베네수엘라 출국세는 현지 화폐 또는 달러로 준비한다.

♧ 환전 : 국경 환전은 환율이 안 좋으므로 콜롬비아 입국장에서 택시비 정도만 환전한다.

콜롬비아 보고타 – 에콰도르 키토

에콰도르 : 비자 면제

이 구간을 이동하려면 항공편으로 이동하는 것이 좋다. 그 이유는 다음과 같다.

1. 콜롬비아 보고타에서 에콰도르 키토까지 이르는 머나먼 코스 중간에 가볼 만한 도시 또
   는 관광지가 없다.

2. 콜롬비아 지방 산악 지대의 혹시나 모를 반군 게릴라 때문에 야간 버스 이용이 용이하
   지 않다(콜롬비아는 야간 장거리 버스 이용이 용이하지 않다).

3. 의외로 항공편의 이용이 저렴하고 시간 절약과 체력 안배도 된다.

♧ 항공권 구매 : 보고타 시내의 여행사 트로타문도스Trotamundos(http://www.trotamundos.
   com.co)

♧ 키토 왕복 : 145US$(편도보다 더 싸다), 매일 저녁 8시 출발, 공항세 30US$ 갈라파고스 항공
   ★ 단, 이 항공사 직원들은 한국이 에콰도르 노비자인지 잘 몰라서 아예 비행기에 탑승을 시켜주
   지 않는 경우가 있으니 주의한다. 그리고 마약 및 테러 문제 때문에 콜롬비아 공항에서 출입
   국 시 가방 검사를 철저히 하는 편이어서 시간이 좀 걸린다.

♧ 센트로(구시가지) – 공항 : 택시 1만 5,000페소(3US$) 30분 소요

   콜렉티보 1,600페소(0.85US$) 1시간 20분 소요

♧ 환전 : 에콰도르는 통화로 US$를 사용하니 따로 환전이 필요치 않고, 대신 사용하던 콜롬비아 페
   소를 공항에서 달러로 환전한다(공항이나 시중은행이나 환율 차이가 없다).

에콰도르 키토 - 페루 리마

페루 : 90일 비자 면제

키토에서 페루 리마까지 육로로 가기에는 상당히 먼 거리여서 시간과 노력이 많이 들어가므로 시간이 많지 않으면 항공편으로 간다. 그런데 특이하게 에콰도르 키토-페루 리마 구간보다 더 먼 거리인 콜롬비아 보고타-페루 리마 편 항공료가 훨씬 더 저렴해서(50퍼센트 정도) 다시 콜롬비아 보고타로 리턴한 후 항공권을 구매해 페루 리마로 갔다(다행히 보고타에서 에콰도르 키토로 올 때 왕복 항공권을 발권해 둔 것이 있었다).

♧ 저가 항공권 가격(편도)

  – 에콰도르 키토 – 페루 리마 : 398US$

  – 콜롬비아 보고타 – 페루 리마 : 220US$(란페루 항공)

  ★ 보고타 신시가지 란페루 항공 사무실에서 구매

♧ 에콰도르 출국세 : 38US$

♧ 키토 신시가지 아마조나스 거리 – 공항

  – 택시 : 3.6~4.0US$(20~30분 소요)

  – 버스 : 0.2US$(1시간 소요)

페루 푸노 - 볼리비아 코파카바나

볼리비아 : 비자 필요, 30US$, 황열병, 홍역, 수두 접종 증명

푸노에서 코파카바나로 가는 코스는 다양한 버스가 운행되는데 가급적이면 조금 비싸더라도 여행자용 버스를 타는 것이 좋다. 이 버스는 시설도 좋고 특히 국경에서 출입국 수속을 밟는 동안 기다려 주기 때문에 여행자가 이용하기 편리하다. 그리고 버스 내의 일행들이 모두 관광객들이기 때문에 잘 모를 때에는 다른 일행의 뒤를 따라가도 된다.

버스는 페루의 국경 도시인 융구요Yunguyo를 지나 페루 측 출국 사무소에서 모두 내려서 출국 스탬프를 받고 조금 걸어서 국경을 통과한 후 볼리비아 입국 사무소에 가서 입국 심사를 받는다. 미리 볼리비아 입국 비자를 받았다면 상관없지만 비자가 준비되지 않았다면 접종 증명과 함께 40US$을 내고 비자를 받아서 입국하면 된다. 이곳까지 타고 온 여행자 버스가 대기하고 있으니 입국 확인 후 다시 버스에 타면 된다. 어느 국경이나 다 마찬가지이겠지만 이곳도 거리가 지저분하고 곳곳에 부랑인들이 많다. 간혹 볼리비아 국경을 통과

할 때 여행자의 짐을 검사하는 경찰이 달러를 슬쩍' 하는 데 주의해야 한다. 이곳에서 달러를 도난당했다는 사람을 여행하면서 많이 봤다.

볼리비아 라파스 — 페루 리마

이 구간은 라파스에서 항공권을 구하지 못해서 부득이하게 장거리 버스로 이동했다.

1. 여행 경로 및 계획 짜기

남미 대륙은 대단히 넓다. 여행 경로를 정할 때 충분한 시간 안배가 필요하다.

❊ 여행 경로 코스 정하기

만약 남미 대부분의 국가를 제대로 돌아보려면 첫 방문지로 칠레의 산티아고나 페루의 리마에서 여행을 시작하는 것이 좋다. 그 이유는 아래와 같다.

• 페루 리마에서 여행을 시작하는 경우

남미 최대의 관광국가에서 주요 볼거리를 먼저 둘러보고 아래 국가로 내려갈 수 있다. 그리고 미국을 경유하는 경우 미국에서 출발하는 저렴한 항공권을 구매할 수 있다. 대부분의 여행객들이 경로로 정하는 '페루–볼리비아–칠레 또는 아르헨티나……'로 움직이는 경로로 이동할 수 있어서 많은 여행객들에게 다양한 여행 정보를 얻을 수도 있다.

• 칠레 산티아고에서 여행을 시작하는 경우

칠레는 남미 국가에서 가장 치안이 좋고 사회적으로 안정되어 있는 국가이다. 마치 사회 분위기가 남미 국가 중에서 한국과 가장 비슷하다고 해야 하나? 하여튼 처음 남미 대륙을 밟는 여행객으로서는 다른 국가에 비해 적응이 쉽게 되는 국가이다. 주요 코스로는 산티아고–멘도사(아르헨티나) 또는 산티아고–푸에르토몬트–남부 파타고니아(아르헨티나 또는 칠레)로 이동하는 코스 등을 정할 수 있겠다.

그 외에 브라질 상파울루 또는 리우데자네이루로 입국하는 사람들도 있으나 미국과의 항공권 비용 절감에는 도움이 되나 치안이 안 좋은 관계로 첫 여행지로는 부담이 된다.

2. 비자 정보

칠레, 아르헨티나, 브라질, 베네수엘라, 콜롬비아, 에콰드르, 페루 등은 우리나라와 비자 면제 협정이 체결되어 있는 국가여서 별도의 비자를 필요로 하지는 않는다. 단, 볼리비아의 경우 별도의 비자를 필요로 하는데, 30US$와 황열병, 홍역, 수두 예방주사 접종 증명, 반명함판 사진 2장 등이 필요하다. 비자를 받는 방법은 아래의 3가지 방법이 있다.

• 주한 볼리비아 명예 영사관에서 비자 취득

별로 권장할 만한 방법은 아니다. 시간적 여유와 증빙 서류가 준비된다면 한 번 시도해볼 만하다. (주소 : 경기도 의정부시 의정부동 288번지 동화프라자 4층 ☎ 02-998-0884)

• 남미 인접 국가에서의 비자 취득

가장 좋은 방법인 듯. 특히 기억에도 아득한 홍역, 수두 계방접종 증명 같은 경우도 불법(?)이기는 하지만 현지 여행사 등에서 허위 작성도 가능(?)하다.

• 육로 입국의 경우 볼리비아 국경 비자 취득

이도저도 안 될 경우 결국 국경에서 비자를 받는데, 국경에서 비자를 받을 경우 40US$로 일반적인 비자를 받을 때보다 10달러 정도 더 비싸다. 물론 접증 증명도 완벽히 준비되어야 한다.

3. 항공권 구매하기

한국에서 남미로 들어가는 항공은 들어가는 국가와 도시에 따라 다르겠지만, 대부분 북미를 경유해서 가는 것이 일반적이다. 가장 보편적인 노선이 한국—미국(LA 또는 뉴욕)—남미이나 이는 미국 비자가 있어야 가능하다(한미비자면제 협정이 체결되면 이러한 사항도 유명무실해지겠지만).

❋ **한국에서 남미로 가는 티켓을 발권할 경우**
• 저가 항공권은 인터넷으로 구매하는 것이 유리하다. 만약 미국 비자가 있고 가격 차이가 없다면 미국 경유 미국 국적의 항공사나 남미 항공사인 란칠레 항공으로 발권하는 것이 용이할 수 있다. 이러한 미국 경유 항공사들은 남미 각 국가의 주요 도시에 다양하게 취항하므로 남미

in-out를 달리하는 구간으로 발권도 가능하기 때문이다.

- 최저가 가격선은 세금TAX 포함 170만 원 정도부터이나 유효 기간, 중간 경유지, 귀국 변경 가능 여부와 조건, 마일리지 적립, 목적지 도착 시간 등을 골고루 살펴보고 결정하여야 한다. 그리고 대부분의 저가 항공권은 오픈예약이 불가하다.

국내 최저가 항공 검색 사이트 : http://www.tourcabin.com

- 남미 취항 항공사
  - 미국 경유 : 아메리칸 항공, 델타 항공, 콘티넨탈 항공, 란칠레 항공, 대한항공 등(미국 비자가 있어야 한다).
  - 캐나다 경유 : 에어 캐나다(미국 비자가 없을 경우 가장 많이 이용된다)
  - 유럽 경유 : 스위스 항공, 에어프랑스 항공, 독일 항공
  - 남아공화국 경유 : 사우스아프리카 항공
    → 시간적 여유가 있다면 사우스아프리카 항공을 이용하여 남미로 가면 덤으로 중간 경유지인 남아프리카 공화국 요하네스버그를 중심으로 아프리카 여행도 함께할 수 있는 보너스가 있다. 한국에서 머나먼 아프리카와 남미를 동시에. 그러나 엄청나게 머나먼 경로를 달려야 한다는 단점이 있다. '한국–홍콩–남아공화국–남미.' 생각만 해도 벌써 지친다.

❀ 미국에서 남미를 가는 경우

- 미국 비자가 있다면 한국에서 미국 구간을 별도로 저가 항공으로 발권하고, 미국의 저가 항공 검색 사이트를 활용해서 미국–남미 구간을 발권하면 한국–미국 간 항공료를 감안하더라도 한국에서 모두 발권하는 것보다 조금이나마 더 저렴하게 항공권 구매가 가능하다. 그리고 앞선 미국 경유 항공사처럼 미국–남미 구간은 남미 주요 항공사도 많으므로 마찬가지로 남미 in-out를 달리하는 구간으로 발권도 가능하다.

- 미국–남미 구간은 미국 내의 항공권 검색 엔진을 활용하면 의외로 엄청난 저가 가격에 항공권을 구매할 수 있다. 실제로 마이애미(미국)–산티아고(칠레) in 리마(페루)–마이애미(미국) out 구간을 http://www.travelocity.com에서 550US$에 구매했다. 마이애미–리마 왕복 티켓은 최저가가 세금TAX 포함 450US$ 정도에 형성된다. 미국에서 남미로 가는 항공권의 주요 발착지로는 마이애미, 뉴욕 등을 이용하면 저가 항공권 구매에 도움이 된다.

- 미국 내 및 미국-남미 구간 항공권 검색 사이트
  - http://www.travelocity.com
  - http://www.priceline.com
  - http://www.cheaptickets.com

- **주요 취항 항공사**

  아메리칸 항공, 델타 항공, 콘티넨탈 항공, 노스웨스트 항공, US Airways, 에어캐나다, 란칠레 · 란페루 항공, 아비앙카Avianca 항공, 코파Copa 항공. 아에로 멕시코, 락사Lacsa 항공 등

★★★ 마일리지 적립하기

한국에서 남미로 가는 항공편 외게도 사실 넓고 넓은 남미 대륙을 여행하다 보면 부득이하게 항공편으로 이동하는 경우가 많이 발생한다. 한국에서 미리 마일리지 클럽 1~2군데에 가입을 해두면 남미에서 항공기 탑승 시에 마일리지 적립에 도움이 된다. 국적기가 포함되어 있는 스타얼라이언스나 스카이팀 외에 일본 항공 회원으로 등록하면 원월드, 월드퍼스, 아시아마일즈, JMB 등 다방면으로 적립할 기회가 많아서 유용하게 이용될 수 있다(ex. LAN 항공을 타면 JAL로 마일리지 적립이 가능하다).

항공사 마일리지 연합체별 가입 항공사 현황

- 스타얼라이언스 : 에어캐나다, 에어뉴질런드, 전 일본 공수ANA, 아시아나 항공, 오스트리아 항공, 브리티시 미들랜드, LOT 폴란드 항공, 루프트한자, 스칸디나비아 항공, 싱가포르 항공, 스팬에어, TAP 포르투갈 항공, 타이 항공, 유나이티드 항공, US AIRWAYS, 바리그 브라질 항공

- 스카이팀 : 에어로멕시코, 에어프랑스, KLM, 대한항공, 알이탈리아 항공, 콘티넨탈 항공, 체코 항공, 델타 항공, 노스웨스트

- 원월드 : 에어링구스, 캐세이퍼시픽, 아메리칸 항공, 영국 항공, 란칠레 항공, 콴타스 항공, 이베리아, 핀에어, 일본 항공

- 월드퍼스 : 에어알프스, 에어유로파, 에어 타이히 누이, 알래스카 항공, 아메리칸 웨스트 항공, 아메리칸이글 항공, 빅 스카이 항공, 세부 항공, 중국 남방항공, 코

파 항공, 일본 항공, 가루디 인도네시아 항공, 걸프스트림 국제항공, 하와이안 항공, 제트 에어웨이즈, 케냐 항공, 말레이시아 항공, 말레브 헝가리 항공

- 아시아마일즈 : 에어링구스, 아메리칸 항공, 알레스카 항공, 영국 항공, 캐세이퍼시픽, 중국 동방항공, 드래곤 항공, 핀에어, 걸프 항공, 이베리아, 일본 항공, 콴타스, 란칠레 항공, 베트남 항공, 스위스 항공, 로얄 브루나이 항공, 남아프리카 항공

- JMB : 일본 항공, 에어프랑스, 캐세이퍼시픽, 드래곤 항공, 아메리칸 에어라인, 영국 항공, 에미레이트 항공

4. 배낭 짐 꾸리기 및 여행 복장

❋ 배낭 짐 꾸리기

장기간의 여행이라 하더라도 짐은 최소한으로 줄이되 여권 등 여행에 필요한 서류, 카메라, 옷, 세면도구, 신발, 손톱깎이, 가이드북, 비상약, 선글라스 및 안경 등 기본적인 준비물 외에 아래와 같은 것들은 반드시 챙겨가는 것이 좋다.

- 포켓용 스페인어, 포르투갈어 회화책 : 현지 언어를 모르므로 이것 없으면 정말 불편하고 불안하다.
- MP3 Player : 드넓은 남미 대륙을 여행하다 보면 장거리 버스를 탈 때가 너무 많다. 20시간 이상 이동할 때에 무료함을 달래기에는 음악만큼이나 좋은 것이 없다. 정말 필요한 물품이다. 가급적이면 남미 현지의 음악들을 미리 다운받아서 그곳에 가서 들으면 더욱 현장감이 살아나는 느낌이 든다. 살사, 탱고, 람바다, 삼바 등등의 음악.
- 간단한 읽을거리 : 부피가 크지 않은 책자, MP3 Player와 마찬가지 이유로 필요하다.
- 비상약 : 언어가 잘 안 통하는 남미에서 아플 때 약을 구하기도 쉽지 않다. 기본적인 감기약, 진통제, 소화제, 위장약 등은 미리 준비해 간다.
- 여권 복사본 : 될 수 있으면 여권을 복사한 뒤 코팅까지 해서 증명서처럼 가지고 다니자. 여행하면서 신분증을 제시해야 할 경우가 많고 특히 가짜 경찰들이 관광객들을 상대로 사기 행각을 벌이는 경우도 있으므로 미리 준비하자.
- 빨래줄 : 공동 숙소를 사용하다 보면 의외로 빨래줄 하나가 유용하게 사용된다. 세면 및 샤워 후 수건을 건조시킬 경우 등.
- 작은 배낭 : 도난, 소매치기 등을 방지할 수 있게 될 수 있으면 앞뒤로 멜 수 있는 것으로 준비

한다.

- 멀티탭(전원), 번호식 자물쇠, 소형 손전등, 다용도 칼(객가이버 칼), 모기 퇴치약, 비상식량 등도 미리 준비해 가면 유용하게 사용된다.

간혹 '전자계산기'를 여행 준비물로 추천하는 사람들이 있는데(여행 책자에도 그렇게 나와 있다), 실제로 외국에서 물건을 살 때에 전자계산기를 꺼내서 계산해 가면서 물건값을 지불하는 사람을 한 번도 본 적이 없다. 분명히 가지고 가면 큰 배낭 안에서 썩고 있을 것이다. 우리나라 사람들은 기본적으로 관련 암산은 대부분 잘 하는 편이다. 가져가지 말자.

❖ 여행 복장 준비

드넓은 남미 대륙을 여행하면서 열대, 사막, 산악 지역 등 한여름 날씨에서 한겨울 날씨까지 다양한 기후를 만날 수 있는데, 추운 지방을 대비해서 부피가 두꺼운 옷가지보다는 몇 가지 옷들로 겹쳐 입고 벗고 할 수 있는 옷가지들로 준비한다. 그리고 특히 너무 심하게 여행 복장(?) 같은 화려한 복장은 되도록 지양한다. 남미 여행 중에 화려한 색상(형광색 등)의 복장을 입은 한국 여행객들을 많이 만났는데, 그들과 대화를 해보면 그들의 공통점은 남미에서 귀중품을 도난당한 경험이 있는 사람들이 많았다. 2명 이상 어울려 다니면서도 그런 불미스러운 일이 일어났던 것은 복장에서 '나 여행객(!)'이라며 너무 표시내고 다니는데야 어느 도둑이 안 노리고 들어오겠는가? 복장은 평범한 평상복으로 준비하는 것이 좋다.

5. 기타 준비 사항

❖ 국제 운전 면허증

운전할 기회가 생길 때를 대비해서 미리 준비한다. 특히 기스터 섬이나 바릴로체 등에 가는 사람이라면 필요하다.

❖ 여행자 보험

여행 중 일어날 수 있는 만일의 사태에 대비해 한국에서 미리 가입해 둔다. 은행에서 일정 금액 이상 환전할 때 무료로 보험에 가입되는 Promotion을 이용해도 좋다.

❖ 유스호스텔 회원증

여행하다 보면 예산상의 이유뿐만 아니라 여행지 정보 습득을 위해 다국적 여행객들이 모이는 유스호스텔에 숙박을 하는 경우가 많다. 물론 할인까지 된다면 더욱 좋으므로 미리 준비한다.

1. 생수 고를 때 주의

남미에서 맨 처음 실수하는 것 중에 하나가 마시는 생수 선택이다. 슈퍼마켓 같은 데 들어가서 생수인 듯한 물을 아무거나 집어서 계산하고 마시면 탄산 광천수! 물을 살 때에는 반드시 확인하자!

- 일반 생수 : Sin Gas(또는 No Gas)
- 탄산 광천수 : Con Gas

2. 언어 때문에 식사 주문해서 먹기가 곤란할 때에는 중국 음식점에 간다

전 세계 어느 나라를 가나 차이나타운도 있고 그 외의 지역에도 중국 음식점은 많다. 물론 남미에도. 처음 남미 대륙을 여행하면서 대부분 언어 문제 때문에 음식을 주문해서 먹기가 쉽지 않다. 그렇게 어렵게 주문해서 먹었다고 해도 현지식이 우리 입맛에 잘 맞지 않아 고생을 많이 하는 경우가 있다. 그러나 도심 번화가 어디나 있는 중국 음식점(실제로 남미에는 중국 음식점들이 많다)에 들어가면 일단 항시 영어로 된 메뉴판을 비치해 두고 있어서 음식 주문하기가 쉽고, 또 우리 입맛에 맞는 음식들이 많고 가격 또한 저렴해서 좋다.

3. 아무 곳에서나 카메라 들이대고 사진 찍지 말기

남미 여행하면서 원주민 인디오들의 모습을 카메라로 많이 담아가는데 이곳 인디오들은 자신들이 사진 찍히는 것을 아주 싫어한다. 잘못하면 험한 꼴을 당할 수도 있으므로 주의해서 찍어야 한다. 괜한 오해를 살 수 있으니까. 길거리에서도 인물이 들어간 사진을 찍을 경우 팁으로 줄 수 있는 작은 동전을 미리 준비해 두는 것이 좋다.

4. 여행 중 다른 나라 사람들의 정보력을 참고하면 좋다

여행을 하다 보면 정보가 부족해서 어떠한 결정을 내릴 때 손해 아닌 손해를 보는 경우가 종종 있다. 이럴 때에는 외국 배낭족들의 동태(!)를 보고 그들이 가는 장소를 참고하면 의외로 좋은 결과를 볼 수 있다.

- 예산 절감의 대가들 유대인 : 여행 중 예산상의 이유로 저가 숙소나 식당을 찾는다면 유대인 배낭여행객들의 뒤를 따라가 본다. 여행 정보 책자에도 안 나와 있

는 최저가 여행 숙소나 식당들을 유대인들은 잘도 개척해 놓는다. 간혹 말도 안 되는 가격에 묵고 먹는 이들을 볼 때면 오늘날 그들이 왜 부자가 되었는지 이해가 간다. 대신 숙소나 먹을 것의 질은 논하지 말자.

- 저가 대비 질이 좋은 실속파 일본인들 : 일본 여행객 또한 유대인 못지않은 절약파이나 약간의 다른 점이 있다. 유대인들은 질과 상관없이 무조건 최저가를 추구하는 반면 일본인들은 저가 대비 질이 좋은 장소나 먹을거리를 잘 찾는다. 그들의 여행 정보 책자를 보면 정확하고 알찬 정보들이 가득해서 부럽기까지 하다. 조그마한 사실도 꼼꼼히 기록하여 남기는 그들의 국민성이 이럴 때 돋보이는 것 같다.

스페인어 숫자는 미리 외워가자

숫자만 알아도 생활이 아주 편리 할 때가 닳다. 기본적으로 1~10까지만 외우면 나머지는 약간의 규칙이 있는 응용이니 반드시 이른 시일 내에 외우자. 그 외 간단한 필요 단어는 미리 익혀두면 도움이 된다.

0.	cero	(쎄르)
1.	uno	(우노)
2.	dos	(도스)
3.	tres	(뜨레스)
4.	cuatro	(꾸아뜨로)
5.	cinco	(신꼬)
6.	seis	(쎄이스)
7.	siete	(씨에떼)
8.	ocho	(오쵸)
9.	nueve	(누에베)
10.	diez	(디에스)
11.	once	(온세)
12.	doce	(도세)
13.	trece	(뜨리세)
14.	catorce	(가또르세)

15.	quince	(낀세)
16.	dieciseis	(디에시쎄이스)
17.	diecisiete	(디에시씨에떼)
18.	dieciocho	(디에시오쵸)
19.	diecinueve	(디에시누에베)
20.	veinte	(베인떼)
21.	veintiuno	(베인띠우노)
22.	veintidos	(베인디도스)
30.	treinta	(뜨레인따)
31.	treinta y uno	(뜨레인따이우노)
40.	cuarenta	(꾸아렌따)
50.	cincuenta	(신구엔따)
60.	sesenta	(쎄쎈따)
61.	sesenta y uno	(쎄쎈따이우노)
70.	setenta	(쎄뗀따)
80.	ochenta	(오첸따)
90.	noventa	(노벤따)
100.	cien	(시엔)
101.	ciento uno	(시엔또우노)
102.	ciento dos	(시엔또도스)
110.	ciento diez	(시엔또디에스)
111.	ciento once	(시엔또온세)
120.	ciento viente	(시엔떼베인떼)
130.	ciento treinta	(시엔떼뜨레인따)
151.	ciento cincuenta y uno	(시엔또 신구엔따이우노)
200.	doscientos	(도스시엔또스)
300.	trecienttos	(뜨레시엔또스)
400.	cuatrocientos	(꾸아뜨로시엔또스)
500.	quinientos	(끼니엔또스)
600.	seiscientos	(쎄이스시엔또스)
700.	setecientos	(쎄떼시엔또스)
800.	ochocientos	(오쵸시엔또스)
900.	novecientos	(노베시엔또스)

1000. mil　　　　　　　　(밀)
2000. dos mil　　　　　　(도스 밀)
3000. tres mil　　　　　　(뜨레스 밀)
만　　diezmil　　　　　　(디에스 밀)
십만　cien mil　　　　　　(시엔 밀)
백만　uno millon　　　　　(우느 밀리온)
이백만 dos millones　　　　(도스 밀리오네스)

안녕 Hola! (오라)
감사합니다 Gracias (그라시아스)
안녕히 가세요   Adios (아디오스)
죄송합니다(실례합니다)   Perdon (페르돈)
얼마입니까?   Cuanto cuesta?
네/아니오   Si/No (시/노)
제발(please)   Por favor   (포르 파보르)
공항 Aeropuerto   (아에로푸에르토)
관광 Turismo (투리스모)
은행 Banco (방코)
환전 Cambio (캄비오)
버스 터미널 Terminal de Autobuses (티르미날 데 아우토부세스)
전화 Telefono (텔레포노)
오늘 Hoy (오이)
내일 Manana   (마냐나)
여기 Aqui (아퀴)
저기 Alli (아이)
화장실 Bano (바뇨)

6. 환전 및 현금 보관 요령

- 출발 전 환전은 US$로 준비한다. 장기간 여행하려면 많은 금액이 필요한데, 남미 현지의 ATM 수준은 주요 대도시를 제외하면 좋은 편이 못된다. 이럴 때를 대비해서 현금 US$와 여행자 수표(T/C)를 적정히 준비한다. 여행자 수표는 '아메리칸 익스프레스American Express' 수표로 준비한다('비자VISA' 여행자 수표는 현지에서 환전이 잘 안 된다). 물론 아메리칸 익스프레스 계열 은행에서는 수수료 없이 환전도 가능하다.
- 분실 시를 대비해서 수표 영수증 및 수표 복사본도 보관해야 하며, 분실했을 경우 경찰서에 가서 '도난분실신고증명서' 발행을 요청해야 한다.
- 여행 중 현금 및 여행자 수표는 몸에 분산해서 보관하고, 주머니에 별도의 비상금과 잔돈은 항시 준비한다.
- 남미 현지 화폐 교환 시 암시장이 교환 환율이 좋더라도 정식 은행에서 환전하도록 한다. 남미에는 위폐가 많기 때문이다.
- 남미 대부분 국가들의 은행 영업 시간은 월~금요일, 오전 9시 30분~3시 30분이다. 은행 영업 종료 시간이 우리나라보다 1시간 이르다.
- 대부분 나라들의 국경은 환율이 좋지 않다. 꼭 필요한 금액만 환전하도록 한다.
- 부득이하게 사설 환전소에서 환전할 때에는(실제로 은행이 없는 지역이 많다) 정식 허가를 갖춘 환전소[겉보기에 정식 건물에 간판 'Cambio(환전)'도 내걸고 운영을 한다]에서 환전하도록 한다.

이런 관습 오해 말기를!

남미에서 물건값을 지불하려고 돈을 내면 돈을 받는 사람들은 대부분 지폐를 하늘에 대고 비추어본다. 위폐 구별법이라고 해야 하나! 그들의 관습이니 이런 행동에 혹시나 기분 나빠 하지 말기를. 그런데 사실 이런 광경이 처음에는 조금 웃긴다.

1. 산티아고

❖ 숙소 정하기

구시가지 브라질 광장Plaza Brasil 주변에 여행자들을 위한 저가 숙소들이 있다. 지하철(메트로) 로스헤로에스Los Heroes 역과 레푸브리카Republica 역도 근처에 있어서 교통도 편리하다.

Alberque Hostelling International(http://www.hisantiago.cl), Cienfuegos 151 Santiago Centro, Tel: 56-2-671-8532

- 8인실 도미토리 6,500페소(13US$), 더블룸 2만 4,000페소(48US$)
- 지하철(메트로) 로스헤로에스 역에서 4블록 거리에 위치한 다국적 하이호스텔링 체인의 호스텔이다. 8인용 도미토리룸부터 싱글룸, 더블룸까지 다양한 룸과 여행에 대한 정보가 많다. 유럽 배낭객들이 많고 앞뜰에서 자주 디너파티가 열리곤 한다. 그러나 종업원이 불친절하다(아주 심히! 동양인을 유독 싫어하는 듯……).

La Casa Roja(http://www.lacasaroja.c /), Agustinas 2113, Barrio Brasil, Santiago Tel: 56-2-696-4241

- 8인실 도미토리 6,500페소(13US$), 더블룸 1만 6,800페소(33US$)
- 또 다른 유럽 배낭여행객들이 즐겨 찾는 호스텔로 하이호스텔에서 브라질 거리 방면 맞은편에 있다. 19세기풍의 고풍스러운 건물에 여유 있는 라운지가 좋은 느낌을 준다.

- 길거리를 걷다가 '대위 계급장'(?)이 보이면 지하철인 메트로 표시이다.
- 시내는 지하철로 이동하면 편리하게 다닐 수 있으며 타고 내리는 방법은 한국의 지하철과 거의 동일하다.
- 단, 한국과 다른 것은 여기는 시간대별로 요금이 다르다는 것을 주의해야 한다(평시 350페소, 러시아워 380페소).

칠레의 길거리에서 화장실을 이용하는 것이 쉽지 않다. 대부분 건물이 화장실을 공개하지 않고 유료 공중 화장실이 있기는 하나, 눈에 잘 띄지 않아서 곤혹스러울 때가 많다. 그나마 맥도날드 같은 서양식 패스트푸드점이나 호텔 등에서 자유롭게 이용할 수 있다. 화장실(바뇨bano) 인심이 고약한 나라이다.

2. 이스터 섬 가기

- 이스터 섬은 칠레뿐만 아니라 남미에서도 이름난 관광지이다. 한국의 제주도 정도 생각하면 될 듯하다. 이스터 섬에 가는 산티아고–이스터 섬 구간의 항공권은 란칠레 항공에서 독점으로 운항하며 왕복으로 판매한다.
- 이스터 섬 가는 항공권 구매 : 란칠레 항공 홈페이지에서 할인 항공권을 구매하는 것이 가장 저렴하다. 왕복 18만 9,000페소(한화 37만 8,000원) 정도에 형성되면 가장 저렴한 항공권이니 눈에 보이면 빨리 예약하도록 한다. 지금은 유가 인상으로 23만 6,500페소 정도이다(http://www.lan.com)
- 이스터 섬은 먹을거리를 비롯하여 주요 생필품을 칠레 육지(본토)로부터 수입해 오므로 물가가 상당히 비싸다. 어차피 산티아고에서 비행기를 타고 왕복을 해야 하므로 불필요한 짐은 산티아고 숙소에 맡겨 놓고 대신 배낭의 여유 공간에 먹을거리를 미리 챙겨 가는 것이 좋다.

3. 국내선 전용 할인 항공권 검색 사이트

남부 파타고니아 지방 갈 때 유용하다.

http://www.aerolineasdelsur.cl

http://www.skyairline.cl

1. 국내 이동

❖ 항공편

아르헨티나 국내 항공 이동은 아래 항공사에서 주로 한다.

아르헨티나 항공(http://www.aerolinasargentinas.com/)

아르헨티나 입국 시 아르헨티나 항공으로 입국하였으면 국내선 연결편으로 인정받아서 할인 요금이 적용된다(할인 요금이 적용될 경우 라데 공군항공과 비슷한 요금이 적용된다). 그러나 그렇지 않을 경우 상당히 비싼 항공료를 지불해야 한다.

라데 공군항공(http://www.lade.com.ar/)

부에노스아이레스 이남 파타고니아 지방으로 갈 때에는 라데 공군항공 요금이 저렴해서 많이들 이용한다. 그러나 운항 편수나 기내 좌석 규모가 작아서 최소한 몇 주 전에 예약하려고 해도 항공권 구하기가 쉽지 않다. 그리고 한국의 시외버스처럼 여러 도시로 이동하기 때문에 시간 또한 만만치 않게 걸린다(실제로 칼라파테에서 부에노스아이레스 가는 구간에 6개 도시 정도를 거쳐서 가느라고 시간이 상당히 걸렸다). 저렴한 항공권을 구하려면 노력을 해야 하는 법! 많은 기간이 안 남아도 혹시나 취소된 좌석이 있으면 다시 판매를 하므로 자주 항공사 사무실에 들러 보는 것이 좋다. 물론 라데 항공 사무실에 직접 들러야 한다. 이러한 항공권은 인터넷 판매가 되지 않는다.

- 부에노스아이레스–칼라파테(편도) : 342페소(112US$) 7시간
- 바릴로체–칼라파테(편도) : 418페소(137US$) 6시간
- 칼라파테–우수아이아(편도) : 210페소(69US$) 1시간 30분

남미에서의 항공편 이동에 대해 한마디!

남미에서도 특히 남쪽 나라들(거의 대부분의 남미 국가가 마찬가지이지만)을 항공편으로 이동할 때는 시간이 거의 안 지켜진다. 대부분의 이유가 안개가 자주 끼는 공항 사정이라고는 하지만, 이들의 낙천적인 성격도 한몫 하는 것 같다. 하여튼 출발 시간부터 연착륙을 밥 먹듯이(?) 한다. 심지어는 기상 사정으로 전혀 다른 도시로 불시착하는 경우도 많다. 그리고 이런 경우가 발생되어도 항시 있는 일이기 때문에 항공사 직원 중 누구 하나 항공사를 대신해서 사과하는 직원이 없다. 만약 여행 중 이런 경우가 발생되었을 경우 그냥 그러려니 하고 돌아가는 상황을 직원에게 체크하고 기다리도록 하자! 그리고 이러한 만일의 사태를 대비해서 여행 스케줄을 탄력적으로 짜 놓아야 한다.

- 아르헨티나는 칠레와 마찬가지로 장거리 버스 노선이 잘 발달되어 있다. 그러나 국토가 넓은 지역의 머나먼 거리를 버스로 가려면 시간 또한 만만치 않게 든다.
- 버스 터미널에는 같은 행선지라도 각 회사별로 티켓을 판매하는 부스가 다르다. 대부분이 2층 버스인데 티켓을 구매할 때 (친절하게도?) 직원이 모니터로 자리 위치와 번호를 보여준다. 그리고 대부분의 장거리 버스에서는 식사가 제공된다. 고기가 흔한 나라여서 스테이크도 준다.
- 장거리 버스 이동은 될 수 있는 한 세미 카마급 이상은 타고 가는 것이 좋다. 버스를 타고 하룻밤 또는 하루 종일 이상 이동하려면 편리한 자리가 필수이다. 그리고 2층 맨 앞자리는 탁 트인 전망을 바라볼 수 있는 자리여서 인기가 좋다.
  - 카마Cama 또는 로열 클래스 : 의자가 뒤로 많이 기울어져서 비행기 일등석과 같은 느낌의 최상급 버스이다. 우리나라의 우등 버스와 비슷한 느낌이다. 넉넉한 실내 공간에 담요, 베개 등과 식사가 제공된다. 장거리 여행에 적합하나 요금이 비싸다.
  - 세미 카마Semi Cama : 카마급은 아니지만 뒤로 많이 기울어지고 카마와 비슷한 서비스를 받을 수 있다. 대부분의 여행자가 많이 이용한다.
  - 클라시코Clasico : 우리나라의 45인승 버스를 생각하면 된다.
- 장거리 버스도 항공편만큼은 아니지만 연착이 많이 되는 점을 감안해야 한다.
  - 부에노스아이레스–칼라파테 : 32~38시간
  - 부에노스아이레스–푸에르토 이과수 : 17시간
  - 부에노스아이레스–바릴로체 : 22시간
  - 부에노스아이레스–멘도사 : 15시간
  - 바릴로체–칼라파테 : 28시간

2. 도시별 정보

바릴로체

❖ 숙소 정보

호스텔1004(http://www.lamoradahostel.com/)
- 4인실 도미토리 : 25페소(8US$)
- San Martin 127(Pagano's corner)
- Bariloche Center Building 10th floor Apartment 1004
- San Carlos de Bariloche(CP 8400) Rio Negro Patagonia Argentina

• Tel. 54-2944-432349

시내 중심 센트로시비코 앞 바릴로체 센터 빌딩 1004호에 위치한 호스텔로 시내 교통이 편리하고 앤티크한 분위기의 내부 시설도 훌륭하다. 특히, 호스텔 테라스에서 바라보는 나우엘 우아피 호수의 전망은 정말 멋지다. 물론 친절한 직원들도 한몫 한다. 전망으로 보면 특급 호텔 수준이다. 단점인지는 모르겠으나(?) 같은 방에 남녀를 혼숙시킨다. 경험해 보니 생각보다 불편했다.

✤ 투어 정보

• 근교 나우엘 우아피 호수를 비롯한 트라풀 호수를 돌아보는 투어는 없으므로 렌터카를 빌려서 돌아본다. 단, 렌터카는 일 계산 및 거리 제한 옵션도 있으므로 주의한다.
• 로스칸타로스 폭포와 프리아스 호를 둘러보는 투어는 비가 오지 않는 날에 가도록 한다.

칼라파테

✤ 숙소 정보

후지 여관
• Av. Juan D. Peron 2082(Calle 29)
• Tel. 54-2902-493-025
• 일본인과 한국인 부부가 운영하는 곳으로 일본인과 한국인 배낭객들이 많이 머무는 숙소이다. 규모가 작아서 성수기에는 사전 예약을 안 하면 침대 그하기가 힘들 정도로 관광객들이 많다.

린다비스타 아파트 호텔 Linda Vista Apart Hote(http://www.lindavistahotel.com.ar)
• Av. Agostini 71 El Calafate, Santa Cruz C.P: 9405
• Tel. 54-2902-493-598

한인이 운영하는 가족형 콘도식 호텔로 시설이 훌륭하고, 주인인 사장님 내외분이 친절하다. 성수기에는 상당히 요금이 비싸지만, 비수기인 겨울 시즌에는 한국인 여행객들에게 할인 요금으로 숙박을 하게끔 해준다. 근교 빙하 투어 접수도 가능하다. 근처에 비즈니스 호텔인 에코비스타 호텔도 운영한다.

✤ 빙하 투어

• 페리토모레노 빙하와 우프살라 빙하는 여행사의 1일 투어로 간다.
  – 페리토모레노 빙하 트레킹 : 250페소(81.5US$) + 국립공원 입장료 30페소(10US$)
  – 우프살라 빙하 유람선 : 193페소(63US$) + 국립공원 입장료 30페소(10US$)
• 숙소에서 두 곳의 빙하 투어 예약을 알선해 주며 가격은 시내 여행사와 같다.

- 페리토모레노 빙하 트레킹은 6월 중하순부터 8월 초순까지는 일정이 없으므로 그 기간을 피해서 온다.

❀ 언제 가면 좋을까?
- 빙하 트레킹을 할 수 없는 시기 빼고는 다 좋다고 한다.
- 현지 날씨 : 남위도가 상당히 낮은 지역임에도 불구하고 겨울은 생각보다 꽤 춥지는 않다(우리나라의 겨울 날씨 정도?). 여름은 바람이 많이 분다.

❀ 엘찰텐 정기 노선버스(왕복)
80페소(26US$)

부에노스아이레스

❀ 숙소 정보
관광객이 많이 오는 대도시답게 시내 전역에 숙소들이 많으나 배낭여행자용 저가 숙소는 구시가지 ‘5월 거리Av. de Mayo’ 주변이나 산텔모 지역에 집중되어 있다. 이왕이면 ‘5월 거리’와 ‘7월 9일 거리Av. 9 de Julio’가 만나는 지점 근처에 숙소를 구하는 것이 교통이나 야간 안전성에서 용이하다고 하겠다.

밀하우스(http://www.milhousehostel.com)
- 12인실 도미토리 : 30페소(10US$)
- Hipolito Yrigoyen 959 C1086AA0 Buenos Aires Argentina
- Tel. 54-11-4345-9604
- 5월 거리와 이웃한 ‘유리고센’ 거리와 ‘7월 9일 거리’가 맞닿는 지점 가까이에 있어서 위치가 좋고 규모가 큰 호스텔이다. 유럽 배낭객들이 많이 모이고 내부 시설도 좋으나 1층 식당에서 매일 밤 열리는 파티와 건너편 빌딩에 있는 클럽의 음악 소리 때문에 자칫 시끄러울 수 있다.

Hostel-Inn Tango City(http://www.hitangocity.com)
- 6인실 도미토리 : 32페소(10.5US$), 더블룸 125페소(41US$)
- Piedras 680, between Chile and Mexico Streets. Capital Federal, Buenos Aires Argentina
- Tel. 54-11-4300-5764/5776
- 산텔모 지역에 있는 하이호스텔 계열의 대형 호스텔로 유럽 배낭객들에게 인기가 좋으며 하이

호스텔 회원증이 있을 경우 할인도 된다.

❋ 대중교통 타기

- 지하철 타기(부에노스아이레스에서는 지하철을 수브테Subte라고 한다)
  - 지하철 타는 방법은 우리나라와 비슷하다. 요금은 70센타보(0.23US$) 균일
  - 일부 노선은 지하철 문을 승객 스스로 열고 닫아야 하는 수동 개폐 시스템이다(1960년대 일본에서 사용하던 객차를 무상으로 들여와서 아직까지 사용하고 있다 한다).

- 시내버스 타기('콜렉티보Colectivo' 라고 한다)
  - 기본 시내 구간 요금은 80센타보(0.26US$)이며 앞쪽으로 타면서 승차권 발매기 동전 투입구에 요금을 지불하고 영수증을 받아둔다. 내릴 때에는 차내 벨을 누르면 된다.
  - 주의해야 할 점은 잔돈을 거슬러주는 시스템이 없기 때문에 타기 전에 미리 잔돈을 준비한다. 만약 준비가 안 된 경우 버스 기사가 안 태운다(동전이 없어서 그냥 1페소 낸다고 해도 고지식한 버스 기사는 한사코 내리라고만 했다).

❋ 유명한 탱고 공연

- 탕게리아Tangueria(탱고 라이브를 볼 수 있는 레스토랑바)에서 탱고 보기
  부에노스아이레스 시내에는 유명한 탕게리아들이 많다.

La Ventana(☎ 54-11-4331-0217)

- Balcarce 425 Buenos Aires Argentina
- 5월 광장에서 가까운 산토도밍고 교회 근처의 유명한 곳으로 쇼는 저녁 8시부터 시작된다. 식사 포함 150페소(49US$), 쇼만 관람하면 100페소(33US$)이다.

Senor Tango(☎ 54-11-4303-0231~3)

- Vieytes 1655 Buenos Aires Argentina
- 산텔모 지구에 위치해 있으며 최대 규모의 최고 인기 있는 탕게리아이다. 매우 넓고 고급스러운 실내가 돋보이며 14인조의 오케스트라 등 공연 규모도 최고급이나 공연 관람만도 120페소(39US$)로 비싸다. 예약은 필수다.

Dina Emed(☎ 54-11-4381-6570)

- Venezuela 1529 Buenos Aires Argentina
- 탕게리아가 밀집해 있는 코리엔테스 거리Av Corrientes 근처에 있다. 비교적 가격이 저렴한 편

이다. 탱고 공연만 관람하면 30페소(10US$)이다.

Cafe Tortoni(☎ 54-11-4342-4328)

- Av. Mayo 825 Buenos Aires Argentina
- 1858년에 개점한 부에노스아이레스에서 가장 오래된 카페바이다. 탱고 공연은 저녁 8시 30분
  부터인데, 넓은 카페 내부에 비해 탱고 공연장은 매우 협소하다. 탱고 공연 관람 요금은 40페
  소(13US$)이다.

✤ 거리에서 탱고 보기

- 플로리다 거리Calle Florida 파시피코 갈레리아스Pacifico Galerias 쇼핑몰 앞
  => 거의 매일 저녁 6시 이후에 거리 탱고가 열린다.
- 산텔모 일요 골동품 시장이 열리는 도레고 광장Plaza Coronel Dorrego
  => 일요 시장 서는 시간에 간단한 탱고 공연이 열리곤 한다.
- 라 보카La Boca 카미니토Caminito 거리 카페
  => 점심때와 저녁때 카페 내부에서 간단한 탱고 공연이 있고 또한 길거리에서도 열린다.

✤ 한국 음식이 생각날 때 한인 타운 찾아가기

- 오랜 여행으로 한국 음식이 생각날 때 한인 타운에 찾아가서 한식을 먹고 라면 등 비상식량을
  비축해둘 수 있다.
- 부에노스아이레스 내에는 한인 타운이 2군데 있는데, 백구촌에 비해 시내에서 거리상으로 가까
  운 아벨라네다 거리Av. Avellaneda(엄밀히 말하면 한인이 운영하는 옷가게들이 많은 곳으로 주
  변에 한인 상점 식당들이 있다) 가는 길이 간단하다.
- 마요 거리Av. Mayo 토르토니 카페 앞에서 출발하는 것을 기준으로 하면 카페 바로 앞에서 콜렉
  티보(버스) '86번'을 타고 리바다비아Rivadavia 7500번대에서 내린다(40~50분 소요).
- 길거리 번호(ex. 7500번대)는 버스가 지나는 길 4거리 모퉁이 표지판에 적혀 있으니 중간중간
  한 번씩 보고, 또 마요 거리에서 북쪽으로 계속 직진하는 길이 바로 리바다비아 거리여서 길
  찾기도 쉽다.
- 리바다비아 7500번대 하차 후 버스가 온 길 방향으로 볼 때 우회전해서 4블록을 지난 후 다시
  좌회전하면 바로 한인들의 의류 상점들이 많은 아벨라네다 거리이다. 모르겠으면 지나는 주변
  사람들에게 거리 이름을 대고 물어보면 쉽게 찾을 수 있다.
- 김치찌개 등 한식 25페소(8US$), 신라면 3개 10페소(3.2US$)
- 휴일에는 가지 않는 게 좋다. 휴일에는 상점들이 문을 닫기 때문에 식당, 가게 들도 같이 문을
  닫는다. 휑한 주변 분위기와 볼리비아노들이 많아서 자칫 위험에 빠질 수도 있다고 한다.

- 남미 특히 아르헨티나를 여행하면서 '볼리비아노를 조심하라!' 라는 말을 많이 듣게 되는데, 이 나라 사람들 중 백인들이 볼리비아 인디오들에 대해서 인종 차별적인(?) 마인드가 있음을 알게 되었다.
- 남미에서 최빈국 볼리비아는 인디오 원주민의 비율이 높은 나라이다. 이 사람들은 남미 각지로 흩어져서 나름 먹고살기(?) 위해 이른바 3D 업종에 종사하며 근근이 힘든 생활을 하는 사람들이 많다.
- 특히 부에노스아이레스에서 허드렛일을 하는 볼리비아노들이 많은데, 이들이 주로 모여 사는 지역은 슬럼화가 되어서 약간 위험하다고들 한다(솔직히 실제로 가보니 위험한지는 잘 모르겠다). 한인들의 의류 상점가인 아벨라네다 거리에도 이들 볼리비아노들이 많다.
- 그들이 모여 사는 지역을 보면 약간 썰렁하고 휑한 느낌이 드는 것은 사실이다. 아마도 경제적으로 어려운 사람들이 모여 사는 동네이다 보니 주변 여건이 좋지 못해서 그런 것 같다.

푸에르토 이과수

부에노스아이레스-푸에르토 이과수 구간은 비싼 항공편보다는 가급적 버스를 이용하여 이동하는 것이 효과적이다.

- 항공 : 아르헨티나 항공 편도 120US$
- 버스 : 카마 클래스 50US$(17시간, 식사 제공)

✤ 숙소 정보

Hostel Inn Iguazu(http://www.hiiguazu.com/)

- Ruta 12 Km 5 Puerto Iguazu, Misiones, Argentina
- Tel. 54-3757-421823
- 6인실 도미토리 1박 25페소(8US$)
- 하이호스텔 계열 숙소로 푸에르토 이과수 시내에서 약 5킬로미터 정도 떨어져 있다. 호스텔 내외부의 시설이 여유 있어 보이고 앞뜰에 야외 수영장이 있다. 다국적 호스텔답게 이과수 폭포 여행 정보가 많다.

1. 국내 이동

✤ 항공편

브라질은 저가 국내외 항공사들이 상당히 많다. 각 회사별 홈피에 들어가서 저가 항공권을 검색
해 보자.

- 바리그 브라질 항공(http://www.varig.com.br)
- 탐 항공(http://www.tam.com.br)
- 골 항공(http://www.voegol.com)
- 오션에어(http://www.oceanair.com.br)

주요 도시간 할인 요금(편도, 요금 단위 : US$)
- 포스도 이과수–리우데자네이루 : 131
- 리우데자네이루–상파울루 : 60
- 상파울루–마나우스 : 300

2. 도시별 정보

포스도 이과수

✤ 숙소 정보

Villa Canoas Hotel(http://www.hotelvillacanoas.com.br)
- Av. Republica Argentina nº 926 – Centro
- ☎ 55) 45-3028-6651
- 시내 군부대 앞에 위치해 있으며 가까운 거리에 근거리 버스 터미널이 있어서 이동이 편리하
  다. 싱글룸 17US$, 더블룸 22US$에 괜찮은 아침 식사 등 가격 대비 훌륭한 호텔이다.

- 포스도 이과수는 장거리 버스 터미널과 근거리 버스 터미널이 각각 따로 있다. 근거리 버스 터미널은 시내 중심가에 위치하고 있으며, 아르헨티나 측 푸에르토 이과수에서 오는 버스들은 대부분 이곳 근거리 버스 터미널에 정차한다.
- 포스도 이과수 시내에서 이과수 폭포 및 공항까지는 일반 시내버스가 왕복 운행해서 편리하다.

리우데자네이루

❖ 숙소 정보

숙소는 개인적으로 교통 및 주변 인접성이 좋고 치안도 좋은 이파네마 비치에 잡는 것이 유리하다. 단, 이파네마 지역은 리우 시내에서 엄청난 부촌에 속하는 곳인 만큼 물가가 비싼 편이다.

Ipanema Beach House(http://www.ipanemahouse.com/)

- Rua Barao da Torre, 485, ipanema – Rio de Janeiro
- ☎ 55) 21-3202-2693
- 이파네마 비치에서 3블록 떨어진 곳에 위치 한 호스텔로 유럽 배낭객들에게 인기가 좋은 숙소이다. 수영장 등 시설이 좋은 편이고 주변 치안도 좋다. 6인실 도미토리 45헤알(26US$), 더블룸 140헤알(81US$)

Rio Rockers Hostel(http://www.riorockers.com.br)

- Rua Tonelero, 376, Copacabana – Rio de Janeiro
- ☎ 55) 21-3511-2221
- 코파카바나 비치에서 4블록 떨어진 곳에 위치한 호스텔로 8인실 도미토리가 38헤알(22US$)이고 유스호스텔 회원증이 있으면 32헤알(18.5US$), 더블룸 100헤알(58US$), 회원 할인 80헤알(46US$)이다. 종업원들이 친절하다.

한인 민박

- Rua honorio 867 cachambi – Rio de Janeiro
- ☎ 55) 21-9988-6759
- 리우 시내 북쪽 노르테 쇼핑센터norte shopping center 근처에서 한인이 운영하는 민박집으로 태권도장도 같이 운영한다. 널찍한 3층 집에 조그마한 수영장이 있고 주변이 주택가여서 치안도 좋은 편에 속한다. 1박에 25US$이며 식사를 원할 경우 5US$ 더 추가된다. 공항에서 택시로 25US$, 버스 터미널에서 10US$(협의) 정도 나온다. 한인 민박집에서 한식 먹으며 다닐 수

있어서 좋은 반면 리우 시내 주요 관광지와 거리가 좀 먼 단점이 있다. 가장 가까운 지하철역인 2호선(Linha 2) '마리아 드 그라차Maria de Graca'까지 노르테 쇼핑 무료 버스나 밴(1.5헤알)을 타고 시내로 들어간다.

❖ 대중교통 타기

버스와 지하철 연결편 할인 제도가 있으니 미리 경로를 체크해 본다.

• 지하철Metro

우리나라 지하철과 타는 방법 및 승차권 사는 방법(자동판매기)도 비슷하다. 1, 2호선이 있으나 주요 관광지로 바로 연결되지는 않는다. 시내 중심가에 갈 때에 편리하다. 1회 2헤알(1.15US$)이다.

• 버스

리우뿐만 아니라 브라질의 대부분의 버스는 버스 내부 앞 3분의 1 지점에 승차 입차 개찰구가 있고 그 앞에서 버스 차장이 승차 요금을 받는 시스템이다. 버스에 타서 그 차장에게 요금(1.5헤알)을 지불하고 아무 개찰구 앞이라도 자리가 있으면 앉아도 된다. 얼핏 보기에는 불편해 보이는데 운전에 바쁜 기사 대신에 차장에게 길을 물어볼 수 있어서 편리하다. 단, 영어는 안 통한다. 포르투갈어를 종이에 적어서 보여주면 내릴 때쯤에 알아서 손짓을 해준다. 주요 관광지에 바로 연결되어 이용하기 편리하다.

• 밴Van

우리나라의 봉고차 같은 승합차들이 시내 전역을 누비면서 단거리(주로 지하철역과 주변 지역 연결)를 누비는 차로, 차 앞 유리창에 행선지가 기재되어 있으며 길거리 아무데서나 손을 흔들면 태워주고 내려주기도 한다. 브라질 서민들이 주로 이용하는 관계로 서민들의 생활상을 가장 가까이서 볼 수 있고, 요금은 1.5헤알이다. 노후화된 승합차에 기사의 운전 실력 또한 가히 환상적이다. 알아듣지 못하는 포르투갈어로 계속 중얼거리는 기사는 급출발에 급브레이크를 밟아 거의 롤러코스터 수준으로 운전하지만 한편으로는 재미있다.

상파울루

❖ 숙소 정보

Hotel Joamar(http://www.buenashoteis.com.br)
• Rua Dom Jose de Barros 187 Sao Paulo SP
• ☎ 55) 11-3221-3611

• 헤프블리카 광장 주변에 위치한 호텔로 들어가는 입구는 좀 이상하나 내부는 아주 청결한 편이다. 슬럼화된 주변 분위기는 안 좋으나 유동 인구가 많아 치안이 안 좋다고 할 수는 없다. 센트로 중심가여서 인접 교통도 좋다. 싱글룸 45헤알(26US$), 더블룸 69헤알(40US$)이다.

✤ 한인 타운 봉헤티로 찾아가기

• 지하철 남북선Notre-Sul을 타고 '티라덴티스Tiradentes' 역에 내리면 거리에 한인들이 많이 보인다(남미 최대의 한인 타운).

• 거리에 음식점, 한인 식품점 등이 많이 있으니 오랜만에 한식으로 배불리 먹고 비상식량을 비축하기에 좋다.

마나우스

✤ 숙소 정보

Hostel Manaus(http://www.hostelmanaus.com)

• Rua Lauro Cavalcante 231 Centro – Manaus – Amazonas

• ☎ 55) 92-3233-4545

• 하이호스텔 계열로 많은 유럽 여행객들이 찾는 숙소이다. 에어컨 있는 도미토리 침대 회원 19헤알(11US$), 비회원 24헤알(14US$), 에어컨 더블룸 회원 55헤알(32US$), 비회원 65헤알(38US$)이다.

Tropical Manaus Hotel(http://www.tropicalhotel.com.br)

• Av. Coronel Teixeira, 1320 A – Ponta Negra Manaus – Amazonas

• ☎ 55) 92-2123-3000

• 마나우스 시내에서 외곽에 위치한 신도시 폰타 네그라Ponta Negra에 위치한 마나우스에서 가장 유명한 최고의 호텔로 아마존 강에 면한 멋진 전용 수영장에 미니 동물원과 식물원 등이 있는 하나의 리조트 형식의 대단위 고급 호텔이다. 보통 가격이 450헤알(260US$)인데 여행사를 통해서 70퍼센트 이상 대폭 할인된 가격에 숙박할 수 있다. 여행에 지친 몸과 마음을 다스리기에 아주 좋은 장소이니 한 번쯤 숙박을 해보는 것도 괜찮을 듯하다.

✤ 항공편 정보

• 상파울루에서 항공편으로 올 때 상파울루 공항 출국장에서의 여권 스탬프 여부를 반드시 확인한다. 왜 출국장이라는 표현을 하냐면 대개 상파울루 과룰로스 공항에서 마나우스로 가는 항공편은 이 마나우스를 중간 기착지로 한 번 정차했다가 그대로 다시 베네수엘라 카라카스로 가므

로, 당초에 상파울루 공항에서 항공 탑승 시 국제선 대우를 받아서 출국장을 나서면 출국장 직
원이 출국 도장을 찍어준다.
• 아직 브라질 내에 있는데도 이 출국 도장 때문에 출국으로 인정되어 문제될 수 있으므로 사전
에 출국장에서 목적지를 분명히 얘기해서 스탬프를 안 받거나 그래도 찍을 수밖에 없다면 마나
우스 공항에서 다시 입국 스탬프를 받아야 한다.

✤ 주의 사항

• 베네수엘라 장거리 버스는 실내가 너무 춥다.
  – 에어컨을 과도하게 가동해서 장거리 버스의 실내는 너무 춥다. 거의 한겨울 기온이다. 이곳
    사람들은 이러한 사항을 미리 알고 버스에 타기 전에 두꺼운 담요 같은 것을 준비해 온다(이
    해하지 못할 일이다. 마치 오일 파워를 과시하려는 듯하다).
  – 버스 타기 전에 큰 배낭에서 두꺼운 옷을 꺼내어서 준비한다. 만약 두꺼운 옷을 몇 겹 못 입
    으면 다음 날 골병들 정도이다.

• 블랙마켓 암환전에 유의한다.
  – 베네수엘라는 국가적인 차원에서 US 달러 모으는 것을 장려하다 보니 국가 공식 환율과 블
    랙마켓 이른바 암환전상과의 환율 차이가 거의 2배 정도 난다.
    국가 공식 환율 1US$ = 2,150볼리바르(Bs) (2007년 7월 기준)
    암환전상   1US$ = 4,000볼리바르(Bs)
  – 필요한 액수만큼만 환전하며, 환전할 때는 암환전상에서 한다(위폐 주의, 앉은 자리에서 하
    늘에 비춰본다). 만일 은행 등에서 환전하면 국가 공식 환율이 적용되어서 손해본다.
  – 단, 주의할 사항은 다 쓰고 남은 볼리바르(Bs)를 출국할 때 다시 달러로 환전하려면 엄청난
    환율 손해를 봐야 하며 그나마 달러–볼리바르 환전 영수증이 없으면 환전을 안 해주거나 일
    정액만 환전을 해주니 유의한다. 어떤 사람은 암환전상에서 환전 후 다시 은행에서 달러로
    재환전하면 이익이 아니냐고 하는데 국가 차원에서도 자기네 화폐인 볼리바르에서 US 달러
    로의 환전은 상당히 까다롭고 어렵게 하므로 전혀 안 통하는 방법이다. 실제로 은행에서 볼
    리바르를 달러로 환전하는 것은 금지되어 있다.

• 베네수엘라는 관광에 대해 별로 관심이 없는 나라여서 관광객을 위한 편의 시설들이 부족하다. 그 일례로 수도인 카라카스 시내에 여행자용 저가 숙소인 호스텔 시설 자체가 없다. 그러니 이런 점을 미리 감안하고 가는 것이 좋다.

❀ 숙소 정보

Hotel Ambala(http://www.hotelambala.net/)
• Carrera 5 No. 13-46 Bogota, D.C
• ☎ 57) 1-341-2376
• 센트로 구시가지에 위치한 호텔로 친절하고 실내가 청결하며 교통이 편리하다. 싱글룸 5만 3,000페소(28.5US$), 더블룸 6만 3,000페소(34US$).

Platypus Hotel(http://www.platypusbogota.com)
• Calle 16 No. 2-43, Bogota, D.C
• ☎ 57) 1-341-3104 or 57) 1-341-2874
• 구시가지에 위치한 유럽 배낭여행객들에게 인기가 좋은 숙소로 사전에 예약을 안 하면 방을 못 구할 정도로 늘 많은 관광객들로 넘친다.
• 4인실 도미토리 1만 7,000페소(9US$), 싱글룸 3만 7,000페소(20US$), 더블룸(욕실 포함) 4만 5,000페소(24US$).

❀ 항공권 구매 여행사

Trotamundos(http://www.trotamundos.com.co/)
• Trotamundos Andes
• Calle 19 No. 1 - 85, Bogota, D.C
• ☎ 57) 1-566-5546
• andes@trotamundos.com.co

• 여러 곳에 지점을 둔 여행사이다. 로스 안데 대학Universidad de Los Andes 근처에도 지점이 있으며 저가 항공권 및 여행 상품 등 다양한 업무를 하는 곳이다. 직원들이 친절하고 영어 대화가 가능하다. 에콰도르 키토 왕복 항공권(편도보다 더 저렴하다) 145US$.

❀ 클럽 정보

Salome Pagana

• Carrera 14A No 82-16 Bogota, D.C

• ☎ 57) 1-413-4400

• 보고타 신시가지에 위치한 살사 및 쿠바 전통 음악을 라이브로 하는 클럽이다. 매주 화요일~일요일까지 각기 다른 팀이 나와서 매일 밤 8시부터 라이브 음악을 들려준다.

키 토

❀ 숙소 정보

숙소는 신시가지로 정하는 것이 치안이나 주변 여건 편리성에서 좋다.

Crossroads(http://www.crossroadshostal.com)

• Foch 678 (E5-23) y Juan Leon Mera

• ☎ 593) 2-223-4735

• 신시가지 아마조나스 거리Av. Amazonas에서 한 블록 거리에 위치한 제법 규모가 큰 호스텔로 친절한 직원과 여행자 편의를 위한 주변 여건이 좋으며 24시간 북적거리는 호스텔 주변 분위기상 치안도 좋다. 간단한 식사를 할 수 있는 스낵바를 1층에서 운영한다.

• 도미토리 6/7US$, 싱글룸 12/15US$, 더블룸 18/24US$(객실 내 화장실 무/유).

❀ 시내 교통

키토 시내 이동은 트롤리Trole 버스, 버스, 택시 등으로 이동이 가능하며 이용 방법 또한 우리나라와 비슷하다.

- 트롤리 버스 : 서울의 버스 중앙차로제처럼, 차도 중앙에 각 역이 있어서 정해진 역에서 정차하는 버스에 앞문으로 타서 요금 투입기에 동젼을 넣으면 된다. 아마조나스 거리에서 구시가지나 공항 등에 갈 때 이용하면 편리하다. 차내 비치된 행선지 각 역이 표기된 노선도도 있고 각 역 정차 전에 안내 방송을 한다.   요금은 0.25US$.
- 시내버스 : 외관은 일반적인 버스 모양이며 정류장 표시가 있는 곳도 있고 없는 곳도 있다. 특별하게 대로변이 아니면 그냥 손을 흔들어서 승차하면 된다. 하차할 때 내부의 벨을 누르면 되는데 초행길의 여행자들에게는 어려우므로 차내 차장이 나 옆자리 사람들에게 물어본다. 요금은 0.2US$로 차장에게 지불하면 된다.
- 택시 : 특별히 택시를 탈 기회가 많지는 않지만 늦은 밤이나 짐이 많을 때 이용한다. 노란색 차체 지붕에 'TAXI' 라고 표기되어 있으며 미터기로 운행한다.
  아마조나스 거리―공항 구간 : 3.6US$

✤ 신시가지 아마조나스 거리 주변 이모저모

- 리오 아마조나스Rio Amazonas 호텔을 중심으로 주변에 배낭여행객들을 위한 저가 호스텔 및 여행사, PC방, 카페, 식당, 세탁소, 가게 등이 밀집되어 있어서 여행자들이 생활하기에 편리하며 야간에도 유동 인구가 많고 상가들이 불을 밝히고 영업하고 있어서 비교적 안전하다.
- 아마조나스 거리를 중심으로 스페인어 학원들이 밀집해 있어서 여행자들의 단기 어학연수에도 용이하다.

✤ 투어 정보

오타발로Otavalo 시장

오타발로 인디오 토요 시장만 둘러보려면 버스 터미널에서 버스를 타고 가면 되나, 오타발로 시장뿐만 아니라 마사판Masapan 제작으로 유명한 칼데론Calderon 마을과 카얌베Cayambe 산 및 코타카치Cotacachi까지 돌아보려면 시내 여행사에서 1일 투어로 가는 것이 좋다. 신시가지 아마조나스 거리 부근 여행사에서 신청하면 된다.

리오밤바Riobamba 열차

- 세계 유일의 루프탑 열차인 리오밤바 열차를 타려면 여유 있는 일정을 가지고 미리 리오밤바로 가서 열차 타기 하루 전날 오후 6시부터 리오밤바 역에서 파는 티켓을 사야 한다. 특히 루프탑 자리는 인기가 높아서 열차 티켓 파는 시간인 6시보다 훨씬 전에 가서 미리 줄을 서야 겨우 구할 수 있다.
- 매주 수, 금, 일요일 7시 출발
- 티켓은 열차 출발일 하루 전날 오후 6시부터 리오밤바 역에서 판매(편도 11US$)

• 리오밤바-시반베 코스 : 3시간 30분 소요

만일 미리 리오밤바에 갈 여유가 없어서 열차표를 못 구하면!
• 리오밤바에서 알라우시Alausi로 가서 리오밤바에서 오면서 하차로 남은 빈자리 티켓을 노리거
  나 오후 임시 열차(매주 일요일 오후 2시 출발)를 탄다. 알라우시-시반베 구간의 티켓 판매는
  알라우시 열차 역에서 판매한다(편도 8US$).
• 키토-리오밤바 : 장거리 버스 3시간 30분(편도 3.8US$)
• 리오밤바-알라우시 : 버스 1시간 30분(편도 1.5US$)
• 알라우시-시반베 코스 : 2시간 20분 소요

리오밤바 열차를 마치고 난 뒤
• 리오밤바에서 키토로 리턴 또는 알라우시에서 쿠엥카Cuenca(4시간 소요)로 향하면 된다.

1. 국내 이동

❖ 장거리 버스

• 국내 이동 장거리 버스는 될 수 있는 한 버스 시설이 좋고 운행 편수가 많은 크루즈 델 수르
  Cruz del Sur 사 또는 오르메뇨Ormeno 사 버스를 이용한다.
• 구간별 이동 시간 및 요금(단, 버스는 이동 경로 및 등급, 버스 회사에 따라 요금이 천차만별이다.)

구 분	이동 시간	요금(S/.솔, (US$))	등급
리마-나스카	7	55(17)	세미 카마
나스카-아레키파	9~12	65(20.6)	세미 카마
아레키파-쿠스코	11	80(25)	카마
쿠스코-푸노	8	15(4.7)	이코노미

- 좀 우스운 이야기겠지만 페루는 리마의 메이저 버스호사를 제외한 지방도시 같은 경우 터미널 각 버스회사에서 장거리 버스 요금도 잘 얘기하면 할인해 준다. 대체적으로 부스에 기재되어 있는 정가에서 30퍼센트 정도는 깎은 것 같다.

코스 이동에 대해서 한마디!

페루를 여행하다 보면 높은 고도 때문에 고산병에 걸리는 경우가 많다. 갑자기 고도가 높아지면 두통, 어지러움, 구토, 소화불량, 이명 등의 현상이 나타나 고생하는 경우가 많은데 다음의 코스로 이동하면 고도가 차츰 높아지는 단계로 이동하여서 높은 고도에 적응되는 효과를 기대할 수 있다.

> 리마-나스카-아레키파(2,300미터)-쿠스코(3,360미터)-푸노(3,810미터) 코스

2. 도시별 정보

리마

❀ 숙소 정보

페루 빛나네(한인 민박)

- Calle 21 #737 Dpto, 202 Corpac San Isidro Lima Peru
- ☎ 226-1634, 9903-5360
- 리마 산이시드로 지구의 좋은 APT에 있는 한인 민박집으로 주변에 고급 주택들이 즐비한 안전한 지역이다. 아침, 저녁으로 맛있는 한식을 마음껏 먹을 수 있고, 쿠스코 아리랑 식당 겸 여행사를 운영하는 사장님 댁이어서 다양한 여행 정보 또한 구하기 쉽다. 1인 20US$.

❀ 시내 교통

택시 : 리마뿐만 아니라 페루 전역의 택시는 미터기가 없다. 반드시 타기 전에 가격 협상을 해야 한다. 대체적으로 외국인 여행객처럼 보이면 기사들이 정가에서 대략 30~40퍼센트 정도는 올려서 부르니 감안해서 협상하면 된다.

나스카

- 나스카 지상화를 보러 갈 때에는 나스카 시내 여행사에서 신청하지 말고, 직접 택시 타고 나스카 공항에 가서 각 회사별로 찾아보는 것이 좋다. 그래야 비행할 세스나기의 상태 및 요금 등

을 직접 교섭할 수 있기 때문이다[시내—공항 택시비 2솔(0.6US$)].

- 아에로 콘도르Aero Condor 사를 비롯하여 7개 사가 나스카 라인 비행을 운영하는데, 대체로 요금은 50US$ 내외 + 세금TAX이다. 요금은 눈치껏 협상 가능하다.

- 비행 신청 후 탑승 전에 사무실에서 보여주는 지상화 모습이나 팸플릿 사진 등을 미리 보고 숙지하도록 한다. 실제로 비행할 때에는 조종사의 안내 방송이 있어도 너무 순간적이고 멀어서 잘못 알아볼 수 있기 때문이다.

❀ 숙소 정보

Home Sweet Home(http://www.homesweethome-peru.com)

- Calle Rivero 509—A Cercado Arequipa
- ☎ 51—54—40—5982
- 산프란시스코 사원Complejo de San Francisco에서 1블록 거리에 있는 친절한 호스텔로 가격 대비 편리성 때문에 유럽 배낭여행객들이 많이 찾는 호스텔이다. 7인실 도미토리 15솔(5US$), 더블룸(욕실 포함) 30솔(9US$) 각 조식 포함

콜카 캐니언 Colca Canyon

- 투어는 시내 아르마스 광장 근처 여행사에서 신청하면 된다.
- 대체적으로 1박 2일에 25US$ 정도 되는 요금이지만 내용을 잘 살펴보아야 한다. 출발 시간, 출발 팀 인원·수, 돌아오는 버스편, 숙박과 식사 유무 등 여행사별로 각기 다르다(무박 2일 코스는 되도록 지양할 것. 찾는 이도 별로 없고 해서 성원이 안 되면 여행사에서 책임을 잘 지지 않는다. 신청할 때와는 말이 다르게 그냥 대충 터미널에 내려주고 알아서 찾아가라는 식이니 각별히 유의해야 한다).
- 콜카 캐니언 투어 중에는 흙먼지를 많이 뒤집어쓰므로 카메라 보관에 유의하고 복장에도 유의한다.

❀ 숙소 정보

Paititi Hostal

- Calle Nueva Baja N 545 Cusco
- ☎ 51—84—243—969

• 산프란시스코 광장Plaza de San Francisco 근처의 이스라엘 사람들이 많이 찾는 호스텔로 1인당 객실 침대당 조식 포함 15솔(5US$)이다. 버스 터미널에서 티코 택시는 2솔, 일반 택시는 3솔 정도의 요금이 나온다.

❋ 근교 투어 정보

쿠스코의 시내외 유적지를 돌아보려면 쿠스코 시내외 유적지 16곳을 입장할 수 있는 세트 입장 권을 구입하는 것이 경제적이다. 일반 70솔(22US$), 학생 35솔(11US$)

성스러운 계곡 투어Valle Sagrado de Los Incas

• 피사크Pisaq, 우루밤바Urubamba, 오얀타이탐보Ollantaytambo, 친체로Chinchero 등을 하루 코스로 둘러보는 일정으로 투어 신청은 쿠스코 시나 여행사에서 하며 요금은 25~30솔(협상 가능)
• 투어는 오전 8시 30분~오후 7시까지이며, 가이드가 영어와 스페인어로 설명한다. 아르마스 광장 대성당 앞에서 출발하는데, 같은 시간대에 여러 투어 회사에서 주관하는 비슷한 투어가 많으므로 자신이 타고 갈 차의 여행사명에 주의한다.

쿠스코 근교 유적지 반일 투어Cuzco City Tour

• 쿠스코 시내외의 유적지인 삭사이와만Sacsayhuaman, 켄코Qenko, 푸카푸카라PukaPukara, 탐보 마차이Tambo Machay, 산토도밍고 교회Iglesia de Santo Domingo(코리칸차=태양의 신전) 등을 오 후 반나절에 둘러보는 투어이다.
• 역시 투어는 시내 여행사에서 신청하면 되며, 투어 요금은 15솔(5US$)이다.
• 오후 2시에 아르마스 광장 근처 레고시 호 광장에서 버스가 출발하며 저녁 무렵 다시 쿠스코로 돌아온다. 영어와 스페인어 가이드 동승.

❋ 마추픽추 다녀오기

마추픽추는 너무나 유명한 관광지이기 때문에 쿠스코 시내에서 투어 상품으로 나오는 여행 상품 들이 많다. 그러나 굳이 심도 깊은 가이드의 설명이 필요치 않다면 개별적으로 왕복 기차편을 예 매해서 다녀오는 것이 더 효과적이라고 할 수 있다.

열차표 예매하기

• 마추픽추가 있는 아구아스 칼리엔테스Aguas Calientes 역까지 가는 열차는 쿠스코 시내 산페드로 역Estacion San Pedro에서 출발하지만, 열차표 예매는 우안차크 역Estacion Huanchac에서 한다.
• 대개 쿠스코에서 마추픽추로 가는 열차표를 구하기는 쉽지 않다. 아마도 오래전에 예매가 되기 때문인 것 같다. 대신 오얀타이탐보-아구아스 칼리엔테스 구간은 열차표를 어렵지 않게 구할

수 있다.

- 열차표를 구매할 때 영문 이름과 여권 번호가 필요하므로 여권 사본을 가지고 가면 된다. 대금 지불은 US$로만 가능하다.
- 요금 : 오얀타이탐보-아구아스 칼리엔테스 백패커Back Packer, 왕복 57US$
  * 좌석은 가능한 한 열차 진행 방향으로 볼 때 왼쪽 좌석으로 달라고 한다. 왼쪽 자리에서 봐야 자연 경관이 좋다.

마추픽추 가기

- 쿠스코-오얀타이탐보 이동 : 콜렉티보 5솔(1.6US$) 단, 오얀타이탐보 버스 터미널까지만 간다. 오얀타이탐보 버스 터미널에서 기차역까지는 10여 분 정도 걸어가야 한다.
- 만일 이렇게 하는 것이 귀찮고 불안하면 시내 여행사에서 출발하는 버스편이 있다. 쿠스코 산 프란시스코 광장Plaza de San Francisco 근처에서 출발, 편도 15솔(5US$) - 장점은 기차 시간에 맞춰서 안전하게 오얀타이탐보 기차역까지 데려다 준다(1시간 소요). (쿠스코에서 오얀타이탐보 탐보까지) 아침 시간에 기차 출발 시간까지의 시간 가늠이 곤란하면 이 버스를 이용하는 게 좋다. 신청은 시내 여행사에서 한다.
- 열차 출발 시간
  - 오얀타이탐보-아구아스 칼리엔테스 : 오전 9시 5분(2시간 소요)
  - 아구아스 칼리엔테스-오얀타이탐보 : 오전 9시 15분
    * 저녁 시간에 출발하는 리턴하는 편도 있다.
- 아구아스 칼리엔테스-마추픽추 : 편도 6US$(사람이 차는 대로 출발한다)
    * 올라갈 때에는 버스로 올라가고 내려올 때에는 버스를 타거나 버스길이 아닌 중간 샛길인 계단으로 내려와도 된다. 거리는 상당히 된다. 만일 버스로 내려올 때에 마지막에 굿바이 보이에게 팁으로 동전 하나 정도 주면 된다.
- 마추픽추 입장료 : 일반 40US$ / 학생 20US$
    * 입장할 때 음식물은 못 가지고 들어가지만 물은 가지고 들어갈 수 있다. 고도와 따사로운 기온 때문에 목이 많이 마르니 물을 충분히 가지고 간다.

❀ 쿠스코 시내 식당 정보

아리랑 식당

- Calle San Agustin 249 Cusco
- ☎ 51-84-43-8247
- 리마 빛나네 집에서 같이 운영하는 쿠스코의 한인 식당으로 여행사 및 게스트 하우스도 겸하고 있어서 여행 정보나 투어 신청도 할 수 있다. 한식 25솔(8US$) 내외.

Kin Taro

- Heladeros 149 Cusco
- ☎ 51-84-22-6181
- 일식당으로 일본, 한국인 여행객들이 많이 들르는 곳이다. 레고시 호 광장 근처에 있으며 아르마스 광장에서도 가깝다. 15솔 내외.

    * 저렴한 페루 현지식은 중앙 시장Mercado Central 부근에 많다. 가격은 3솔 내외.

✤ 시내 교통

- 택시 : 대부분 티코 택시가 많은데 쿠스코 시내에서는 2솔, 그보다 조금 큰 일반 택시의 경우 3솔을 부른다. 단, 타기 전에 가격 협의 필수.
- 버스 : 시내 구간은 0.6솔이나 초행길인 여행자들의 이용 빈도는 낮다.

✤ 고산병 예방

쿠스코 시내의 높은 고도 때문에 처음 방문하는 사람 특히 리마에서 다른 도시로의 준비 기간 없이 바로 들어온 사람들은 두통, 몸살, 소화불량, 이명, 구토 등의 증세를 보이는 경우가 많다. 쿠스코를 여행할 때에는 무리한 여행 일정을 잡지 말고, 투어와 휴식을 적절히 조절하며 시내를 돌아다닐 때에도 되도록이면 빨리 뛰거나 흡연을 삼간다. 그리고 물을 자주 마시고 바나나나 초콜릿 등 탄수화물을 섭취한다. 이런 방법에도 불구하고 고통이 심할 때에는 고산병 예방약인 다이아목스diamox를 복용한다. 이 약은 일종의 이뇨제로서 고산병 증세가 나타날 경우 한 번에 반 알씩 아침저녁으로 하루에 두 번을 복용한다. 그 외에 코카잎차를 마시거나 두통이 심할 경우 타이레놀 등도 효과가 있다.

푸노

✤ 숙소 정보

DUQUE INN

- Jr. Ayaviri N 152 Puno
- ☎ 51-51-20-5014
- 일가족이 운영하는 숙소로서 시내 중심가에서 조금 떨어져 있으나 호텔식으로 객실이 좋으며 주인도 친절하다. 티티카카 호수 투어와 장거리 버스 예약도 대행해 준다. 아침 식사 포함 15솔(5US$)에 호텔식 트윈룸을 사용할 수 있는 것이 이 숙소의 장점이다.

티티카카 호수 우로스 섬, 타킬레 섬 1일 투어(숙소 픽업 포함) 25솔(8US$)

1. 국내 이동

✤ 장거리 버스

- 페루 푸노에서 볼리비아 코파카바나로 올 때 푸노에서 여행자 버스 이용(15솔). 국경에서 출입 국 수속 밟을 때 기다려준다.
- 코파카바나-라파스 : 직행 투어버스 5US$, 일반 버스 2.5US$
- 라파스-우유니 : 토도 여행사 버스Todo Turismo, TODO Bus 25US$
  일반 버스 11US$(버스 터미널에서 출발)
  * 토도 여행사 버스는 일반 버스에 비해 훨씬 안락하고 쾌적한 좌석에서 갈 수 있으나 예약하 지 않으면 좌석 구하기가 쉽지 않다.

2. 도시별 정보

코파카바나

태양의 섬 가는 보트
편도 : 15볼리비아노(Bs) (2US$) 45분 소요

라파스

✤ 숙소 정보

Diamante Hotel
- Calle Aroma N 40 casi esquina Illampu La Paz Bolivia
- ☎ 591-2)245-7576~7
- 구시가지 이람푸 거리Av. Illampu 근처에 있는 호텔로 시설도 좋고 종업원들도 친절하다. 근처 여행객들을 위한 위락 시설들이 다 있어 주변 여건이 편리한 편이다. 싱글/더블룸 28US$이며 호텔 내부에는 별 4개라고 표기되어 있지만 별 4개 정도는 아닌 것 같다.

알파카 스웨터

구시가지 메르카도 네그로Mercado Negro의 리나레스 거리Calle Linares 노점에서 8US$ 내외(협상)에 구입할 수 있으며, 대금은 반드시 볼리비아노만 받으니 미리 준비한다.

우유니 소금 사막 투어

- 우유니 소금 사막 투어는 라파스에서 예약하지 말고, 우유니에 직접 가서 시내 여행사에서 가격 협상하는 것이 유리하며 될 수 있는 한 여러 여행사에서 물어보도록 한다.
- 1일 투어(소금 호텔 및 이슬라데페스카Isla del Pescador 포함) 25US$/1인

남미,
열정의 라세티

초판 인쇄 | 2008년 7월 17일
초판 발행 | 2008년 8월 1일

지은이 | 류수한
펴낸이 | 심만수
펴낸곳 | (주)살림출판사
출판등록 | 1989년 11월 1일 제9-210호

주소 | 413-756 경기도 파주시 교하읍 문발리 파주출판도시 522-2
전화 | 영업부 031)955-1350 기획편집부 031)955-4661
팩스 | 031)955-1355
이메일 | book@sallimbooks.com
홈페이지 | http://www.sallimbooks.com

ISBN   978-89-522-0961-0 13980

* 잘못된 책은 구입하신 서점에서 바꾸어 드립니다.
* 저자와의 협의에 의해 인지를 생략합니다.

책임편집 · 교정 | 김미경

값 13,500원

살림Life 는 (주)살림출판사의 실용서 전문 브랜드입니다.

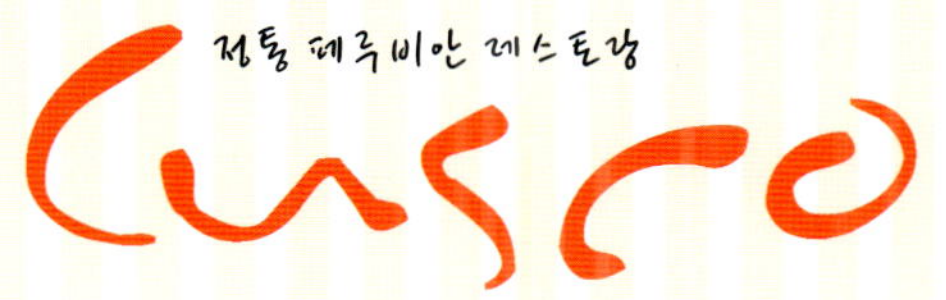

국내 유일의 페루비안 레스토랑 Cusco
다양한 라틴음식을 현지 주방장의 솜씨로 맛보실 수 있습니다.
Cusco에서 잉카 문명의 나라 페루에 흠뻑 빠져 보세요.

평 일

점심시간 : 오후 12시~2시
저녁시간 : 오후 5시~11시 30분
　　　(메뉴 마지막 주문은 오후 10시 50분까지만 받습니다.)
점심&저녁 세트메뉴 : 오후 12시~2시, 6시~8시까지만
　　　주문받습니다.

공휴일

공휴일 연중 두휴

Cusco 협찬 특별 이벤트!

★아래 쿠폰을 오려서 Cusco 매장에서 사용하시면 됩니다.
★페루 정통 식사 및 샐러드(정가 9,000원) 무료 쿠폰을 드립니다.
★추가주문 시 사용가능합니다.

★테이블당 1매에 한합니다.
★반드시 주문 전에 제시하여 주십시오.
★유효기간 : 2008년 3월 1일~2009년 8월 31일

서울시 마포구 합정동 414-18 1F 전화 : 02) 334-6836 http://www.latinfood.co.kr